Applications of the Lattice Boltzmann Method in Wave-Structure Interaction

格子玻尔兹曼方法
在波浪和结构物相互作用中的应用

张金凤 刘光威 张庆河 邢恩博 / 著

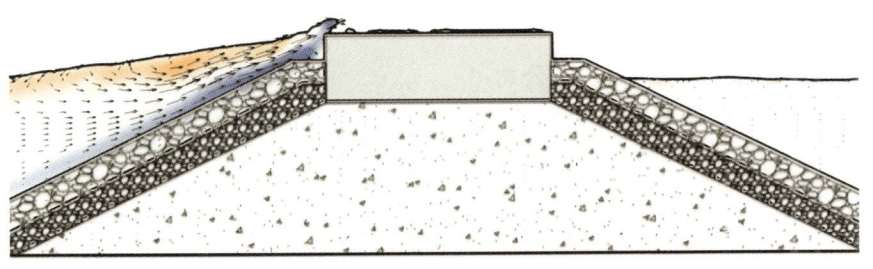

上海科学技术出版社

内 容 提 要

本书系统阐述了格子玻尔兹曼方法(Lattice Boltzmann Method，LBM)在海岸工程中的应用，重点探讨其在波浪、水流与复杂结构物相互作用中的理论基础、数值实现及工程应用。全书内容涵盖 LBM 的基本理论、数值模型构建与验证，以及其在二维和三维数值波浪水槽中的应用研究，主要关注数值水槽稳定性、边界条件适用性、复杂多相流模型开发等数值理论问题，成功构建了海岸与海洋工程领域中海洋动力与结构物相互作用数值模拟新工具。

本书内容精炼、理论与实践并重，既可作为海岸工程、海洋工程及相关领域研究人员的参考书，也可为从事数值模拟和工程设计的工程师提供理论支持和技术指导。

图书在版编目（CIP）数据

格子玻尔兹曼方法在波浪和结构物相互作用中的应用 / 张金凤等著. -- 上海 : 上海科学技术出版社, 2025. 5.
ISBN 978-7-5478-7014-3

Ⅰ. P753

中国国家版本馆CIP数据核字第20259K9U60号

格子玻尔兹曼方法在波浪和结构物相互作用中的应用

张金凤　刘光威　张庆河　邢恩博　著

上海世纪出版(集团)有限公司
上海科学技术出版社　　出版、发行
(上海市闵行区号景路 159 弄 A 座 9F - 10F)
邮政编码 201101　　www.sstp.cn
徐州绪权印刷有限公司印刷
开本 787×1092　1/16　印张 14.5
字数：290 千字
2025 年 5 月第 1 版　2025 年 5 月第 1 次印刷
ISBN 978 - 7 - 5478 - 7014 - 3/TV・18
定价：125.00 元

本书如有缺页、错装或坏损等严重质量问题，请向工厂联系调换

前言

格子玻尔兹曼方法在波浪和结构物相互作用中的应用

21世纪是海洋工程蓬勃发展的时代,随着全球对海洋资源开发需求的日益增长,海洋动力与结构物相互作用的研究成为海洋工程领域的关键课题之一。波浪作为海洋环境中最主要的动力荷载之一,对海洋结构物的安全性和稳定性具有重要影响。然而,波浪与结构物相互作用的复杂性使得传统数值模拟方法在精度和效率上面临诸多挑战。近年来,格子玻尔兹曼方法(Lattice Boltzmann Method,LBM)作为一种新兴的数值模拟技术,凭借其高效性、并行性和对复杂边界条件的适应性,逐渐成为研究流体-结构物相互作用的有力工具。

虽然传统波浪模拟方法,如基于Navier-Stokes方程的有限元法或有限体积法,在流固耦合领域取得了显著成果,但其计算成本高、边界条件处理复杂等问题限制了其在复杂工程中的应用。相比之下,LBM基于介观粒子动力学理论,通过简化流体运动的描述,能够高效地模拟复杂流场和多相流动现象。特别是在波浪与结构物相互作用的研究中,LBM能够精确捕捉波浪的传播、反射、绕射及结构物周围的流场特征,为海洋工程设计和优化提供了新的视角。

LBM在流体-结构物相互作用中的应用始于20世纪末,随着计算能力的提升和算法的优化,其应用范围逐渐扩大。近年来,国内外学者在LBM的数值格式、边界条件处理、多相流模拟等方面取得了重要进展。例如,LBM被成功应用于模拟溃坝波与固定结构物(如圆柱或防波堤)的相互作用,以及水流和溃坝波与浮动结构物(如海啸漂浮物、船舶)的耦合响应。这些研究不仅验证了LBM在流体与结构物相互作用模拟中的有效性,也为海岸与海洋工程实践提供了重要的理论支持。

然而,尽管LBM在流体-结构物相互作用研究中展现出巨大潜力,但其在工程领域的应用仍面临一些挑战。首先,LBM在处理大尺度波浪模拟时,计算效率仍需进一步提升;其次,LBM在多相流、复杂边界条件及流固耦合问题中的理论模型和算法仍需进一步完善;

最后，LBM 在海岸与海洋工程实践中的标准化和推广仍需更多工程案例的验证和积累。这些问题的解决需要学术界和工程界的共同努力。

本书旨在系统介绍 LBM 在水动力-结构物相互作用中的理论基础、数值方法及其在海岸与海洋工程中的应用。全书分为三大部分：第 1 部分（第 1 章和第 2 章）介绍 LBM 的基本原理、发展历程及其在流体力学中的应用背景；第 2 部分（第 3 章和第 4 章部分章节）详细阐述 LBM 在波浪模拟中的数值方法，包括自由表面运动模拟、边界条件处理、造波消波方法等；第 3 部分（第 4 章～第 6 章）聚焦 LBM 在海洋动力-结构物相互作用中的具体应用，包括水流与桩柱、波浪与不可渗防波堤、波浪与可渗防波堤的相互作用。

本书的内容基于作者及其团队多年的研究成果，并受到国家自然科学基金重点项目、面上项目、科技部重点研发计划项目，以及其他省部级重点项目等资助，部分研究成果已发表于国际国内高水平期刊，并应用于实际海岸与海洋工程项目中。为便于读者理解，本书在理论推导中注重逻辑性和可读性，同时结合大量数值算例，帮助读者掌握 LBM 在水动力-结构物相互作用中的应用技巧。本书可作为高校海岸与海洋工程、流体力学及相关专业的高年级本科生、硕士和博士研究生的教材，同时也可作为从事海岸与海洋工程设计和研究的科研人员与工程师等参考用书。希望本书能够为读者提供系统的 LBM 知识体系和实用的数值模拟工具，推动 LBM 在海岸与海洋工程领域的广泛应用，为海岸与海洋工程设计施工与防灾提供理论支持和技术保障。

本书在撰写过程中得到了天津大学同事和学生的大力帮助与支持。特别感谢陈同庆副教授、丁磊副研究员、乔光全高工、周志博副研究员、谢琳博士、季超群博士、郑枫、李薪丰、黄伟勋、周嘉禾、杨幂、李征启、王高雄、李中岳、燕敬昌等对本书内容的宝贵建议和贡献。同时，感谢天津大学提供的科研平台和资源支持。最后，感谢家人的理解与陪伴，使作者能够专注于本书的撰写工作。

张金凤

天津大学

2025 年 3 月

专业术语中英对照

American Standard Code for Information Interchange(ASCII):美国标准信息交换码

Bhatnagar、Gross and Krook(BGK):格子玻尔兹曼方程BGK格式

Binary file(BINARY):二进制文件

Blockage Ratio(BR):阻塞比

Boltzmann Equation(BE):玻尔兹曼方程

Bounce back(BB):反弹格式

Bouzidi-Firdaouss-Lallemand(BFL):插值格式

Buick-Greated:Buick和Greated提出的离散作用力模型

Central Linear Interpolation(CLI):中央线性插值格式

Central Processing Unit(CPU):中央处理器

Characteristic Boundary Conditions(CBC):特征边界条件

Cumulant Lattice Boltzmann Method(CLBM):累积量格子玻尔兹曼方法

DdQm:格子速度离散模型,d代表维度,m代表离散速度个数

Detached Eddy Simulation(DES):分离涡模拟

Direct Numerical Simulation(DNS):直接数值模拟

Downwind Linear Interpolation(DLI):顺风线性插值格式

Drag Coefficient(C_D):阻力系数

Dynamic Smagorinsky Model(DSM):动态Smagorinsky模型

Extended Multi-Relaxation-Time model(EMRT):拓展多松弛模型

Fast Fourier Transform(FFT):快速傅里叶变换

Finite Difference Method(FDM):有限差分法

Finite Element Method(FEM):有限元法

Finite Volume Method(FVM):有限体积法

Free Surface Korner(FSK):Korner 等人提出的自由表面重构格式

Free Surface Linear(FSL):线性插值自由表面重构格式

Froude Number(Fr):Froude 数

Graphical Processing Unit(GPU):图形处理器

High-order-spectral Element Method(HEM):高阶谱/有限元法

Implicit Large Eddy Simulation(ILES):隐式大涡模拟

incompressible LBGK:完全不可压单松弛模型

Incompressible Multi-Relaxation-Time model(IMRT):不可压缩多松弛模型

KC 数:Keulegan-Carpenter 数

KdV 方程:Korteweg-de Vries 方程

K-Epsilon Model(KEM):$k-\varepsilon$ 方程模型

Large Eddy Simulation(LES):大涡模拟

Lattice Boltzmann Equation Solver for Tianjin University(TLBE):天津大学格子玻尔兹曼方程求解器

Lattice Boltzmann Equation(LBE):格子玻尔兹曼方程

Lattice Boltzmann Method(LBM):格子玻尔兹曼方法

Lattice Boltzmann(LB):格子玻尔兹曼

Lattice gas auto(LGA):格子气动机

Lift Coefficient(C_L):升力系数

Local One-Dimensional Inviscid Equations(LODI):局部一维无粘流动方程

Mach Number(Ma):马赫数

Multi-Reflection:多格点反弹格式

Multi-Relaxation-Time Lattice Boltzmann Method(MRT-LBM):多松弛格子玻尔兹曼方法

Multi-Relaxation-Time model(MRT):多松弛碰撞模型

Navier-Stokes(N-S):纳维-斯托克斯方程

Nonequilibrium Extrapolation Method(NEM):非平衡态外推格式

Particle Image Velocimetry(PIV):粒子图像测速仪

Pressure Coefficient(C_p):压力系数

Representative Elementary Volume(REV):表征体元

Reynolds-Averaged Navier-Stokes Equations(RANS):雷诺平均 Navier-Stokes 方程

Root Mean Square Error(RMSE):均方根误差

Single Relaxation Time(SRT):单松弛

Smagorinsky Model(SM):Smagorinsky 模型

Smoothed Particle Hydrodynamics(SPH):光滑粒子动力学

STereoLithography 文件格式(STL):立体光刻文件格式

Strouhal Number(St):斯特劳哈尔数

Three-Dimensional Numerical Wave Tank based on Lattice Boltzmann Method(LBM – NWT3D):基于格子玻尔兹曼方法的三维数值波浪水槽

Two-Dimensional Numerical Wave Tank based on Lattice Boltzmann Method(LBM – NWT2D):基于格子玻尔兹曼方法的二维数值波浪水槽

Unsteady Reynolds-Averaged Navier-Stokes Equations(URANS):非定常雷诺平均 Navier-Stokes 方程

Upwind Linear Interpolation(ULI):迎风线性插值格式

Volume of Fluid(VOF):流体体积法

Volume-Averaged Navier-Stokes(VANS):体积平均纳维-斯托克斯方程

Wall-Adapting Local Eddy-viscosity Model(WALE):壁面适应局部涡黏模型

Weakly Compressible Smoothed Particle Hydrodynamics(WCSPH):弱可压光滑粒子动力学方法

Yu Linear Interpolation(YLI):Yu 等提出的线性插值格式

目录

格子玻尔兹曼方法在波浪和结构物相互作用中的应用

第1章　绪论 / 1

　　参考文献 / 3

第2章　格子玻尔兹曼方法 / 5

　　2.1　LBM 的理论基础 / 6

　　　　2.1.1　速度空间离散 / 8

　　　　2.1.2　特征线积分 / 8

　　　　2.1.3　离散速度模型 / 9

　　2.2　不可压缩模型 / 11

　　2.3　多松弛碰撞模型 / 15

　　2.4　单相流自由表面追踪模型 / 24

　　2.5　LBM 中作用力项模拟方法 / 28

　　参考文献 / 29

第3章　二维 LBM 数值波浪水槽 / 33

　　3.1　造波和消波方法 / 34

　　　　3.1.1　动量源造波方法 / 34

　　　　3.1.2　海绵层消波方法 / 35

　　3.2　基于修正压强的 LBM 模型 / 35

　　　　3.2.1　模型误差分析 / 35

3.2.2　模型改进方法 / 50

3.3　典型验证算例 / 54
　　　3.3.1　明渠层流 / 54
　　　3.3.2　行进波 / 57
　　　3.3.3　规则波在潜堤上的变形 / 59

3.4　布拉格反射模拟研究 / 61
　　　3.4.1　反射系数与透射系数 / 61
　　　3.4.2　正弦地形上的布拉格反射 / 63
　　　3.4.3　矩形系列潜堤上的布拉格反射 / 66

参考文献 / 72

第 4 章　三维 LBM 数值波浪水槽/水池 / 75

4.1　造波和消波方法 / 76
　　　4.1.1　速度入口造波法 / 76
　　　4.1.2　出流边界消波法 / 81

4.2　高稳定性的三维 MRT-LBM 模型 / 81
　　　4.2.1　速度边界格式及其稳定性 / 81
　　　4.2.2　网格敏感性分析 / 82
　　　4.2.3　参数优化 / 84

4.3　三维精细结构物网格划分方法 / 89
　　　4.3.1　结构物空间信息读取与存储 / 89
　　　4.3.2　网格点类型的判断 / 90

4.4　典型算例验证 / 98
　　　4.4.1　斯托克斯波 / 98
　　　4.4.2　椭圆余弦波 / 100
　　　4.4.3　波浪与圆柱相互作用 / 100

4.5　三维波浪爬坡破碎研究 / 103
　　　4.5.1　孤立波在缓坡上的爬坡破碎 / 103
　　　4.5.2　圆形岛海啸爬坡 / 107
　　　4.5.3　MonaiValley 海啸爬坡 / 112

4.6　三维波浪与结构物相互作用 / 116
　　　4.6.1　波浪与直立防波堤相互作用 / 116

　　　　4.6.2　部分开孔沉箱防波堤的波浪反射性能 / 120
　参考文献 / 124

第 5 章　水流与结构物相互作用的 LB 模拟 / 127

　5.1　造流和消流方法 / 128
　　　　5.1.1　速度入口造流 / 128
　　　　5.1.2　特征边界条件出流 / 131
　5.2　高稳定性的 Cumulant-LBM 模型 / 133
　5.3　典型算例验证 / 140
　　　　5.3.1　平板紊流验证 / 140
　　　　5.3.2　恒定流与无限长圆桩相互作用 / 144
　　　　5.3.3　正则化参数讨论 / 151
　5.4　不同雷诺数恒定流与无限长圆柱相互作用 / 154
　5.5　水流与有限长圆柱相互作用 / 163
　参考文献 / 170

第 6 章　波浪与多孔结构相互作用的 LB 模拟 / 173

　6.1　孔隙介质内流体运动的 LBE 模型 / 174
　　　　6.1.1　均匀多孔结构 GLBE 格式 / 174
　　　　6.1.2　不均匀多孔结构 LBE 格式 / 175
　6.2　自由表面运动的 LBM 模型 / 182
　　　　6.2.1　自由表面追踪模型 / 182
　　　　6.2.2　阻力系数校准 / 183
　6.3　典型算例验证 / 190
　　　　6.3.1　平板间充满多孔介质的 Poiseuille 流动 / 190
　　　　6.3.2　波浪在可渗三角形潜堤上的传播 / 191
　　　　6.3.3　波浪在可渗梯形潜堤上的传播 / 194
　　　　6.3.4　波浪与可渗出水堤的相互作用 / 196
　　　　6.3.5　三维溃坝与多孔桩柱的相互作用 / 198
　　　　6.3.6　三维波浪与可渗直立堤的相互作用 / 202

6.4 波浪与复杂多孔结构相互作用的LBM模拟 / 208
    6.4.1 三维规则波与抛石防波堤的相互作用 / 208
    6.4.2 扭王块体护面斜坡上不规则波越浪 / 214

参考文献 / 219

第 1 章

绪论

"十八大"报告中首次提出了我国应"提高资源开发能力、发展海洋经济、保护生态环境、坚决维护国家海洋权益,建设海洋强国"的战略方针。其中,提高资源开发能力和发展海洋经济是实现海洋强国的基本手段和具体路径。构建海上丝绸之路、开发海上风电资源和建设海洋牧场等举措均是实现这一战略方针的必由之路。在这一总体布局下,海岸及海洋工程建设是支撑全局的重中之重。这些工程包括港口及配套设施建设、海上风电基础的安装和深海养殖结构的布置等。由于海洋中的动力环境极其复杂,工程建设需要考虑浪、流等多种因素的综合影响。此外,工程建筑物的形式多种多样,其整体或某一部分可能是透水的多孔介质。因此,研究波浪和水流在复杂海洋水动力条件下与具有透水特性的结构物之间的相互作用,对海岸及海洋工程建设具有至关重要的意义(Tavakoli 等,2023)。

对于复杂海洋水动力条件与结构物相互作用的问题,以往研究主要通过物理模型的比尺实验进行。研究人员通过布设测量仪器,对关键点位、剖面和结构的物理量进行测量,以获得工程建设所关注的水位、流速、压强和受力等信息。然而,这种研究方式通常消耗大量的人力和物力资源。随着工程建设对更加精细化流场的需求增加,物理模型实验常常受到测量仪器的限制,难以获取全场的流场细节(Hughes,1993)。近年来,随着计算性能的提升,通过构建数值水槽进行模拟,成为研究水动力与结构物相互作用的一种可靠手段(Lin,2008)。数值模拟凭借其节约资源并能提供更多流场细节的优点,与物理模型实验的优势互补,共同为工程建设提供保障。

数值水槽的发展逐渐从求解二维理想流体假定的控制方程,转变为求解三维完整的Navier-Stokes(N-S)方程的控制方程。这种转变是基于实际工程中对三维效应和紊流特征等信息的需求,但这也对计算量和计算效率提出更高的要求(Higuera 等,2023)。目前,有多种基于不同数值离散方法构建的数值水槽,如基于有限差分方法(Finite Difference Method,FDM)的商业软件 FLOW-3D(Chen,Hsiao,2016;Wang 等,2024)和开源程序 Reef 3D(Dempwolff 等,2024)、基于有限体积方法(Finite Volume Method,FVM)的商业软件 Fluent(Zhang 等,2024)和开源程序 OpenFOAM(Jacobsen 等,2011;Higuera 等,2013a;Higuera 等,2013b)、基于有限元方法(Finite Element Method,FEM)的商业软件 CFX(杨靖培,2006;Marques Machado 等,2018)和开源程序 Nektar++(Cantwell 等,2015)、基于光滑粒子动力学法(Smoothed Particle Hydrodynamics,SPH)的开源程序 DualSPHysics(Domínguez 等,2021),以及本书所使用的基于格子玻尔兹曼方法(Lattice Boltzmann Method,LBM)的开源程序 OpenLB(Krause 等,2021)、Palabos(Latt 等,2021)、waLBerla(Bauer 等,2021)和自主开发程序 TLBE(Liu 等,2019a;Liu 等,2021;

Liu 等,2019b)。基于不同数值离散方法构建的数值水槽其特点见表 1-1,其中,本书所使用的 LBM 具有易于处理复杂几何边界、计算效率高和并行可拓展性好的明显优势,这些特点满足了工程问题中结构物形式复杂和对计算效率的需求,同时适应了当前超算平台的多 CPU 或多 GPU 并行的发展趋势(Feichtinger 等,2015;Liu 等,2021;Mohrhard 等,2019;Watanabe and Aoki,2021)。

表 1-1 不同数值离散方法构建的数值水槽特点对比

组次	复杂边界	高阶精度	界面追踪	计算效率	并行拓展性
FDM	×	√	○	√	○
FVM	√	×	○	×	×
FEM	√	√	○	×	×
SPH	√	×	√	×	×
LBM	√	○	○	√	√

注:×表示该方法在某方面存在明显缺陷;√表示该方法在某方面存在明显优势;○表示该方法能够完成某方面功能但相较其他方法并无明显优势。

基于 LBM 构建的数值水槽在近十年来发展迅速,其中也包括本课题组自主开发的程序包 TLBE。基于该程序构建的数值波浪水槽是在 LBM 框架下首个能够较为完整地实现稳定造波、消波以及波浪传播的三维数值波浪水槽,并通过大量验证证明其在波浪模拟中的准确性及在工程应用中的潜力(Liu 等,2021)。然而,由于基于 LBM 框架下构建的数值水槽和课题组自主开发的 TLBE 处于初步发展阶段,仍存在许多功能性缺失,如渗透和多孔介质的模拟、稳定的流动模拟及波流相互作用的数值水槽等。在试图完善这些功能时,还涉及 LBM 理论上的不足,以及如何建立 LBM 新理论与实际应用之间的联系等问题。因此,本书的主要目标是介绍基于 LBM 的数值波浪水槽,并在此基础上进一步构建概化可渗结构物的多孔介质模块、稳定的流动数值水槽及波流相互作用数值水槽,弥补 LBM 方法在这些方向上的理论缺失或构建理论与实际应用之间的桥梁,实现更为完善的三维波流可渗结构物相互作用数值水槽,并将该模型应用于具有实际工程背景的问题研究中。

参考文献

[1] Bauer M, Eibl S, Godenschwager C, et al. waLBerla: A block-structured high-performance framework for multiphysics simulations[J]. Computers & Mathematics with Applications, 2021, 81:478-501.

[2] Cantwell C D, Moxey D, Comerford A, et al. Nektar++: An open-source spectral/hp element framework[J]. Computer Physics Communications, 2015,192:205-219.

[3] Chen Y L, Hsiao S C. Generation of 3D water waves using mass source wavemaker applied to

Navier-Stokes model[J]. Coastal Engineering, 2016, 109:76 - 95.

[4] Dempwolff L C, Windt C, Bihs H, et al. Hydrodynamic coupling of multi-fidelity solvers in REEF3D with application to ship-induced wave modelling[J]. Coastal Engineering, 2024, 188.

[5] Domínguez J M, Fourtakas G, Altomare C, et al. DualSPHysics: from fluid dynamics to multiphysics problems[J]. Computational Particle Mechanics, 2021, 9(5):867 - 895.

[6] Feichtinger C, Habich J, Köstler H, et al. Performance modeling and analysis of heterogeneous lattice Boltzmann simulations on CPU-GPU clusters[J]. Parallel Computing, 2015, 46:1 - 13.

[7] Higuera P, Lara J L, Losada I J. Realistic wave generation and active wave absorption for Navier-Stokes models[J]. Coastal Engineering, 2013a, 71:102 - 118.

[8] Higuera P, Lara J L, Losada I J. Simulating coastal engineering processes with OpenFOAM® [J]. Coastal Engineering, 2013b, 71:119 - 134.

[9] Higuera P, Wang J, Hu J, et al. Numerical Modeling of Water Waves in Coastal and Ocean Engineering[M]. World Scientific, 2023.

[10] Hughes S A. Physical Models and Laboratory Techniques in Coastal Engineering[M]. World Scientific, 1993.

[11] Jacobsen N G, Fuhrman D R, Fredsøe J. A wave generation toolbox for the open-source CFD library: OpenFoam® [J]. International Journal for Numerical Methods in Fluids, 2011, 70(9):1073 - 1088.

[12] Krause M J, Kummerländer A, Avis S J, et al. OpenLB—Open source lattice Boltzmann code[J]. Computers & Mathematics with Applications, 2021, 81:258 - 288.

[13] Latt J, Malaspinas O, Kontaxakis D, et al. Palabos: Parallel Lattice Boltzmann Solver[J]. Computers & Mathematics with Applications, 2021, 81:334 - 350.

[14] Lin P. Numerical Modeling of Water Waves[M]. Taylor & Francis, 2008.

[15] Liu G W, Zhang Q H, Zhang J-f. Development of two-dimensional numerical wave tank based on lattice Boltzmann method[J]. Journal of Hydrodynamics, 2019a, 32(1):116 - 125.

[16] Liu G, Zhang J, Zhang Q. A high-performance three-dimensional lattice Boltzmann solver for water waves with free surface capturing[J]. Coastal Engineering, 2021, 165.

[17] Liu G, Zhang Q, Zhang J. Numerical wave simulation using a modified lattice Boltzmann scheme [J]. Computers & Fluids, 2019b, 184:153 - 164.

[18] Marques Machado F M, Gameiro Lopes A M, Ferreira A D. Numerical simulation of regular waves: Optimization of a numerical wave tank[J]. Ocean Engineering, 2018, 170:89 - 99.

[19] Mohrhard M, Thäter G, Bludau J, et al. Auto-vectorization friendly parallel lattice Boltzmann streaming scheme for direct addressing[J]. Computers & Fluids, 2019, 181:1 - 7.

[20] Tavakoli S, Khojasteh D, Haghani M, et al. A review on the progress and research directions of ocean engineering[J]. Ocean Engineering, 2023, 272.

[21] Wang P, Ji C, Sun X, et al. Development and test of FDEM-FLOW-3D—A CFD-DEM model for the fluid-structure interaction of Accropode blocks under wave loads[J]. Ocean Engineering, 2024, 303.

[22] Watanabe S, Aoki T. Large-scale flow simulations using lattice Boltzmann method with AMR following free-surface on multiple GPUs[J]. Computer Physics Communications, 2021, 264.

[23] Zhang X, Lv J, Hui R, et al. The hydrodynamic study of the interaction between waves and objects in permeable reef environment[J]. Ocean Engineering, 2024, 305.

[24] 杨靖培. 基于CFX的波浪水槽数值模拟[D]. 哈尔滨:哈尔滨工程大学, 2006.

第 2 章

格子玻尔兹曼方法

本章给出 LBM 方法的基本理论模型及自由表面模型构建,主要包括 LBM 控制方程、碰撞模型、单相流自由表面模型及作用力模型等内容。

2.1 LBM 的理论基础

宏观流体运动是微观流体分子之间相互作用的结果,而 LBM 是一种从介观角度出发,建立数学模型,并在空间和时间上进行离散化的方法(何雅玲等,2008)。不同于微观的分子动力学理论和宏观流体力学,玻尔兹曼方法描述的是分子数量分布随时空的变化,其控制变量为分子数量分布函数 $f=f(\boldsymbol{x},\boldsymbol{\xi},t)$,它表示 t 时刻,位于 $\boldsymbol{x}$ 位置处,分子运动速度为 $\boldsymbol{\xi}$ 的分子数量。分布函数的各阶统计矩即可反映流体的宏观运动特性。

已知在 t 时刻分子的数量为 $f(\boldsymbol{x},\boldsymbol{\xi},t)$,施加在这些分子上的加速度为 $\boldsymbol{a}(\boldsymbol{x},t)$,那么这些分子在 $t+\delta_t$ 时刻就会运动到 $\boldsymbol{x}+\boldsymbol{\xi}\delta_t$ 位置,速度加速为 $\boldsymbol{\xi}+\boldsymbol{a}\delta_t$,因此就有

$$\frac{f(\boldsymbol{x}+\boldsymbol{\xi}\delta_t,\boldsymbol{\xi}+\boldsymbol{a}\delta_t,t+\delta_t)-f(\boldsymbol{x},\boldsymbol{\xi},t)}{\delta_t}=0 \tag{2-1}$$

令 δ_t 趋于零,对式(2-1)取极限可得

$$\frac{\partial f}{\partial t}+\boldsymbol{\xi}\cdot\nabla f+\boldsymbol{a}\cdot\nabla_\xi f=0 \tag{2-2}$$

根据连续介质假定,分子在运动过程中一定会与其他分子发生碰撞,从而改变运动速度。因此,需要在式(2-2)右端加上由碰撞引起的分子数量的变化 $C(f,f_1)$,得到描述分子数量变化的表达式为

$$\frac{\partial f}{\partial t}+\boldsymbol{\xi}\cdot\nabla f+\boldsymbol{a}\cdot\nabla_\xi f=C(f,f_1) \tag{2-3}$$

式中,f_1 为碰撞中具有其他速度的气体分子的数量分布函数。

式(2-3)就是 Boltzmann 方程(Boltzmann Equation,BE),Maxwell 对 BE 做出如下假定:流体为稀薄气体,分子平均自由程比较大,分子之间只发生二体碰撞;无外力作用,流动为均匀流;分子之间碰撞为刚体碰撞,将 BE 简化为

$$\frac{\partial f}{\partial t}=C(f,f_1)=\iint(f'f_1'-ff_1)d_D^2|\boldsymbol{g}|\cos\theta\,\mathrm{d}\Omega\,\mathrm{d}\boldsymbol{\xi}_1 \tag{2-4}$$

式中,f' 为碰撞后的数量分布函数;d_D 为两分子之间的质心距离;$\boldsymbol{g}$ 为两分子之间速度偏离矢量;θ 为碰撞时两分子质心连线与 $\boldsymbol{g}$ 的夹角;Ω 为立体角;$\int\mathrm{d}\Omega=\int_0^{2\pi}\mathrm{d}\phi\int_0^{\pi/2}\sin\theta\,\mathrm{d}\theta$,

$\int \mathrm{d}\boldsymbol{\xi}_1 = \iiint \mathrm{d}\xi_{1x}\mathrm{d}\xi_{1y}\mathrm{d}\xi_{1z}$。基于式(2-4)及 H 定理(何雅玲等,2008),Maxwell 推导得到了平衡态数量分布函数,如下:

$$f^{\mathrm{eq}} = \frac{n}{(2\pi RT)^{D/2}} \exp\left[-\frac{(\boldsymbol{\xi}-\boldsymbol{u})^2}{2RT}\right] \quad (2-5)$$

式中,$n = \int f(\boldsymbol{x}, \boldsymbol{\xi}, t)\mathrm{d}\boldsymbol{\xi}$,为分子数密度;$R$ 为理想气体状态常数;T 为理想气体温度;$\boldsymbol{u} = \dfrac{\int \boldsymbol{\xi} f(\boldsymbol{x}, \boldsymbol{\xi}, t)\mathrm{d}\boldsymbol{\xi}}{\int f(\boldsymbol{x}, \boldsymbol{\xi}, t)\mathrm{d}\boldsymbol{\xi}}$,为宏观速度(分子统计平均速度)。

由于式(2-4)中的碰撞项无法求解,因此 Bhatnagar、Gross 和 Krook(BGK)(Bhatnagar 等,1954)提出了 BGK 近似碰撞算子。BGK 近似又可以被称为单松弛近似,这是因为后续学者相继提出了双松弛(Ginzburg 等,2008)和多松弛(D'Humières 等,2002)近似。BGK 近似的原理仍然基于碰撞不变量和 H 定理这两个特殊性质,他们认为分子运动总是朝着平衡态发展,由此提出了关于平衡态和当前状态的松弛项,其表达式为

$$C(f, f_1) = v[f^{\mathrm{eq}}(\boldsymbol{x}, \boldsymbol{\xi}, t) - f(\boldsymbol{x}, \boldsymbol{\xi}, t)] \quad (2-6)$$

式中,v 与分子运动速度无关,为单位时间内的碰撞频率。这样式(2-3)就可以简化为

$$\frac{\partial f}{\partial t} + \boldsymbol{\xi} \cdot \nabla f + \boldsymbol{a} \cdot \frac{\partial f}{\partial \boldsymbol{\xi}} = v(f^{\mathrm{eq}} - f) \quad (2-7)$$

令 $\tau_0 = 1/v$,称其为松弛时间,则式(2-7)可以写为

$$\frac{\partial f}{\partial t} + \boldsymbol{\xi} \cdot \nabla f + \boldsymbol{a} \cdot \frac{\partial f}{\partial \boldsymbol{\xi}} = -\frac{1}{\tau_0}(f - f^{\mathrm{eq}}) \quad (2-8)$$

对式(2-8)两端乘以分子质量 m,得到密度分布函数 f 的控制方程,对应的 Maxwell 平衡态分布函数可以写为

$$f^{\mathrm{eq}} = \frac{\rho}{(2\pi RT)^{D/2}} \exp\left[-\frac{(\boldsymbol{\xi}-\boldsymbol{u})^2}{2RT}\right] \quad (2-9)$$

式中,$\rho = mn$ 为流体密度。

假设流体宏观运动速度是一个小量,将式(2-9)展开并截断至 u^3 项,得

$$\begin{aligned}
f^{\mathrm{eq}} &= \frac{\rho}{(2\pi RT)^{D/2}} \exp\left(-\frac{|\boldsymbol{\xi}|^2 + |\boldsymbol{u}|^2 - 2\boldsymbol{\xi}\cdot\boldsymbol{u}}{2RT}\right) \\
&= \frac{\rho}{(2\pi RT)^{D/2}} \exp\left(-\frac{|\boldsymbol{\xi}|^2}{2RT}\right) \exp\left(-\frac{|\boldsymbol{u}|^2}{2RT} + \frac{\boldsymbol{\xi}\cdot\boldsymbol{u}}{RT}\right) \\
&\approx \omega\rho\left[1 + \frac{\boldsymbol{\xi}\cdot\boldsymbol{u}}{c_s^2} + \frac{(\boldsymbol{\xi}\cdot\boldsymbol{u})^2}{2c_s^4} - \frac{|\boldsymbol{u}|^2}{2c_s^2}\right] + O(u^3)
\end{aligned} \quad (2-10)$$

式中，$\omega = \exp\left(-\frac{|\xi|^2}{2c_s^2}\right)(2\pi c_s^2)^{-D/2}$，被称为权系数；$c_s = \sqrt{RT}$，为理想气体声速。

2.1.1 速度空间离散

虽然在实际中，流体分子的无规则热运动所构成的速度集合是不可数的，这一集合被称为相空间，但相空间的性质并不直接决定流体的宏观运动速度。因此，可以将相空间离散为可数的集合 $\{e_\alpha \mid e_0, e_1, e_2, \cdots, e_{M-1}\}$，$M$ 为离散速度的个数。同时在相空间中的分布函数也相应地被离散为 $\{f_\alpha \mid f_0, f_1, f_2, \cdots, f_{M-1}\}$，其中 $f_\alpha = f_\alpha(\boldsymbol{x}, t)$ 代表粒子速度为 e_α 的密度分布函数，由此得到在相空间中离散的 BE：

$$\frac{\partial f_\alpha}{\partial t} + \boldsymbol{e}_\alpha \cdot \nabla f_\alpha = -\frac{1}{\tau_0}(f_\alpha - f_\alpha^{eq}) + F_\alpha \tag{2-11}$$

式中，f_α^{eq} 为离散的相空间平衡态分布函数；F_α 为外力项 $\boldsymbol{a} \cdot \nabla_\xi f$ 在离散的相空间中的映射。最后，为了保证式（2-11）与式（2-8）在宏观上一致，还要求离散后的密度分布函数的各阶矩满足以下条件：

$$\int f(\boldsymbol{x}, \boldsymbol{\xi}, t) \mathrm{d}\xi = \sum_{i=0}^{M-1} f_\alpha^{eq}(\boldsymbol{x}, t) = \sum_{i=0}^{M-1} f_\alpha(\boldsymbol{x}, t) \tag{2-12}$$

$$\int \boldsymbol{\xi} f(\boldsymbol{x}, \boldsymbol{\xi}, t) \mathrm{d}\xi = \sum_{i=0}^{M-1} \boldsymbol{e}_\alpha f_\alpha^{eq}(\boldsymbol{x}, t) = \sum_{i=0}^{M-1} \boldsymbol{e}_\alpha f_\alpha(\boldsymbol{x}, t) \tag{2-13}$$

$$\int \boldsymbol{\xi}\boldsymbol{\xi} f(\boldsymbol{x}, \boldsymbol{\xi}, t) \mathrm{d}\xi = \sum_{i=0}^{M-1} \boldsymbol{e}_\alpha \boldsymbol{e}_\alpha f_\alpha(\boldsymbol{x}, t) \tag{2-14}$$

2.1.2 特征线积分

目前，有多种数值计算方法（Fakhari 和 Lee，2014；Joshi 等，2009；Zadehgol 等，2014）能够求解式（2-11），LBM 采用的是特征线方法。假设初始时刻 $f_\alpha(\boldsymbol{x}, 0) = f_\alpha^0(\boldsymbol{x})$，并将式（2-11）改写成

$$\frac{\partial f_\alpha}{\partial t} + e_{\alpha_i} \frac{\partial f_\alpha}{\partial x_i} + \frac{1}{\tau_0} f_\alpha = \frac{f_\alpha^{eq}}{\tau_0} + F_\alpha \tag{2-15}$$

观察到 $\frac{\partial f_\alpha}{\partial t} + e_{\alpha_i} \frac{\partial f_\alpha}{\partial x_i}$ 是函数 $f_\alpha(x_i, t)$ 沿着矢量簇 (e_{α_i}, t) 在平面 (x_i, t) 上的方向导数。若令直线簇方程为 $x_i = X_i(t)$，并且满足：

$$\frac{\mathrm{d}X_i(t)}{\mathrm{d}t} = e_{\alpha_i} \tag{2-16}$$

那么这些直线簇就被称为式（2-15）的特征线，求解式（2-16）得到特征线方程为

$$X_i(t) = e_{\alpha_i} t + x_{i0} \tag{2-17}$$

其中，x_{i0}为初始时刻特征线上的点坐标。将函数$f_\alpha(x_i,t)$限定在特征线簇上得到函数$g_\alpha(t)=f_\alpha[X_i(t),t]$，根据链式法则及式(2-15)可以得到新的函数满足以下方程：

$$\frac{\mathrm{d}g_\alpha(t)}{\mathrm{d}t}+\frac{1}{\tau_0}g_\alpha(t)=\frac{f_\alpha^{\mathrm{eq}}[X_i(t),t]}{\tau_0}+F_\alpha[X_i(t),t] \qquad (2-18)$$

初始条件为

$$g_\alpha(0)=f_\alpha^0(x_{i0}) \qquad (2-19)$$

由于$f_\alpha^{\mathrm{eq}}[X_i(t),t]$和$F_\alpha[X_i(t),t]$的表达式未知，无法直接解出函数$g_\alpha(t)$的表达式，所以对式(2-18)在区间$(t,t+\delta_t)$上积分得到

$$g_\alpha(t+\delta_t)-g_\alpha(t)=\delta_t\left\{\frac{f_\alpha^{\mathrm{eq}}[X_i(t),t]-g_\alpha(t)}{\tau_0}+F_\alpha[X_i(t),t]\right\}+O(\delta_t^2) \qquad (2-20)$$

式中，δ_t为时间步长。将函数$f_\alpha(x_i,t)$代入式(2-20)，就得到了格子Boltzmann方程(LBE)：

$$f_\alpha(\boldsymbol{x}+\boldsymbol{e}_\alpha\delta_t,t+\delta_t)-f_\alpha(\boldsymbol{x},t)=-\frac{1}{\tau}[f_\alpha(\boldsymbol{x},t)-f_\alpha^{\mathrm{eq}}(\boldsymbol{x},t)]+\delta_t F_\alpha(\boldsymbol{x},t)+O(\delta_t^2) \qquad (2-21)$$

式中，$\tau=\tau_0/\delta_t$，$\boldsymbol{x}=\boldsymbol{e}_\alpha t+\boldsymbol{x}_0$。从上述推导过程可知，LBE是BE在相空间和时空上离散后的近似表达式，具有二阶时空精度。离散后的空间坐标点集合为$\{\boldsymbol{x}\mid n\boldsymbol{e}_\alpha\delta_t+\boldsymbol{x}_0,n=0,1,2,\cdots\}$，时间点集合为$\{t\mid n\delta_t,n=0,1,2,\cdots\}$。

一般来说，求解LBE可分为碰撞步：

$$f_\alpha^*(\boldsymbol{x},t)=f_\alpha(\boldsymbol{x},t)-\frac{1}{\tau}[f_\alpha(\boldsymbol{x},t)-f_\alpha^{\mathrm{eq}}(\boldsymbol{x},t)]+\delta_t F_\alpha(\boldsymbol{x},t) \qquad (2-22)$$

式中，$f_\alpha^*(\boldsymbol{x},t)$为碰撞后的密度分布函数。

迁移步：

$$f_\alpha(\boldsymbol{x}+\boldsymbol{e}_\alpha\delta_t,t+\delta_t)=f_\alpha^*(\boldsymbol{x},t) \qquad (2-23)$$

从初始密度分布函数值开始，重复碰撞步和迁移步直到达到收敛条件。

2.1.3 离散速度模型

离散后的速度集合决定了LBE数值求解的复杂程度。若离散速度数量过多，则计算量会变得过大；但如果离散速度过少，则会削弱LBE与宏观流动之间的联系。因此，在保证模型精度的前提下，减少计算量显得尤为重要。Qian等(1992)提出的DdQm模型被证实是行之有效的离散速度集合，模型中d代表维度而m代表离散速度个数。一般来说二维情况使用D2Q9模型，三维情况则可以使用D3Q15、D3Q19和D3Q27模型(He和Luo，

1997b)。下面将简要介绍这几种模型的具体情况。

1) D2Q9 模型

D2Q9 模型采用 9 个离散速度,速度矢量表达式为

$$\boldsymbol{e}_\alpha = c \begin{bmatrix} 0 & 1 & 0 & -1 & 0 & 1 & -1 & -1 & 1 \\ 0 & 0 & 1 & 0 & -1 & 1 & 1 & -1 & -1 \end{bmatrix}^\mathrm{T} \qquad (2-24)$$

式中,$c = \delta x/\delta t$ 代表单位分子运动速度;δx 为两相邻格点之间的间距,又被称为格子常数。

此模型中,平衡态密度分布函数的表达式为

$$f_\alpha^{\mathrm{eq}} = \omega_\alpha \rho \left[1 + \frac{\boldsymbol{e}_\alpha \cdot \boldsymbol{u}}{c_s^2} + \frac{(\boldsymbol{e}_\alpha \cdot \boldsymbol{u})^2}{2c_s^4} - \frac{|\boldsymbol{u}|^2}{2c_s^2} \right] \qquad (2-25)$$

相空间离散后,平衡态密度分布函数(2-25)中的权系数 ω_α 和声速 c_s 成为待定系数,将式(2-25)代入式(2-12)~式(2-14)中并假设离散速度大小相同的权系数相等,解得 ω_α 和 c_s 分别为

$$\omega_0 = \frac{4}{9},\ \omega_{1\sim 4} = \frac{1}{9},\ \omega_{5\sim 8} = \frac{1}{36},\ c_s^2 = \frac{c^2}{3} \qquad (2-26)$$

2) D3Q19 模型

D3Q19 模型采用 19 个离散速度,速度矢量表达式为

$$\boldsymbol{e}_\alpha = c \begin{bmatrix} 0 & 1 & -1 & 0 & 0 & 0 & 0 & 1 & -1 & 1 & -1 & 1 & -1 & 1 & -1 & 0 & 0 & 0 & 0 \\ 0 & 0 & 0 & 1 & -1 & 0 & 0 & 1 & 1 & -1 & -1 & 0 & 0 & 0 & 0 & 1 & -1 & 1 & -1 \\ 0 & 0 & 0 & 0 & 0 & 1 & -1 & 0 & 0 & 0 & 0 & 1 & 1 & -1 & -1 & 1 & 1 & -1 & -1 \end{bmatrix}^\mathrm{T}$$

$$(2-27)$$

此模型中,平衡态密度分布函数与式(2-25)相同,将式(2-25)代入式(2-12)~式(2-14)中并假设离散速度大小相同的权系数相等,解得 ω_α 和 c_s 分别为

$$\omega_0 = \frac{1}{3},\ \omega_{1\sim 6} = \frac{1}{18},\ \omega_{7\sim 18} = \frac{1}{36},\ c_s^2 = \frac{c^2}{3} \qquad (2-28)$$

3) D3Q27 模型

D3Q27 模型采用 27 个离散速度,速度矢量表达式为

$$\boldsymbol{e}_\alpha = c \begin{bmatrix} 0 & 1 & -1 & 0 & 0 & 0 & 0 & 1 & -1 & 1 & -1 & 1 & -1 & 1 & -1 & 0 & 0 & 0 & 0 & 1 & -1 & 1 & -1 & 1 & -1 & 1 & -1 \\ 0 & 0 & 0 & 1 & -1 & 0 & 0 & 1 & 1 & -1 & -1 & 0 & 0 & 0 & 0 & 1 & -1 & 1 & -1 & 1 & -1 & -1 & 1 & -1 & -1 & 1 & -1 \\ 0 & 0 & 0 & 0 & 0 & 1 & -1 & 0 & 0 & 0 & 0 & 1 & 1 & -1 & -1 & 1 & 1 & -1 & -1 & 1 & 1 & -1 & -1 & -1 & -1 & 1 & 1 \end{bmatrix}^\mathrm{T}$$

$$(2-29)$$

此模型中,平衡态密度分布函数与式(2-25)相同,将式(2-25)代入式(2-12)~式(2-14)中并假设离散速度大小相同的权系数相等,解得 ω_α 和 c_s 分别为

$$\omega_0 = \frac{8}{27}, \ \omega_{1\sim 6} = \frac{2}{27}, \ \omega_{7\sim 18} = \frac{1}{54}, \ \omega_{19\sim 26} = \frac{1}{216}, \ c_s^2 = \frac{c^2}{3} \qquad (2-30)$$

2.2 不可压缩模型

Qian 等(1992)通过 Chapman-Enskog 多尺度展开方法(Frisch 等,1986a；Frisch 等,1986b),忽略式(2-21)中的作用力项,推导得到了 N-S 方程组的二阶近似表达式：

$$\frac{\partial \rho}{\partial t} + \nabla \cdot (\rho \boldsymbol{u}) = O(\varepsilon^2) \qquad (2-31)$$

$$\frac{\partial \rho \boldsymbol{u}}{\partial t} + \nabla \cdot (\rho \boldsymbol{u}\boldsymbol{u}) = -\nabla \rho c_s^2 + \nu \nabla \cdot [\nabla \rho \boldsymbol{u} + (\nabla \rho \boldsymbol{u})^{\mathrm{T}}] + O(\varepsilon^2) \qquad (2-32)$$

式中,ε 为展开时的小量,一般取 δ_t,$\nu = c_s^2(\tau - 1/2)\delta_t$ 为流体的运动黏滞系数,根据气体状态方程可知压强与密度的关系为 $p = \rho c_s^2$,具体推导过程如下。

这里使用 Chapman-Enskog 展开方法推导 He 和 Luo(1997b)提出的不可压 LBE 对应的宏观方程。流体运动一般分为三种时间尺度：

(1) 碰撞时间尺度 ε^0,即粒子碰撞过程非常迅速。

(2) 对流时间尺度 ε^{-1},即对流过程慢于粒子碰撞过程。

(3) 扩散时间尺度 ε^{-2},即扩散过程慢于对流过程。

因此,在多尺度展开时,采用了三种时间尺度：t_0(离散尺度)、$t_1 = \varepsilon t_0$ 和 $t_2 = \varepsilon^2 t_0$,后面两个是连续尺度。两种空间尺度：$\boldsymbol{x}_0$(离散)和 $\boldsymbol{x}_1 = \varepsilon x_0$(连续),从而,时间导数和空间导数可以展开为

$$\frac{\partial}{\partial x} = \varepsilon \frac{\partial}{\partial x_1} \qquad (2-33)$$

$$\frac{\partial}{\partial t} = \varepsilon \frac{\partial}{\partial t_1} + \varepsilon^2 \frac{\partial}{\partial t_2} \qquad (2-34)$$

同时将密度分布函数在各尺度展开：

$$f_\alpha = f_\alpha^{(0)} + \varepsilon f_\alpha^{(1)} + \varepsilon^2 f_\alpha^{(2)} + O(\varepsilon^3) \qquad (2-35)$$

考虑没有外力的 LBE 如下：

$$f_\alpha(\boldsymbol{x} + \boldsymbol{e}_\alpha \delta_t, t + \delta_t) - f_\alpha(\boldsymbol{x}, t) = -\frac{1}{\tau}[f_\alpha(\boldsymbol{x}, t) - f_\alpha^{\mathrm{eq}}(\boldsymbol{x}, t)] \qquad (2-36)$$

对式(2-36)左端做 Taylor 展开,可得

$$\delta_t\left(\frac{\partial}{\partial t} + \boldsymbol{e}_\alpha \cdot \nabla\right) f_\alpha + \frac{\delta_t^2}{2}\left(\frac{\partial}{\partial t} + \boldsymbol{e}_\alpha \cdot \nabla\right)^2 f_\alpha + \frac{1}{\tau}(f_\alpha - f_\alpha^{\mathrm{eq}}) + O(\delta_t^3) = 0 \quad (2-37)$$

然后将式(2-33)~式(2-35)代入式(2-37),对比各阶系数可得

$$\varepsilon^0: f_\alpha^{(0)} = f_\alpha^{eq} \tag{2-38}$$

$$\varepsilon^1: \left(\frac{\partial}{\partial t_1} + \boldsymbol{e}_\alpha \cdot \nabla_1\right) f_\alpha^{eq} + \frac{1}{\tau \delta_t} f_\alpha^{(1)} = 0 \tag{2-39}$$

$$\varepsilon^2: \left(\frac{\partial}{\partial t_2}\right) f_\alpha^{eq} + \left(1 - \frac{1}{2\tau}\right)\left(\frac{\partial}{\partial t_1} + \boldsymbol{e}_\alpha \cdot \nabla_1\right) f_\alpha^{(1)} + \frac{1}{\tau \delta_t} f_\alpha^{(2)} = 0 \tag{2-40}$$

对式(2-39)求速度的零阶和一阶矩,可得 ε 尺度上的宏观方程:

$$\frac{\partial \rho}{\partial t_1} + \nabla_1 \cdot \rho_0 \boldsymbol{u} = 0 \tag{2-41}$$

$$\frac{\partial \rho_0 \boldsymbol{u}}{\partial t_1} + \nabla_1 (\rho_0 \boldsymbol{u}\boldsymbol{u}) = -\nabla_1 p \tag{2-42}$$

对式(2-40)求速度的零阶和一阶矩,可得 ε^2 尺度上的宏观方程

$$\frac{\partial \rho}{\partial t_2} = 0 \tag{2-43}$$

$$\left(\frac{\partial}{\partial t_2}\right)\rho_0 u_j + \left(1 - \frac{1}{2\tau}\right)\nabla_1 \cdot \left(\sum_\alpha \boldsymbol{e}_\alpha \boldsymbol{e}_\alpha f_\alpha^{(1)}\right) = 0 \tag{2-44}$$

利用式(2-39)可以对式(2-44)进行化简:

$$\begin{aligned}\sum_\alpha e_{\alpha i} e_{\alpha j} f_\alpha^{(1)} &= -\tau \delta_t \sum_\alpha e_{\alpha i} e_{\alpha j} \left(\frac{\partial}{\partial t_1} + \boldsymbol{e}_\alpha \cdot \nabla_1\right) f_\alpha^{eq} \\ &= -\tau \delta_t \left[\frac{\partial}{\partial t_1}(\rho_0 u_i u_j + p\delta_{ij}) + \nabla_1 \sum_\alpha e_{\alpha i} e_{\alpha j} e_{\alpha k} f_\alpha^{eq}\right]\end{aligned} \tag{2-45}$$

将式(2-41)代入上式第一项化简可得

$$\frac{\partial}{\partial t_1}(\rho_0 u_i u_j + p\delta_{ij}) = \frac{\partial}{\partial t_1}(\rho_0 u_i u_j) - c_s^2 \nabla_1 \cdot (\rho_0 \boldsymbol{u})\delta_{ij} \tag{2-46}$$

将平衡态分布函数式(2-54)代入式(2-45)第二项,经过代数计算得

$$\begin{aligned}\nabla_1 \left(\sum_\alpha e_{\alpha i} e_{\alpha j} e_{\alpha k} f_\alpha^{eq}\right) &= \nabla_1 [\rho_0 c_s^2 (\delta_{ij} u_k + \delta_{ik} u_j + \delta_{jk} u_i)] \\ &= c_s^2 \nabla_1 \cdot (\rho_0 \boldsymbol{u})\delta_{ij} + \rho_0 c_s^2 \frac{\partial u_j}{\partial x_{1i}} + \rho_0 c_s^2 \frac{\partial u_i}{\partial x_{1j}}\end{aligned} \tag{2-47}$$

将式(2-46)和式(2-47)代入式(2-45)化简得到

$$\sum_\alpha e_{\alpha i} e_{\alpha j} f_\alpha^{(1)} = -\tau \delta_t \left[\frac{\partial}{\partial t_1}(\rho_0 u_i u_j) + c_s^2 \rho_0 \left(\frac{\partial u_j}{\partial x_{1i}} + \frac{\partial u_i}{\partial x_{1j}}\right)\right] \tag{2-48}$$

根据式(2-42)，$\frac{\partial}{\partial t_1}(\rho_0 u_i u_j)$ 可以写为

$$\frac{\partial}{\partial t_1}(\rho_0 u_i u_j) = -\frac{\partial}{\partial x_{1k}}(\rho_0 u_i u_j) u_k - \frac{\partial p}{\partial x_{1k}} u_k = O(Ma^3) \tag{2-49}$$

式中，Ma 为马赫数表示流体运动速度与声速的比值，联立式(2-45)~式(2-49)可得

$$\sum_\alpha e_{\alpha i} e_{\alpha j} f_\alpha^{(1)} = -\tau \delta_t \left[O(Ma^3) + \rho_0 c_s^2 \left(\frac{\partial u_j}{\partial x_{1i}} + \frac{\partial u_i}{\partial x_{1j}} \right) \right] \tag{2-50}$$

联立 ε 和 ε^2 尺度上的方程，即可得到 D2Q9 不可压模型对应的宏观方程为

$$\frac{1}{\rho_0}\frac{\partial \rho}{\partial t} + \nabla \cdot (\boldsymbol{u}) = O(\varepsilon^2) \tag{2-51}$$

$$\frac{\partial \boldsymbol{u}}{\partial t} + \nabla \cdot (\boldsymbol{uu}) = -\frac{\nabla p}{\rho_0} + \nu \nabla \cdot [\nabla \boldsymbol{u} + (\nabla \boldsymbol{u})^{\mathrm{T}}] + O(\varepsilon^2) \tag{2-52}$$

式中，运动黏滞系数 ν 为

$$\nu = c_s^2 \left(\tau - \frac{1}{2} \right) \delta_t \tag{2-53}$$

然而，He 和 Luo(1997)指出，常见的流体运动，如管道内的水流、明渠流动等，都是不可压缩流动，流体的压强和密度没有关联，而式(2-31)和式(2-32)是可压缩 N-S 方程组，流体的压强由密度决定。为了解决这一问题，他们提出了不可压缩 LB 模型。模型中的密度由常密度 ρ_0 和动态密度 $\delta\rho$ 组成，当 $Ma = |\boldsymbol{u}|/c$ 是一个小量时，动态密度是 Ma 的二阶小量。将 $\rho = \rho_0 + \delta\rho$ 代入平衡态密度分布函数式(2-25)，并忽略 $O(Ma^3)$ 项，可得到

$$f_\alpha^{\mathrm{eq}} = \omega_\alpha \rho + \omega_\alpha \rho_0 \left[\frac{\boldsymbol{e}_\alpha \cdot \boldsymbol{u}}{c_s^2} + \frac{(\boldsymbol{e}_\alpha \cdot \boldsymbol{u})^2}{2c_s^4} - \frac{|\boldsymbol{u}|^2}{2c_s^2} \right] \tag{2-54}$$

在此模型中密度分布函数的各阶矩表达式为

$$\sum_{i=0}^{M-1} f_\alpha(\boldsymbol{x}, t) = \sum_{i=0}^{M-1} f_\alpha^{\mathrm{eq}}(\boldsymbol{x}, t) = \rho \tag{2-55}$$

$$\sum_{i=0}^{M-1} \boldsymbol{e}_\alpha f_\alpha(\boldsymbol{x}, t) = \sum_{i=0}^{M-1} \boldsymbol{e}_\alpha f_\alpha^{\mathrm{eq}}(\boldsymbol{x}, t) = \rho_0 \boldsymbol{u} \tag{2-56}$$

$$\sum_{i=0}^{M-1} \boldsymbol{e}_\alpha \boldsymbol{e}_\alpha f_\alpha^{\mathrm{eq}}(\boldsymbol{x}, t) = \rho_0 \boldsymbol{uu} + p\delta_{ij} \tag{2-57}$$

最后，通过多尺度展开方法推导，得到不可压 N-S 方程组的二阶近似表达式：

$$\nabla \cdot \boldsymbol{u} = O(Ma^2) \tag{2-58}$$

$$\frac{\partial \boldsymbol{u}}{\partial t}+\boldsymbol{u}\cdot\nabla\boldsymbol{u}=-\frac{\nabla p}{\rho_0}+\nu\nabla^2\boldsymbol{u}+O(Ma^3) \tag{2-59}$$

根据推导过程中所做的假设,上述方程组仅在 Ma 小于 0.15,且流体的密度随时间和空间的变化速率非常小时才成立(He 和 Luo,1997a)。

在实际应用中,由于条件限制,He 与 Luo(1997b)提出的不可压模型仍然存在可压缩效应。为了消除可压缩效应,Guo 等(2000)提出了二维完全不可压 LB 模型(Incompressible LBGK),在该模型中,仅使用了不可压缩流动的限制条件,压强与密度没有任何关联,且密度始终保持常数,没有常密度和动态密度之分。He 等(2004)在二维完全不可压 LB 模型的基础上提出了统一的平衡态密度分布函数表达式:

$$f_\alpha^{eq}=\lambda_\alpha \frac{p}{\rho_0}+\omega_\alpha\left[\frac{\boldsymbol{e}_\alpha\cdot\boldsymbol{u}}{c_s^2}+\frac{(\boldsymbol{e}_\alpha\cdot\boldsymbol{u})^2}{2c_s^4}-\frac{|\boldsymbol{u}|^2}{2c_s^2}\right] \tag{2-60}$$

式中,ρ_0 为流体的平均密度;λ_α 为压强的权系数。在此模型中密度分布函数的各阶矩表达式为

$$\sum_{i=0}^{M-1}f_\alpha(\boldsymbol{x},t)=\sum_{i=0}^{M-1}f_\alpha^{eq}(\boldsymbol{x},t)=0 \tag{2-61}$$

$$\sum_{i=0}^{M-1}\boldsymbol{e}_\alpha f_\alpha(\boldsymbol{x},t)=\sum_{i=0}^{M-1}\boldsymbol{e}_\alpha f_\alpha^{eq}(\boldsymbol{x},t)=\boldsymbol{u} \tag{2-62}$$

$$\sum_{i=0}^{M-1}\boldsymbol{e}_\alpha\boldsymbol{e}_\alpha f_\alpha^{eq}(\boldsymbol{x},t)=\boldsymbol{u}\boldsymbol{u}+\frac{p}{\rho_0}\delta_{ij} \tag{2-63}$$

类似于求解密度的权系数,将平衡态分布函数式(2-60)代入式(2-61)~式(2-63)可以计算得到各离散速度模型下压强的权系数:

$$\lambda_\alpha=\begin{cases}\dfrac{(\omega_0-1)}{c_s^2}, & \alpha=0\\ \dfrac{\omega_\alpha}{c_s^2}, & \alpha>0\end{cases} \tag{2-64}$$

最后,通过多尺度展开方法推导,得到不可压 N-S 方程组的二阶近似表达式:

$$\nabla\cdot\boldsymbol{u}=O(\varepsilon^2) \tag{2-65}$$

$$\frac{\partial \boldsymbol{u}}{\partial t}+\boldsymbol{u}\cdot\nabla\boldsymbol{u}=-\frac{\nabla p}{\rho_0}+\nu\nabla^2\boldsymbol{u}+O(\varepsilon^2)+O(\varepsilon Ma^2) \tag{2-66}$$

以及压强的二阶近似表达式:

$$p=\frac{c_s^2\rho_0}{1-\omega_0}\left(\sum_{\alpha\neq 0}f_\alpha-\omega_0\frac{|\boldsymbol{u}|^2}{2c_s^2}\right)+O(\varepsilon^2)+O(\varepsilon Ma^2) \tag{2-67}$$

根据 Yong 等(2016)的推导,一般来说 Ma 的立方与时间步长量级相等。因此,式(2-65)和式(2-66)与不可压 N-S 方程组的误差要远小于 He 和 Luo(1997b)提出的不可压 LB 模型。然而,Guo 等(2000)的模拟结果对比却表明,这两个不可压缩模型在模拟非恒定流动时并没有明显的区别,并且在目前所发表的有关自由表面 LB 模型的论文中,这两种不可压模型均被采用过。因此,目前尚无定论如何在数值波浪水槽中选取合适的不可压 LB 模型,需要通过具体的数值试验来比较这两种模型在模拟波浪运动时的适用性。

2.3 多松弛碰撞模型

文献(D'Humières 等,2002;Lallemand 和 Luo,2000;Zhou,2012;Zong 等,2016)指出单松弛碰撞模型数值稳定性较差,尤其是在雷诺数较高及松弛时间趋近 0.5 时容易发散。为了解决这一问题,Lallemand 和 Luo(2000)及 Humieres 等(2002)提出了多松弛模型(Multi-Relaxation-Time,MRT),该模型能够克服单松弛模型数值稳定性差的缺陷。不同于单松弛模型,MRT 模型是在矩空间中计算碰撞过程,针对不同的速度矩使用不同的松弛参数 s_α,从而达到数值计算稳定的要求。MRT 碰撞模型可以表述为

$$C(f, f_1) = \boldsymbol{M}^{-1} \cdot \boldsymbol{S} \cdot (\boldsymbol{m} - \boldsymbol{m}^{eq}) \tag{2-68}$$

式中,$\boldsymbol{M}$ 为转换矩阵,用来将密度分布函数 f 转换到矩空间中的矩 $\boldsymbol{m} = \boldsymbol{M} \boldsymbol{f}^{\mathrm{T}}$;$\boldsymbol{S}$ 为松弛参数矩阵;$\boldsymbol{m}^{eq}$ 为平衡态矩。

转换矩阵是可逆矩阵,其阶数与所使用的离散速度个数相等。接下来以 D3Q27 模型为例,介绍转换矩阵的求解方法,矩空间中的各阶矩分别为

流体密度:

$$\widetilde{m}_0 = \rho = \sum_{\alpha=0}^{q-1} f_\alpha \tag{2-69}$$

流体动量:

$$\begin{cases} \widetilde{m}_1 = j_x = \sum_{\alpha=0}^{q-1} e_{\alpha x} f_\alpha \\ \widetilde{m}_2 = j_y = \sum_{\alpha=0}^{q-1} e_{\alpha y} f_\alpha \\ \widetilde{m}_3 = j_z = \sum_{\alpha=0}^{q-1} e_{\alpha z} f_\alpha \end{cases} \tag{2-70}$$

流体动能:

$$\widetilde{m}_4 = e = \sum_{\alpha=0}^{q-1} (e_{\alpha x}^2 + e_{\alpha y}^2 + e_{\alpha z}^2) f_\alpha \tag{2-71}$$

流体黏滞应力：

$$\begin{cases} \widetilde{m}_5 = 3p_{xx} = \sum_{\alpha=0}^{q-1}(2e_{\alpha x}^2 - e_{\alpha y}^2 - e_{\alpha z}^2)f_\alpha \\ \widetilde{m}_6 = p_{ww} = p_{yy} - p_{zz} = \sum_{\alpha=0}^{q-1}(e_{\alpha y}^2 - e_{\alpha z}^2)f_\alpha \end{cases} \quad (2-72)$$

$$\begin{cases} \widetilde{m}_7 = p_{xy} = \sum_{\alpha=0}^{q-1}(e_{\alpha x}e_{\alpha y})f_\alpha \\ \widetilde{m}_8 = p_{yz} = \sum_{\alpha=0}^{q-1}(e_{\alpha y}e_{\alpha z})f_\alpha \\ \widetilde{m}_9 = p_{zx} = \sum_{\alpha=0}^{q-1}(e_{\alpha z}e_{\alpha x})f_\alpha \end{cases} \quad (2-73)$$

流体动能通量和动能平方通量：

$$\begin{cases} \widetilde{m}_{10} = q_x = 3\sum_{\alpha=0}^{q-1}(e_{\alpha x}^2 + e_{\alpha y}^2 + e_{\alpha z}^2)e_{\alpha x}f_\alpha \\ \widetilde{m}_{11} = q_y = 3\sum_{\alpha=0}^{q-1}(e_{\alpha x}^2 + e_{\alpha y}^2 + e_{\alpha z}^2)e_{\alpha y}f_\alpha \\ \widetilde{m}_{12} = q_z = 3\sum_{\alpha=0}^{q-1}(e_{\alpha x}^2 + e_{\alpha y}^2 + e_{\alpha z}^2)e_{\alpha z}f_\alpha \end{cases} \quad (2-74)$$

$$\begin{cases} \widetilde{m}_{13} = \psi_x = \frac{9}{2}\sum_{\alpha=0}^{q-1}(e_{\alpha x}^2 + e_{\alpha y}^2 + e_{\alpha z}^2)^2 e_{\alpha x}f_\alpha \\ \widetilde{m}_{14} = \psi_y = \frac{9}{2}\sum_{\alpha=0}^{q-1}(e_{\alpha x}^2 + e_{\alpha y}^2 + e_{\alpha z}^2)^2 e_{\alpha y}f_\alpha \\ \widetilde{m}_{15} = \psi_z = \frac{9}{2}\sum_{\alpha=0}^{q-1}(e_{\alpha x}^2 + e_{\alpha y}^2 + e_{\alpha z}^2)^2 e_{\alpha z}f_\alpha \end{cases} \quad (2-75)$$

流体动能的平方和立方：

$$\begin{cases} \widetilde{m}_{16} = \varepsilon = \frac{3}{2}\sum_{\alpha=0}^{q-1}(e_{\alpha x}^2 + e_{\alpha y}^2 + e_{\alpha z}^2)^2 f_\alpha \\ \widetilde{m}_{17} = e_3 = \frac{9}{2}\sum_{\alpha=0}^{q-1}(e_{\alpha x}^2 + e_{\alpha y}^2 + e_{\alpha z}^2)^3 f_\alpha \end{cases} \quad (2-76)$$

四阶矩：

$$\begin{cases} \widetilde{m}_{18} = 3\pi_{xx} = \sum_{\alpha=0}^{q-1}(2e_{\alpha x}^2 - e_{\alpha y}^2 - e_{\alpha z}^2)(e_{\alpha x}^2 + e_{\alpha y}^2 + e_{\alpha z}^2)f_\alpha \\ \widetilde{m}_{19} = \pi_{ww} = \sum_{\alpha=0}^{q-1}(e_{\alpha y}^2 - e_{\alpha z}^2)(e_{\alpha x}^2 + e_{\alpha y}^2 + e_{\alpha z}^2)f_\alpha \end{cases} \quad (2-77)$$

$$\begin{cases} \widetilde{m}_{20} = \pi_{xy} = \sum_{\alpha=0}^{q-1}(e_{\alpha x}e_{\alpha y})(e_{\alpha x}^2 + e_{\alpha y}^2 + e_{\alpha z}^2)f_{\alpha} \\ \widetilde{m}_{21} = \pi_{yz} = \sum_{\alpha=0}^{q-1}(e_{\alpha y}e_{\alpha z})(e_{\alpha x}^2 + e_{\alpha y}^2 + e_{\alpha z}^2)f_{\alpha} \\ \widetilde{m}_{22} = \pi_{zx} = \sum_{\alpha=0}^{q-1}(e_{\alpha z}e_{\alpha x})(e_{\alpha x}^2 + e_{\alpha y}^2 + e_{\alpha z}^2)f_{\alpha} \end{cases} \quad (2-78)$$

三阶矩：

$$\begin{cases} \widetilde{m}_{23} = m_x = \sum_{\alpha=0}^{q-1} e_{\alpha x}(e_{\alpha y}^2 - e_{\alpha z}^2)f_{\alpha} \\ \widetilde{m}_{24} = m_y = \sum_{\alpha=0}^{q-1} e_{\alpha y}(e_{\alpha z}^2 - e_{\alpha x}^2)f_{\alpha} \\ \widetilde{m}_{25} = m_z = \sum_{\alpha=0}^{q-1} e_{\alpha z}(e_{\alpha x}^2 - e_{\alpha y}^2)f_{\alpha} \end{cases} \quad (2-79)$$

三阶反对称矩：

$$\widetilde{m}_{26} = m_{xyz} = \sum_{\alpha=0}^{q-1} e_{\alpha x}e_{\alpha y}e_{\alpha z}f_{\alpha} \quad (2-80)$$

其中，$e_{\alpha x}$、$e_{\alpha y}$ 和 $e_{\alpha z}$ 分别为分子速度矢量 $\boldsymbol{e}_{\alpha}$ 的 x、y 和 z 方向分量。

转换矩阵 $\widetilde{\boldsymbol{M}}$ 每一行的列元素就是对应编号矩的求和系数。然而，此时的转换矩阵非零元素较多，并且对应的逆矩阵 $\widetilde{\boldsymbol{M}}^{-1}$ 较为复杂，代入程序计算时较为繁琐，因此需要对其进行正交化。首先，前四个矩分别是密度和动量，独立于其他矩，因此施密特正交过程可以简写为

$$\boldsymbol{M}_{\alpha} = \widetilde{\boldsymbol{M}}_{\alpha} - \sum_{i=0}^{\alpha-1} \frac{\widetilde{\boldsymbol{M}}_{\alpha} \cdot \boldsymbol{M}_i}{\|\boldsymbol{M}_i\|^2} \boldsymbol{M}_i (\alpha \geqslant 4) \quad (2-81)$$

式中，$\boldsymbol{M}$ 为正交化后的转换矩阵。本书主要使用 D2Q9、D3Q19 和 D3Q27 离散速度模型，这里给出 D2Q9 的转换矩阵：

$$\boldsymbol{M}_{\text{D2Q9}} = \begin{bmatrix} 1 & 1 & 1 & 1 & 1 & 1 & 1 & 1 & 1 \\ -4 & -1 & -1 & -1 & -1 & 2 & 2 & 2 & 2 \\ 0 & -2 & -2 & -2 & -2 & 1 & 1 & 1 & 1 \\ 0 & 1 & 0 & -1 & 0 & 1 & -1 & -1 & 1 \\ 0 & -2 & 0 & 2 & 0 & 1 & -1 & -1 & 1 \\ 0 & 0 & 1 & 0 & -1 & 1 & 1 & -1 & -1 \\ 0 & 0 & -2 & 0 & 2 & 1 & 1 & -1 & -1 \\ 0 & 1 & -1 & 1 & -1 & 0 & 0 & 0 & 0 \\ 0 & 0 & 0 & 0 & 0 & 1 & -1 & 1 & -1 \end{bmatrix} \quad (2-82)$$

构造平衡态矩 $\boldsymbol{m}^{eq}$ 有两种方式,第一种是根据正交化的转换矩阵 $\boldsymbol{M}$ 及平衡态密度分布函数计算平衡态矩 $\boldsymbol{m}^{eq}$:

$$\boldsymbol{m}^{eq} = \boldsymbol{M} \boldsymbol{f}_{eq}^{T} \tag{2-83}$$

在此基础上,Janssen 等(2010)通过调整转换矩阵,使得除了密度、动量、动能,还有黏滞应力之外的平衡态矩为零,通过这种方法得到的 MRT 模型更适用于模拟自由表面运动。

第二种方式是首先假设各平衡态矩是流速、密度和压强的多项式,然后通过分析方法推导出对应的宏观方程,最后使方程与 N-S 方程相等,从而得到各平衡态矩的表达式。这种做法会使平衡态分布函数与离散速度模型相关,不再有通用表达式,但稳定性更好且更加灵活。例如,Peng 等(2018)提到的 EMRT(Extended MRT)模型和 Zhang 等(2015)提出的 D3Q18 完全不可压 MRT 模型等。

得到非平衡态矩 $(\boldsymbol{m}-\boldsymbol{m}^{eq})$ 后,需要使用松弛参数矩阵 $\boldsymbol{S}$ 对其进行松弛,以 D3Q27 为例,松弛参数矩阵为

$$\boldsymbol{S} = diag(1\ 1\ 1\ 1\ s_e\ s_p\ s_p\ s_v\ s_v\ s_v\ s_q\ s_q\ s_q\ s_{qe}\ s_{qe}\ s_{qe}\ s_\varepsilon\ s_{e3}\ s_{\pi xx}\ s_{\pi xx}\ s_\pi\ s_\pi\ s_\pi\ s_m\ s_m\ s_m) \tag{2-84}$$

需要注意的是,密度和动量的松弛参数恒为 1.0。

对于不可压缩紊流,Suga 等(2015)推荐使用以下松弛参数:

$$s_e = 1.5,\ s_q = 1.5,\ s_{qe} = 1.83,\ s_\varepsilon = 1.4,\ s_{e3} = 1.61,$$
$$s_{\pi xx} = s_\pi = 1.98,\ s_m = 1.74 \tag{2-85}$$

对于自由表面流动,Janssen 等推荐使用以下松弛参数:

$$s_e = s_q = s_\varepsilon = s_\pi = s_m = 1.0 \tag{2-86}$$

Kruger 等(2017)提到,松弛参数会影响模拟的过程,若松弛参数大于 1.0,称之为超松弛(over-relaxation),可能会引起数值振荡;若松弛参数小于 1.0,称之为亚松弛(under-relaxation),具有较好的稳定性;而当松弛参数等于 1.0,称之为完全松弛,此时密度分布函数与平衡态相同。

最后,使用 Yong 等(2016)提出的 Maxwell 迭代方法,将使用 MRT 模型的 LBE 推导至 N-S 方程的二阶近似表达式,详细推导过程如下。

将 Du 等提出的不可压多松弛 LB 方程进行泰勒展开可以得到

$$\boldsymbol{L}(\delta_t \boldsymbol{D}) \cdot \boldsymbol{f} = -\boldsymbol{M}^{-1} \cdot \boldsymbol{S} \cdot (\boldsymbol{m} - \boldsymbol{m}^{eq}) + \delta_t \boldsymbol{G} \tag{2-87}$$

式中,$\boldsymbol{G}$ 为离散作用力项;$\boldsymbol{L}(\delta_t \boldsymbol{D})$ 为线性偏微分算子,其定义如下

$$L(\delta_t \boldsymbol{D}) := e^{\delta_t \boldsymbol{D}} - \boldsymbol{I} = \sum_{k=1}^{\infty} \frac{(\delta_t \boldsymbol{D})^k}{k!} = \sum_{k=1}^{\infty} \frac{\delta_t^k}{k!} \boldsymbol{D}^k \quad (2-88)$$

式中，$\boldsymbol{D}$ 为对角矩阵算子，其表达式为

$$\boldsymbol{D} := \boldsymbol{I} \partial_t + c \boldsymbol{C}_x \partial_x + c \boldsymbol{C}_y \partial_y \quad (2-89)$$

式中，$\boldsymbol{C}_x$ 和 $\boldsymbol{C}_y$ 分别是离散速度分量的列向量形式。在式(2-87)两边同时乘以 $\boldsymbol{M}$，得到矩方程：

$$L(\delta_t \widetilde{\boldsymbol{D}}) \cdot \boldsymbol{m} = -\boldsymbol{S} \cdot [\boldsymbol{m} - \boldsymbol{m}^{\mathrm{eq}}] + \delta_t \boldsymbol{\Phi} \quad (2-90)$$

式中，$\boldsymbol{\Phi} = \boldsymbol{M} \cdot \boldsymbol{G}$。

$$\boldsymbol{\Phi} = \begin{Bmatrix} 0 \\ h_1 \boldsymbol{u} \cdot \boldsymbol{a} \\ h_2 \boldsymbol{u} \cdot \boldsymbol{a} \\ h_3 a_x \\ -h_4 a_x \\ h_5 a_y \\ -h_6 a_y \\ h_7 (u_x a_x - u_y a_y) \\ h_8 (u_x a_y + u_y a_x) \end{Bmatrix} \quad (2-91)$$

$\widetilde{\boldsymbol{D}} = \boldsymbol{M} \cdot \boldsymbol{D} \cdot \boldsymbol{M}^{-1} = \partial_t \boldsymbol{I} + c \widetilde{\boldsymbol{C}}_x \partial_x + c \widetilde{\boldsymbol{C}}_y \partial_y$，其中 $\widetilde{\boldsymbol{C}}_{x,y} := \boldsymbol{M} \cdot \boldsymbol{C}_{x,y} \cdot \boldsymbol{M}^{-1}$。假设矩阵 $\boldsymbol{S}$ 为可逆矩阵，在式(2-90)两端同时乘以 $\boldsymbol{S}$ 的逆矩阵得到

$$\boldsymbol{m} = -\boldsymbol{S}^{-1} \cdot L(\delta_t \widetilde{\boldsymbol{D}}) \cdot \boldsymbol{m} + \boldsymbol{m}^{\mathrm{eq}} + \delta_t \boldsymbol{S}^{-1} \cdot \boldsymbol{\Phi} \quad (2-92)$$

使用 Maxwell 迭代方法求解式(2-92)，令式(2-92)右端 $\boldsymbol{m} = \boldsymbol{m}^{[k-1]}$，左端 $\boldsymbol{m} = \boldsymbol{m}^{[k]}$ 得到

$$\boldsymbol{m}^{[k]} = -\boldsymbol{S}^{-1} \cdot L(\delta_t \widetilde{\boldsymbol{D}}) \cdot \boldsymbol{m}^{(k-1)} + \boldsymbol{m}^{\mathrm{eq}} + \delta_t \boldsymbol{S}^{-1} \cdot \boldsymbol{\Phi} \quad (2-93)$$

式中，$k \geqslant 1$，$\boldsymbol{m}^{[0]} = \boldsymbol{m}^{\mathrm{eq}}$。那么令 $k=1$，得到一阶迭代方程为

$$\boldsymbol{m}^{[1]} = [\boldsymbol{I} - \boldsymbol{S}^{-1} \cdot L(\delta_t \widetilde{\boldsymbol{D}})] \cdot \boldsymbol{m}^{[0]} + \delta_t \boldsymbol{S}^{-1} \cdot \boldsymbol{\Phi} \quad (2-94)$$

根据式(2-88)，可以得到 $L(\delta_t \widetilde{\boldsymbol{D}}) = O(\delta_t)$，那么式(2-94)可以简化为

$$\boldsymbol{m}^{[1]} = \boldsymbol{m}^{[0]} + O(\delta_t) \quad (2-95)$$

令 $k=2$，并将式(2-95)代入式(2-93)可以得到二阶迭代方程为

$$m^{[2]} = m^{[1]} + [S^{-1} \cdot L(\delta_t \widetilde{D})]^2 m^{[0]} - \delta_t S^{-1} \cdot L(\delta_t \widetilde{D}) \cdot S^{-1} \cdot \Phi \quad (2-96)$$
$$= m^{[1]} + O(\delta_t^2)$$

更一般的,根据归纳法得到

$$m^{[k]} = m^{[k-1]} + O(\delta_t^k) \quad (2-97)$$

若取 k 阶迭代解作为近似解,则得到矩 m 的精度为

$$m = m^{[k]} + O(\delta_t^{k+1}) \quad (2-98)$$

根据式(2-98)给出 Maxwell 一阶解和二阶解

$$m = [I - \delta_t S^{-1} \cdot \widetilde{D}] \cdot m^{eq} + \delta_t S^{-1} \cdot \Phi + O(\delta_t^2) \quad (2-99)$$

$$m = m^{eq} - \delta_t S^{-1} \cdot \widetilde{D} \cdot \left[I - \delta_t\left(S^{-1} - \frac{I}{2}\right) \cdot \widetilde{D}\right] \cdot m^{eq}$$
$$+ \delta_t(I - \delta_t S^{-1} \cdot \widetilde{D})S^{-1} \cdot \Phi + O(\delta_t^3) \quad (2-100)$$

接下来推导欧拉方程,首先根据式(2-99)计算 m_0、m_3 和 m_5:

$$m_0 = -\frac{\delta_t}{s_0}\left(\frac{\partial u_x}{\partial x} + \frac{\partial u_y}{\partial y}\right) + O(\delta_t^2) \quad (2-101)$$

$$m_3 = u_x + \frac{\delta_t}{s_3}\left(-2u_x \frac{\partial u_x}{\partial x} - u_x \frac{\partial u_y}{\partial y} - u_y \frac{\partial u_x}{\partial y} - \frac{1}{\rho_0}\frac{\partial p}{\partial x} - \frac{\partial u_x}{\partial t} + h_3 a_x\right) + O(\delta_t^2)$$
$$(2-102)$$

$$m_5 = u_y + \frac{\delta_t}{s_5}\left(-u_x \frac{\partial u_y}{\partial x} - 2u_y \frac{\partial u_y}{\partial y} - u_y \frac{\partial u_x}{\partial x} - \frac{1}{\rho_0}\frac{\partial p}{\partial y} - \frac{\partial u_y}{\partial t} + h_5 a_y\right) + O(\delta_t^2)$$
$$(2-103)$$

根据式(2-57)~式(2-61)可知,$m_0 = 0$、$m_3 = u_x - la_x\delta_t$ 和 $m_5 = u_y - la_y\delta_t$,代入式(2-101)~式(2-103)得到

$$\frac{\partial u_x}{\partial x} + \frac{\partial u_y}{\partial y} = O(\delta_t) \quad (2-104)$$

$$\frac{\partial u_x}{\partial t} + \frac{\partial u_x u_x}{\partial x} + \frac{\partial u_x u_y}{\partial y} = -\frac{1}{\rho_0}\frac{\partial p}{\partial x} + (ls_3 + h_3)a_x + O(\delta_t) \quad (2-105)$$

$$\frac{\partial u_y}{\partial t} + \frac{\partial u_y u_x}{\partial x} + \frac{\partial u_y u_y}{\partial y} = -\frac{1}{\rho_0}\frac{\partial p}{\partial y} + (ls_5 + h_5)a_y + O(\delta_t) \quad (2-106)$$

为了得到欧拉方程,则必有 $ls_3+h_3=1$ 和 $ls_5+h_5=1$。

接下来推导 N-S 方程,需要使用到矩的二阶近似表达式,同时还需要使用 $\tilde{\boldsymbol{D}} \cdot \boldsymbol{m}^{eq}$:

$$\tilde{\boldsymbol{D}} \cdot \boldsymbol{m}^{eq} = \begin{bmatrix} \dfrac{\partial u_x}{\partial x}+\dfrac{\partial u_y}{\partial y} \\[6pt] 6\dfrac{1}{\rho_0}\dfrac{\partial p}{\partial t}+6\left(u_x\dfrac{\partial u_x}{\partial t}+u_y\dfrac{\partial u_y}{\partial t}\right) \\[6pt] -9\dfrac{1}{\rho_0}\dfrac{\partial p}{\partial t}-6\left(u_x\dfrac{\partial u_x}{\partial t}+u_y\dfrac{\partial u_y}{\partial t}\right) \\[6pt] \dfrac{\partial u_x}{\partial t}+\dfrac{\partial u_x u_x}{\partial x}+\dfrac{\partial u_x u_y}{\partial y}+\dfrac{1}{\rho_0}\dfrac{\partial p}{\partial x} \\[6pt] -\dfrac{\partial u_x}{\partial t}-\dfrac{1}{\rho_0}\dfrac{\partial p}{\partial x}+u_y\left(\dfrac{\partial u_x}{\partial y}+2\dfrac{\partial u_y}{\partial x}\right)+u_x\left(\dfrac{\partial u_y}{\partial y}-2\dfrac{\partial u_x}{\partial x}\right) \\[6pt] \dfrac{\partial u_y}{\partial t}+\dfrac{\partial u_y u_x}{\partial x}+\dfrac{\partial u_y u_y}{\partial y}+\dfrac{1}{\rho_0}\dfrac{\partial p}{\partial y} \\[6pt] -\dfrac{\partial u_y}{\partial t}-\dfrac{1}{\rho_0}\dfrac{\partial p}{\partial y}+u_y\left(-2\dfrac{\partial u_y}{\partial y}+\dfrac{\partial u_x}{\partial x}\right)+u_x\left(\dfrac{\partial u_y}{\partial x}+2\dfrac{\partial u_x}{\partial y}\right) \\[6pt] 2\left(u_x\dfrac{\partial u_x}{\partial t}-u_y\dfrac{\partial u_y}{\partial t}\right)+\dfrac{2}{3}\left(\dfrac{\partial u_x}{\partial x}-\dfrac{\partial u_y}{\partial y}\right) \\[6pt] \dfrac{1}{3}\left(\dfrac{\partial u_x}{\partial y}+\dfrac{\partial u_y}{\partial x}+3\dfrac{\partial u_x u_y}{\partial t}\right) \end{bmatrix} \quad (2-107)$$

将式(2-104)~式(2-106)代入式(2-107)中,并对其进行化简得到

$$\tilde{\boldsymbol{D}} \cdot \boldsymbol{m}^{eq} = \begin{bmatrix} O(\delta_t) \\[4pt] 6\boldsymbol{a}\cdot\boldsymbol{u}+O(\delta_t)+O(u^3) \\[4pt] -6\boldsymbol{a}\cdot\boldsymbol{u}+O(\delta_t)+O(u^3) \\[4pt] a_x+O(\delta_t) \\[4pt] -\dfrac{\partial u_x}{\partial t}-\dfrac{1}{\rho_0}\dfrac{\partial p}{\partial x}+u_y\left(\dfrac{\partial u_x}{\partial y}+2\dfrac{\partial u_y}{\partial x}\right)+u_x\left(\dfrac{\partial u_y}{\partial y}-2\dfrac{\partial u_x}{\partial x}\right) \\[4pt] a_y+O(\delta_t) \\[4pt] -\dfrac{\partial u_y}{\partial t}-\dfrac{1}{\rho_0}\dfrac{\partial p}{\partial y}+u_y\left(-2\dfrac{\partial u_y}{\partial y}+\dfrac{\partial u_x}{\partial x}\right)+u_x\left(\dfrac{\partial u_y}{\partial x}+2\dfrac{\partial u_x}{\partial y}\right) \\[4pt] 2(u_x a_x-u_y a_y)+\dfrac{2}{3}\left(\dfrac{\partial u_x}{\partial x}-\dfrac{\partial u_y}{\partial y}\right)+O(\delta_t)+O(u^3) \\[4pt] u_y a_x+u_x a_y+\dfrac{1}{3}\left(\dfrac{\partial u_x}{\partial y}+\dfrac{\partial u_y}{\partial x}\right)+O(\delta_t)+O(u^3) \end{bmatrix} \quad (2-108)$$

根据式(2-100)计算 m_0、m_3 和 m_5:

$$m_0 = -\frac{\delta_t}{s_0}\left(\frac{\partial u_x}{\partial x} + \frac{\partial u_y}{\partial y}\right) + \delta_t^2 \tau_0 \cdot \begin{Bmatrix} \frac{\partial}{\partial t}[\widetilde{\tau}_0(\widetilde{\boldsymbol{D}} \cdot \boldsymbol{m}^{\mathrm{eq}})_0 - \tau_0 \Phi_0] \\ + \frac{\partial}{\partial x}[\widetilde{\tau}_3(\widetilde{\boldsymbol{D}} \cdot \boldsymbol{m}^{\mathrm{eq}})_3 - \tau_3 \Phi_3] \\ + \frac{\partial}{\partial y}[\widetilde{\tau}_5(\widetilde{\boldsymbol{D}} \cdot \boldsymbol{m}^{\mathrm{eq}})_5 - \tau_5 \Phi_5] \end{Bmatrix} + O(\delta_t^3)$$

(2-109)

$$m_3 = u_x + \frac{\delta_t}{s_3}\left(-\frac{\partial u_x u_x}{\partial x} - \frac{\partial u_x u_y}{\partial y} - \frac{1}{\rho_0}\frac{\partial p}{\partial x} - \frac{\partial u_x}{\partial t} + h_3 a_x\right)$$
$$+ \delta_t^2 \tau_3 \cdot \begin{Bmatrix} \frac{\partial}{\partial t}[\widetilde{\tau}_3(\widetilde{\boldsymbol{D}} \cdot \boldsymbol{m}^{\mathrm{eq}})_3 - \tau_3 \Phi_3] \\ + \frac{2}{3}\frac{\partial}{\partial x}[\widetilde{\tau}_0(\widetilde{\boldsymbol{D}} \cdot \boldsymbol{m}^{\mathrm{eq}})_0 - \tau_0 \Phi_0] + \frac{1}{6}\frac{\partial}{\partial x}[\widetilde{\tau}_1(\widetilde{\boldsymbol{D}} \cdot \boldsymbol{m}^{\mathrm{eq}})_1 - \tau_1 \Phi_1] \\ + \frac{1}{2}\frac{\partial}{\partial x}[\widetilde{\tau}_7(\widetilde{\boldsymbol{D}} \cdot \boldsymbol{m}^{\mathrm{eq}})_7 - \tau_7 \Phi_7] + \frac{\partial}{\partial y}[\widetilde{\tau}_8(\widetilde{\boldsymbol{D}} \cdot \boldsymbol{m}^{\mathrm{eq}})_8 - \tau_8 \Phi_8] \end{Bmatrix} + O(\delta_t^3)$$

(2-110)

$$m_5 = u_y + \frac{\delta_t}{s_5}\left(-\frac{\partial u_y u_x}{\partial x} - \frac{\partial u_y u_y}{\partial y} - \frac{1}{\rho_0}\frac{\partial p}{\partial y} - \frac{\partial u_y}{\partial t} + h_5 a_y\right)$$
$$+ \delta_t^2 \tau_5 \cdot \begin{Bmatrix} \frac{\partial}{\partial t}[\widetilde{\tau}_5(\widetilde{\boldsymbol{D}} \cdot \boldsymbol{m}^{\mathrm{eq}})_5 - \tau_5 \Phi_5] \\ + \frac{2}{3}\frac{\partial}{\partial y}[\widetilde{\tau}_0(\widetilde{\boldsymbol{D}} \cdot \boldsymbol{m}^{\mathrm{eq}})_0 - \tau_0 \Phi_0] + \frac{1}{6}\frac{\partial}{\partial y}[\widetilde{\tau}_1(\widetilde{\boldsymbol{D}} \cdot \boldsymbol{m}^{\mathrm{eq}})_1 - \tau_1 \Phi_1] \\ - \frac{1}{2}\frac{\partial}{\partial y}[\widetilde{\tau}_7(\widetilde{\boldsymbol{D}} \cdot \boldsymbol{m}^{\mathrm{eq}})_7 - \tau_7 \Phi_7] + \frac{\partial}{\partial x}[\widetilde{\tau}_8(\widetilde{\boldsymbol{D}} \cdot \boldsymbol{m}^{\mathrm{eq}})_8 - \tau_8 \Phi_8] \end{Bmatrix} + O(\delta_t^3)$$

(2-111)

式中，$\tau_i = 1/s_i$，$\widetilde{\tau}_i = 1/s_i - 1/2$。将式(2-108)代入上式中得到

$$m_0 = -\frac{\delta_t}{s_0}\left(\frac{\partial u_x}{\partial x} + \frac{\partial u_y}{\partial y}\right) + \delta_t^2 \tau_0 \cdot \left[(\widetilde{\tau}_3 - \tau_3 h_3)\frac{\partial a_x}{\partial x} + (\widetilde{\tau}_5 - \tau_5 h_5)\frac{\partial a_y}{\partial y}\right] + O(\delta_t^3)$$

(2-112)

$$m_3 = u_x + \frac{\delta_t}{s_3}\left(-\frac{\partial u_x u_x}{\partial x} - \frac{\partial u_x u_y}{\partial y} - \frac{1}{\rho_0}\frac{\partial p}{\partial x} - \frac{\partial u_x}{\partial t} + h_3 a_x\right)$$

$$+\delta_t^2\tau_3\cdot\begin{Bmatrix}\dfrac{\partial}{\partial x}\widetilde{\tau}_7\left[\dfrac{1}{3}\left(\dfrac{\partial u_x}{\partial x}-\dfrac{\partial u_y}{\partial y}\right)\right]+\dfrac{\partial}{\partial y}\widetilde{\tau}_8\left[\dfrac{1}{3}\left(\dfrac{\partial u_x}{\partial y}+\dfrac{\partial u_y}{\partial x}\right)\right]\\ +\dfrac{\partial}{\partial x}\left(\widetilde{\tau}_1-\dfrac{1}{6}\tau_1 h_1\right)\boldsymbol{u}\cdot\boldsymbol{a}+\dfrac{\partial(\widetilde{\tau}_3-\tau_3 h_3)a_x}{\partial t}\\ +\dfrac{\partial}{\partial x}\left(\widetilde{\tau}_7-\dfrac{1}{2}\tau_7 h_7\right)(u_x a_x-u_y a_y)\\ +\dfrac{\partial}{\partial y}(\widetilde{\tau}_8-\tau_8 h_8)(u_x a_y+u_y a_x)\end{Bmatrix}+O(\delta_t^3)+O(\delta_t^2 u^3)$$

$$(2-113)$$

$$m_5=u_y+\dfrac{\delta_t}{s_5}\left(-\dfrac{\partial u_y u_x}{\partial x}-\dfrac{\partial u_y u_y}{\partial y}-\dfrac{1}{\rho_0}\dfrac{\partial p}{\partial y}-\dfrac{\partial u_y}{\partial t}+h_5 a_y\right)$$

$$+\delta_t^2\tau_5\cdot\begin{Bmatrix}-\dfrac{1}{3}\dfrac{\partial}{\partial y}\widetilde{\tau}_7\left(\dfrac{\partial u_x}{\partial x}-\dfrac{\partial u_y}{\partial y}\right)+\dfrac{1}{3}\dfrac{\partial}{\partial x}\widetilde{\tau}_8\left(\dfrac{\partial u_x}{\partial y}+\dfrac{\partial u_y}{\partial x}\right)\\ +\dfrac{1}{6}\dfrac{\partial}{\partial y}(6\widetilde{\tau}_1-\tau_1 h_1)\boldsymbol{u}\cdot\boldsymbol{a}+\dfrac{\partial}{\partial t}(\widetilde{\tau}_5-\tau_5 h_5)a_y\\ -\dfrac{1}{2}\dfrac{\partial}{\partial y}(2\widetilde{\tau}_7-\tau_7 h_7)(u_x a_x-u_y a_y)\\ +\dfrac{\partial}{\partial x}(\widetilde{\tau}_8-\tau_8 h_8)(u_x a_y+u_y a_x)\end{Bmatrix}+O(\delta_t^3)+O(\delta_t^2 u^3)$$

$$(2-114)$$

根据矩的定义可知 $m_0=0$、$m_3=u_x-la_x\delta_t$ 和 $m_5=u_y-la_y\delta_t$,代入式(2-112)~式(2-114)得到

$$\dfrac{\partial u_x}{\partial x}+\dfrac{\partial u_y}{\partial y}=\delta_t\left(l-\dfrac{1}{2}\right)\nabla\cdot\boldsymbol{a}+O(\delta_t^2) \qquad (2-115)$$

$$\dfrac{\partial u_x}{\partial t}+\dfrac{\partial u_x u_x}{\partial x}+\dfrac{\partial u_x u_y}{\partial y}=-\dfrac{1}{\rho_0}\dfrac{\partial p}{\partial x}+\dfrac{\partial}{\partial x}\nu_{xx}\left(\dfrac{\partial u_x}{\partial x}-\dfrac{\partial u_y}{\partial y}\right)+\dfrac{\partial}{\partial y}\nu_{xy}\left(\dfrac{\partial u_x}{\partial y}+\dfrac{\partial u_y}{\partial x}\right)$$
$$+(h_3+ls_3)a_x+\delta_t G_x+O(\delta_t^2)+O(\delta_t u^3) \qquad (2-116)$$

$$\dfrac{\partial u_y}{\partial t}+\dfrac{\partial u_y u_x}{\partial x}+\dfrac{\partial u_y u_y}{\partial y}=-\dfrac{1}{\rho_0}\dfrac{\partial p}{\partial y}+\dfrac{\partial}{\partial x}\nu_{yx}\left(\dfrac{\partial u_x}{\partial y}+\dfrac{\partial u_y}{\partial x}\right)+\dfrac{\partial}{\partial y}\nu_{yy}\left(\dfrac{\partial u_y}{\partial y}-\dfrac{\partial u_x}{\partial x}\right)$$
$$+(ls_5+h_5)a_y+\delta_t G_y+O(\delta_t^2)+O(\delta_t u^3) \qquad (2-117)$$

式中,$\nu_{xx}=\nu_{yy}=\delta_t\widetilde{\tau}_7/3$、$\nu_{xy}=\nu_{yx}=\delta_t\widetilde{\tau}_8/3$,方程组的离散外力项误差为

$$G_x=\dfrac{\partial}{\partial x}\left(\widetilde{\tau}_1-\dfrac{1}{6}\tau_1 h_1\right)\boldsymbol{u}\cdot\boldsymbol{a}+\dfrac{\partial}{\partial t}\left(l-\dfrac{1}{2}\right)a_x+\dfrac{\partial}{\partial x}\left(\widetilde{\tau}_7-\dfrac{1}{2}\tau_7 h_7\right)$$
$$(u_x a_x-u_y a_y)+\dfrac{\partial}{\partial y}(\widetilde{\tau}_8-\tau_8 h_8)(u_x a_y+u_y a_x)$$

$$(2-118)$$

$$G_y = \frac{\partial}{\partial y}\left(\tilde{\tau}_1 - \frac{1}{6}\tau_1 h_1\right) \boldsymbol{u} \cdot \boldsymbol{a} + \frac{\partial}{\partial t}\left(l - \frac{1}{2}\right) a_y - \frac{\partial}{\partial y}\left(\tilde{\tau}_7 - \frac{1}{2}\tau_7 h_7\right) \quad (2-119)$$

$$(u_x a_x - u_y a_y) + \frac{\partial}{\partial x}(\tilde{\tau}_8 - \tau_8 h_8)(u_x a_y + u_y a_x)$$

为了使得离散外力误差为零,则有

$$l = \frac{1}{2} \quad (2-120)$$

$$h_1 = \frac{1}{c_s^2}(2 - s_1), \quad h_7 = \frac{1}{3c_s^2}(2 - s_7), \quad h_8 = \frac{1}{6c_s^2}(2 - s_8) \quad (2-121)$$

若令 $\mu_{xx} = \mu_{xy}$,即 $s_7 = s_8$,且 $O(u^3) = O(\delta_t)$ 成立,得到二阶精度近似的不可压 N-S 方程组:

$$\nabla \cdot \boldsymbol{u} = O(\delta_t^2) \quad (2-122)$$

$$\frac{\partial \boldsymbol{u}}{\partial t} + \nabla \cdot (\boldsymbol{uu}) = -\frac{1}{\rho_0}\nabla p + \nabla \cdot \boldsymbol{\sigma} + \boldsymbol{a} + O(\delta_t^2) \quad (2-123)$$

式中,应力张量 $\boldsymbol{\sigma}$ 的表达式为

$$\boldsymbol{\sigma} = \nu[\nabla \boldsymbol{u} + (\nabla \boldsymbol{u})^T] \quad (2-124)$$

式中,ν 为流体运动黏滞系数。

推导过程中得到了松弛参数 s_p 和 s_v 与流体运动黏滞系数的关系:

$$s_p = s_v = \frac{1}{\tau} = \frac{2\delta_x^2}{6\nu\delta_t + \delta_x^2} \quad (2-125)$$

所以,在 MRT 模型中,只有黏滞应力的松弛参数与流体运动的黏滞系数有关,其他矩的松弛参数可以在(0,2)之间选取,从而达到提高数值稳定性的目的。

2.4 单相流自由表面追踪模型

本节选取了基于 Thuerey(2003)提出的类似于 VOF 方法的界面追踪模型。该方法是一种单相流模型,仅模拟液相流体,气液交界面之间的相互作用通过自由表面边界条件来实施。因此,Thuerey 模型需要追踪自由表面的运动过程,以便在自由表面格点上通过数值格式(如 FSK 格式)重构气相流体迁移进入液相流体的密度分布函数。图 2-1 所示为 Thuerey 模型中格点的几种状态示意图。

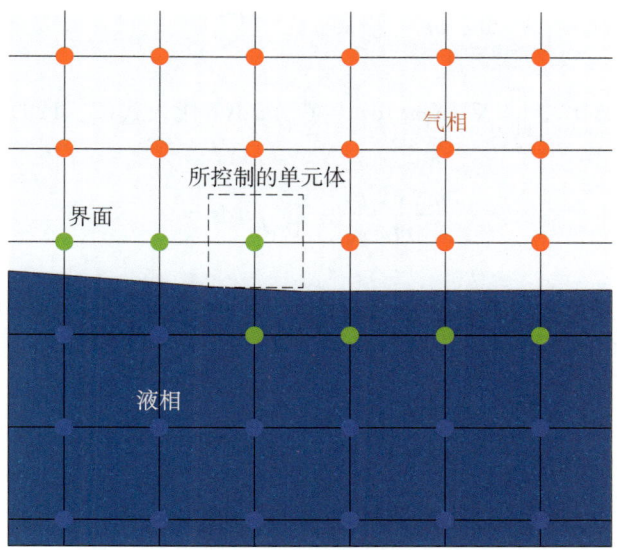

图 2-1 自由表面模型流体格点状态示意图

其中,红色格点代表气相格点,绿色格点代表界面格点,蓝色格点代表液相格点,黑色虚线所围成的区域表示该区域中心格点所控制的单元体。

首先,按照单元体内液相所占比例 ε(或称为体积分数),来定义气相、界面和液相格点,如下:

$$相态 = \begin{cases} 气相, & \varepsilon = 0 \\ 界面, & \varepsilon \in (0, 1)b \\ 液相, & \varepsilon = b \end{cases} \quad (2-126)$$

其中,b 为单元体内的孔隙率,考虑孔隙率对单元体相态改变的影响,可以更加精确地模拟曲面边界的情况,体积分数 ε 为

$$\varepsilon(\boldsymbol{x}, t) = \frac{V_l(\boldsymbol{x}, t)}{V(\boldsymbol{x}, t)} = \frac{m_l(\boldsymbol{x}, t)}{\rho_0 V(\boldsymbol{x}, t)} \quad (2-127)$$

式中,$m_l(\boldsymbol{x}, t)$ 为 $\boldsymbol{x}$ 格点所在的单元体内液相流体的质量;ρ_0 为液相流体的密度;$V(\boldsymbol{x}, t) = \delta_x^3$ 为 $\boldsymbol{x}$ 格点所在单元体的体积。

根据质量守恒定律可知,流体质量守恒方程可以表示为

$$\frac{\partial \rho}{\partial t} + \nabla \cdot (\rho \boldsymbol{u}) = 0 \quad (2-128)$$

将式(2-128)在单元体内积分得到

$$\iiint_\Omega \frac{\partial \rho}{\partial t} dv + \iiint_\Omega \nabla \cdot (\rho \boldsymbol{u}) dv = 0 \qquad (2-129)$$

因为 $\iiint_\Omega \rho dv = m(\boldsymbol{x}, t)$、$\iiint_\Omega \nabla \cdot (\rho \boldsymbol{u}) dv = \oiint_\Gamma \rho \boldsymbol{u} d\boldsymbol{s}$，代入式(2-129)得到

$$\frac{\partial m(\boldsymbol{x}, t)}{\partial t} + \oiint_\Gamma \rho \boldsymbol{u} d\boldsymbol{s} = 0 \qquad (2-130)$$

式(2-130)左端第二项代表流体流出单元体表面的流量，将单元体划分为有限的 n 个平面，则式(2-130)可化简为

$$\frac{\partial m(\boldsymbol{x}, t)}{\partial t} + \sum_{i=1}^{n} \rho_i A_i u_i = 0 \qquad (2-131)$$

式中，$\rho_i = [\varepsilon_i \rho_0 + (b_i - \varepsilon_i) \rho_g]/b_i$ 为第 i 个面流体平均密度；ε_i 为第 i 个面的体积分数；$A_i = b_i \delta_x^2$ 为第 i 个面的流通面积；u_i 为第 i 个面流体向外平均流速；b_i 为第 i 个面的孔隙率。

对式(2-131)采用一阶显式欧拉时间离散得到离散后的表达式为

$$m(\boldsymbol{x}, t) = m(\boldsymbol{x}, t - \delta_t) - \delta_t \sum_{i=1}^{n} \rho_i A_i u_i + O(\delta_t^2) \qquad (2-132)$$

考虑单元体内的流体由液相和气相构成，则流体的质量可以表示为 $m(\boldsymbol{x}, t) = [\varepsilon \rho_0 + (b - \varepsilon) \rho_g] \delta_x^3$，代入式(2-132)并化简得到

$$\begin{aligned}\varepsilon(\boldsymbol{x}, t) = {}& \varepsilon(\boldsymbol{x}, t - \delta_t) - \frac{\delta_t}{\delta_x} \sum_{i=1}^{n} \varepsilon_i(\boldsymbol{x}, t - \delta_t) u_i \\ & - \frac{\rho_g}{\rho_l - \rho_g} \frac{\delta_t}{\delta_x^3} \sum_{i=1}^{n} A_i(\boldsymbol{x}, t - \delta_t) u_i + O(\delta_t^2)\end{aligned} \qquad (2-133)$$

式中，ρ_g 为气体密度。方程右端第三项的求和部分又可以写为 $\oiint_\Gamma \boldsymbol{u} d\boldsymbol{s} = \iiint_\Omega \nabla \cdot \boldsymbol{u} dv$，由不可压缩流动的连续性方程可知，该项应该为零。这样就得到了单相流自由表面运动控制方程为

$$\varepsilon(\boldsymbol{x}, t) = \varepsilon(\boldsymbol{x}, t - \delta_t) - \frac{\delta_t}{\delta_x} \sum_{i=1}^{n} \varPhi_i + O(\delta_t^2) \qquad (2-134)$$

式中，$\varPhi_i = \varepsilon_i(\boldsymbol{x}, t - \delta_t) u_i$，为第 i 个平面的流出流量。

在 Thuerey 模型中，流量采用以下表达式计算：

$$\Phi_\alpha = \frac{c\varepsilon_\alpha}{\rho_0}[f_\alpha(\boldsymbol{x}+\boldsymbol{e}_\alpha\delta_t,\ t) - f_\beta(\boldsymbol{x},\ t)] \tag{2-135}$$

式中，ε_α 为第 α 个面的体积分数，Thuerey 模型中采取代数平均的方法来计算：

$$\varepsilon_\alpha = \begin{cases} \dfrac{1}{2}[b(\boldsymbol{x},\ t-\delta_t) + b(\boldsymbol{x}+\boldsymbol{e}_\alpha,\ t-\delta_t)], & \text{相邻格点为液相} \\ \dfrac{1}{2}[\varepsilon(\boldsymbol{x},\ t-\delta_t) + \varepsilon(\boldsymbol{x}+\boldsymbol{e}_\alpha,\ t-\delta_t)], & \text{相邻格点为界面格点} \\ 0.0, & \text{相邻格点为气相} \end{cases} \tag{2-136}$$

对于不可压缩流动而言，使用密度分布函数来计算流量不够精确，因为密度分布函数中还包含流体压强的影响，将其展开为平衡态和非平衡态之和代入式(2-135)，则有

$$\Phi_\alpha = c\varepsilon_\alpha \frac{\omega_\alpha}{c_s^2}\left[\begin{array}{l}\dfrac{(p_{ff}-p_f)}{\rho_0} + \boldsymbol{e}_\alpha \cdot (\boldsymbol{u}_{ff}+\boldsymbol{u}_f) \\ + \dfrac{(\boldsymbol{u}_{ff}\cdot\boldsymbol{e}_\alpha)^2 - (\boldsymbol{u}_f\cdot\boldsymbol{e}_\alpha)^2}{2c_s^2} + \dfrac{1}{2}(|\boldsymbol{u}_f|^2 - |\boldsymbol{u}_{ff}|^2) + O(\varepsilon^2)\end{array}\right] \tag{2-137}$$

式(2-137)中包含两格点之间压强差，而压强差已经对流速产生了影响，因此需要从流量表达式中去除这一项，得到新的流量计算表达式为

$$\Phi_\alpha = c\varepsilon_\alpha\left[f_\alpha(\boldsymbol{x}+\boldsymbol{e}_\alpha\delta_t,\ t) - f_\beta(\boldsymbol{x},\ t) - \frac{\omega_\alpha}{\rho_0 c_s^2}(p_{ff}-p_f)\right] \tag{2-138}$$

通过式(2-134)更新得到所有界面格点 t 时刻的体积分数，然后根据条件式(2-126)，更新界面格点 t 时刻的相态。当界面格点的相态转变为气态时，需要将该格点周边的液相格点转变为界面格点；当界面格点的相态转变为液态时，需要将该格点周边的气相格点转变为界面格点；这么做的目的是保证气相格点和液相格点之间至少有一层界面格点存在，从而能够使用自由表面边界条件来闭合流场计算，使用式(2-134)来追踪自由表面的运动。为此，在每次迭代步骤中，需要检查每个界面格点及其周边格点的状态，并根据这些周边格点的状态，强制修改不合理的界面格点：

（1）如果界面格点周边没有其他界面格点或气相格点，但存在液相格点，则将该界面格点修改为液相格点。

（2）如果界面格点周边没有液相格点，但存在气相格点，则将该界面格点修改为气相格点。

为了保证质量守恒，需要将那些相态被修改的界面格点的剩余质量分配给其他界面格点。分配算法有很多种，如局部平均分配方法(Janssen 和 Krafczyk，2011；Thorimbert 等，2016)等，但均会造成流体局部动量不守恒，这里选取 Baraldi(2014)提出的最小质量分配方法，即将剩余质量分配给质量和为正且最小的相邻界面格点。

对于从气相格点转换而来的界面格点,由于其密度分布函数均未知,因此需要对其进行初始化。这里采用平衡态密度分布函数进行初始化,平衡态中的宏观量使用周边有效格点的加权平均值:

$$\phi_{new} = \frac{\sum_\alpha \lambda_\alpha \phi(\boldsymbol{x}+\boldsymbol{e}_\alpha, t)}{\sum_\alpha \lambda_\alpha} \qquad (2-139)$$

式中,$\phi(\boldsymbol{x}+\boldsymbol{e}_\alpha, t)$ 为周边格点上的宏观量。λ_α 为权重系数,由格点的相态确定,若格点为液相,则取平衡态系数 Δa,否则取 0;另外,若宏观量为压强,则仅对周边格点的动压部分进行加权平均得到 p_d,并根据新格点所处位置直接计算静压部分 p_s,二者求和得到压强。

2.5 LBM 中作用力项模拟方法

在数值波流模拟过程中,需要考虑重力、孔隙阻力和动量源项对水体的影响,因此在 LBE 中,作用力项不可忽略。通过作用力模型,可以将外力映射到时空和速度的离散空间。参照 Guo 等(2002)中的定义,这里给出速度空间中作用力项的统一表达式:

$$\overline{F}_\alpha = \omega_\alpha \left[\frac{B\boldsymbol{F} \cdot \boldsymbol{e}_\alpha}{c_s^2} + \frac{C\boldsymbol{u}\boldsymbol{F} : (\boldsymbol{e}_\alpha \boldsymbol{e}_\alpha - c_s^2 \boldsymbol{I})}{c_s^4} \right] \qquad (2-140)$$

式中,B 为作用力项的一阶系数;C 为作用力项的二阶系数。受作用力影响,平衡态密度分布函数中使用的流体宏观速度为

$$\boldsymbol{u}_{eq} = \sum_{\alpha=0}^{q-1} \boldsymbol{e}_\alpha f_\alpha + m\boldsymbol{a}\delta_t \qquad (2-141)$$

计算得到的流体宏观速度为

$$\boldsymbol{u} = \sum_{\alpha=0}^{q-1} \boldsymbol{e}_\alpha f_\alpha + l\boldsymbol{a}\delta_t \qquad (2-142)$$

式中,$\boldsymbol{a} = \boldsymbol{F}/\rho$,为外力作用下的流体所受的加速度。

表 2-1 列举了几种常用的作用力模型,其中 Guo 等提出的 GZS(Guo-Zheng-Shi)模型适用于模拟时空变化的外力,且误差最小。MRT 模型中的作用力项 $\boldsymbol{\Phi} = \boldsymbol{M}\overline{\boldsymbol{F}}$ 可通过将式(2-140)与转换矩阵 $\boldsymbol{M}$ 相乘构造得到,如 GZS 模型在矩空间的表达式为

$$\boldsymbol{\Phi} = \left(\boldsymbol{I} - \frac{\boldsymbol{S}}{2}\right) \boldsymbol{M} \left[\frac{\omega_\alpha \boldsymbol{F} \cdot \boldsymbol{e}_\alpha}{c_s^2} + \frac{\omega_\alpha \boldsymbol{u}\boldsymbol{F} : (\boldsymbol{e}_\alpha \boldsymbol{e}_\alpha - c_s^2 \boldsymbol{I})}{c_s^4} \right] \qquad (2-143)$$

式中,$\boldsymbol{I}$ 为 q 阶单位矩阵。

表 2-1　自由表面 LB 模型常用作用力模型系数

模　　型	B	C	m	l
Frisch 等(1986)	1	0	0	0
Shan 和 Chen(1993)	0	0	τ	0
Buick 和 Greated(2000)	$1-1/2\tau$	0	$1/2$	$1/2$
Guo 等(2002)	$1-1/2\tau$	$1-1/2\tau$	$1/2$	$1/2$

矩空间的作用力项可以通过使用宏观速度和外力的多项式来构造。然后,通过推导求出多项式的各项系数以构建作用力项(Yong 等,2016)。将 MRT 碰撞项代入格子玻尔兹曼方程,并在两端乘以转换矩阵 $\boldsymbol{M}$,就得到了含作用力项的 MRT 模型的碰撞步:

$$\boldsymbol{m}^*(\boldsymbol{x},t) = (\boldsymbol{I}-\boldsymbol{S})\boldsymbol{m}(\boldsymbol{x},t) + \boldsymbol{S}\boldsymbol{m}^{\mathrm{eq}}(\boldsymbol{x},t) + \delta t \boldsymbol{\Phi}(\boldsymbol{x},t) \qquad (2-144)$$

对应的迁移步为

$$f_\alpha(\boldsymbol{x}+\boldsymbol{e}_\alpha \delta_t, t+\delta_t) = \boldsymbol{M}^{-1}\boldsymbol{m}^*(\boldsymbol{x},t) \qquad (2-145)$$

MRT 模型在计算中不需要知道 $\overline{F}_\alpha$ 的具体表达式,仅需要使用宏观物理量计算矩空间中的 $\boldsymbol{\Phi}$ 并代入(2-144)中即可。通过 Maxwell 迭代方法,可以由带作用力项的 MRT-LBE 推导得到宏观 N-S 方程,这里不再赘述。

参考文献

[1] Baraldi A, Dodd M S, Ferrante A. A mass-conserving volume-of-fluid method: Volume tracking and droplet surface-tension in incompressible isotropic turbulence[J]. Computers & Fluids, 2014, 96:322-337.

[2] Bhatnagar P L, Gross E P, Krook M. A model for collision processes in gases. I. Small amplitude processes in charged and neutral one-component systems[J]. Physical Review, 1954, 94(3):511-525.

[3] Buick J M, Greated C A. Gravity in a lattice Boltzmann model[J]. Physical Review E, 2000, 61(5):5307-5320.

[4] D'Humières D, Ginzburg I, Krafczyk M, et al. Multiple-relaxation-time lattice Boltzmann models in three dimensions [J]. Philosophical Transactions: Mathematical, Physical and Engineering Sciences, 2002, 360:437-451.

[5] Fakhari A, Lee T. Finite-difference lattice Boltzmann method with a block-structured adaptive-mesh-refinement technique[J]. Physical Review E, 2014, 89(3):033310.

[6] Frisch U, d'Humieres D, Hasslacher B, et al. Lattice gas hydrodynamics in two and three dimensions[J]. Complex Systems, 1986a, 1(4):649-707.

[7] Frisch U, Hasslacher B, Pomeau Y. Lattice-Gas Automata for the Navier-Stokes Equation[J]. Physical Review Letters, 1986b, 56(14):1505-1508.

[8] Ginzburg I, Verhaeghe F, d'Humieres D. Two-relaxation-time Lattice Boltzmann scheme: about parametrization, velocity, pressure and mixed boundary conditions [J]. Communications in

Computational Physics, 2008,3:427-478.

[9] Guo Z, Shi B, Wang N. Lattice BGK Model for Incompressible Navier-Stokes Equation[J]. Journal of Computational Physics, 2000,165(1):288-306.

[10] Guo Z, Zheng C, Shi B. Discrete lattice effects on the forcing term in the lattice Boltzmann method [J]. Physical Review E, 2002,65(4):046308.

[11] He N Z, Wang N C, Shi B C, et al. A unified incompressible lattice BGK model and its application to three-dimensional lid-driven cavity flow[J]. Chinese Physics, 2004,13(1):40.

[12] He X, Luo L S. Lattice Boltzmann model for the incompressible Navier-Stokes equation[J]. Journal of Statistical Physics, 1997a, 88(3-4):927-944.

[13] He X, Luo L. Theory of the lattice Boltzmann method: From the Botlzmann equation to the lattice Boltzmann equation[J]. Physical Review E, 1997b, 56(6):6811-6817.

[14] Janssen C, Krafczyk M. A lattice Boltzmann approach for free-surface-flow simulations on non-uniform block-structured grids[J]. Computers & Mathematics with Applications, 2010, 59(7): 2215-2235.

[15] Janssen C, Krafczyk M. Free surface flow simulations on GPGPUs using the LBM[J]. Computers & Mathematics with Applications, 2011,61(12):3549-3563.

[16] Joshi H, Agarwal A, Puranik B, et al. A hybrid FVM-LBM method for single and multi-fluid compressible flow problems[J]. International Journal for Numerical Methods in Fluids, 2009, 62 (4):403-427.

[17] Krüger T, Kusumaatmaja H, Kuzmin A, et al. The Lattice Boltzmann Method-Princeiples and Practice[M]. Switzerland:Springer Nature, 2017.

[18] Lallemand P, Luo L. Theory of the lattice Boltzmann method: dispersion, dissipation, isotropy, Galilean invariance and stability[J]. Physical Review E, 2000,61(6):6546-6562.

[19] Peng C, Geneva N, Guo Z, et al. Direct numerical simulation of turbulent pipe flow using the lattice Boltzmann method[J]. Journal of Computational Physics, 2018,357:16-42.

[20] Qian Y H, Humières D D, Lallemand P. Lattice BGK models for Navier-Stokes equation[J]. EPL (Europhysics Letters), 1992,17(6):479-484.

[21] Shan X, Chen H. Lattice Boltzmann model for simulating flows with multiple phases and components[J]. Physical Review E, 1993,47(3):1815-1819.

[22] Suga K, Kuwata Y, Takashima K, et al. A D3Q27 multiple-relaxation-time lattice Boltzmann method for turbulent flows[J]. Computers & Mathematics with Applications, 2015,69(6):518-529.

[23] Thorimbert Y, Latt J, Cappietti L, et al. Virtual wave flume and Oscillating Water Column modeled by lattice Boltzmann method and comparison with experimental data[J]. International Journal of Marine Energy, 2016,14:41-51.

[24] Thuerey N. A Lattice Boltzmann method for single-phase free surface flows in 3D[D]//Dept. of Computer Science 10, Erlangen-Nuremberg. Free State of Bavaria: University of Erlangen-Nuremberg, 2003:60.

[25] Yong W A, Zhao W, Luo L S. Theory of the Lattice Boltzmann method: Derivation of macroscopic equations via the Maxwell iteration[J]. Physical Review E, 2016,93(3):033310.

[26] Zadehgol A, Ashrafizaadeh M, Musavi S H. A nodal discontinuous Galerkin lattice Boltzmann method for fluid flow problems[J]. Computers & Fluids, 2014,105:58-65.

[27] Zhang W, Shi B, Wang Y. 14-velocity and 18-velocity multiple-relaxation-time lattice Boltzmann models for three-dimensional incompressible flows [J]. Computers & Mathematics with

Applications, 2015,69(9):997-1019.
[28] Zhou J G. MRT rectangular lattice Boltzmann method[J]. International Journal of Modern Physics C, 2012,23(05):1-17.
[29] Zong Y, Peng C, Guo Z, et al. Designing correct fluid hydrodynamics on a rectangular grid using MRT lattice Boltzmann approach[J]. Computers & Mathematics with Applications, 2016,72(2): 288-310.
[30] 何雅玲,王勇,李庆. 格子 Boltzmann 方法的理论及应用[M]. 北京:科学出版社,2008:237.

第 3 章

二维 LBM 数值波浪水槽

目前常用的数值造波方法包括动边界(Ren 等,2008；Higuera 等,2015)、速度入口边界(Higuera 等,2013a；Higuera 等,2013b；Zhao 等,2013)、质量源(Lin 和 Liu,1999；Wei 等,1999；Wang 等,2017)和动量源(Choi 和 Yoon,2009；Liu 等,2015)。动边界、速度入口边界和质量源造波方法能够按照给定的波浪理论模拟不同类型的入射波,然而,动边界和速度入口边界造波方法会造成反射波的二次反射,需要采用特殊方法(Ren 等,2008；Higuera 等,2013a)来减弱二次反射；质量源和动量源造波方法则不会造成反射波的二次反射,但质量源造波方法的数值稳定性可能不如动量源造波方法(邹国良,2013)。因此,本章选择动量源作为造波和消波方法,建立二维 LB 数值波浪水槽(LBM - NWT2D)。

3.1 造波和消波方法

3.1.1 动量源造波方法

动量源函数是由质量分布源函数推导得到的(Wei 等,1999),其分布在宽度为 W 的区域中,模拟得到的波浪从源中心点 x_s 开始向两个方向传播。在不可压 N-S 方程中,单向动量源函数的表达式为

$$\begin{cases} S_{R_x} = \rho_0 g(2\beta\hat{x})\exp(-\beta\hat{x}^2)\dfrac{D}{\omega}\sin(\omega t) \\ S_{R_y} = 0 \end{cases} \quad (3-1)$$

式中,g 为重力加速度；$\beta = 20/W^2$,为考虑源区域边缘对流体影响接近零得到的常数；$\omega = 2\pi/T$,代表周期为 T 的波浪的圆频率；$\hat{x} = x - x_s$,为点到源中心点的水平距离；D 为源强：

$$D = \frac{2\eta_0(\omega^2 - \alpha_1 g k^4 h^3)}{\omega I_1 k [1 - \alpha(kh)^2]} \quad (3-2)$$

式中,η_0 为目标波的波幅；$\alpha = -0.38955$；$\alpha_1 = \alpha + 1/3$,为布森内斯克(Boussinesq)方程的系数；h 为静水深；$k = 2\pi/L$,代表波长为 L 的波浪的波数；I_1 为质量分布源函数推导过程中的特解的系数；$I_1 = \sqrt{\pi/\beta}\exp(-k^2/4\beta)$。

事实上,波浪在传播过程中,质量的输移较小,主要以动量交换为主。因此,在数值水槽的动量源区域,可以忽略流体密度的变化,只需考虑流体动量的变化,这与 LB 模型中的作用力项 F_a 所起的作用相同。因此,动量源项在 LB 模型中等价于随时空

变化的作用力,使用 2.5 节中 Guo 等(2000)提出的作用力模型,能够精确地模拟这种作用力。

3.1.2 海绵层消波方法

海绵层消波方法实际上是利用波浪在孔隙介质中传播时波能衰减的原理。根据 Darcy-Forchheimer 方程(Ochoa-Tapia 和 Whitaker,1995),流体在孔隙介质中运动时受到的阻力为

$$\boldsymbol{S}_D = A\rho\boldsymbol{u} + B\rho\|\boldsymbol{u}\|\boldsymbol{u} \qquad (3-3)$$

式中,A 和 B 为与孔隙介质性质相关的常数,在这里被称为消波参数;ρ 为流体的密度,在不可压模型中取常数 ρ_0;$\boldsymbol{u}$ 为孔隙介质中的流速。为了避免波浪在孔隙介质的端面发生反射,消波参数应当在空间上由零渐进到目标值,这里选取 Wei 和 Kirby(1995)提出的渐进表达式,最终得到的海绵层区域内阻力表达式为

$$\boldsymbol{S}_D = (A\rho\boldsymbol{u} + B\rho\|\boldsymbol{u}\|\boldsymbol{u}) \frac{\exp[|(x-x_0)/L_s|^{n_s}] - 1}{e - 1} \qquad (3-4)$$

式中,x_0 为海绵层区域的起始坐标;L_s 为海绵层区域的长度;n_s 为指数系数,一般选取 2.0。

海绵层消波与动量源造波的方法类似,都是通过改变流体的动量而不影响其密度。因此,阻力 $\boldsymbol{S}_D$ 可以通过作用力模型施加到 LB 模型中。

3.2 基于修正压强的 LBM 模型

本节将从分析自由表面边界附近的数值误差开始,通过修正压强来消除由重力和压强梯度不平衡引起的误差,从而解决自由表面非物理流动的问题。在此基础上,使用边界数值格式的统一表达式代替 FSK 格式,分析曲面边界附近的数值误差,并提出边界条件的作用力修正项来消除作用力引起的误差。最后,对压强修正法和统一边界数值格式中的作用力修正项进行验证。

3.2.1 模型误差分析

自由表面 LB 模型仍存在较多问题,而基于该模型的数值波浪水槽(Thorimber 等,2016;Ueberrueck 和 Janssen,2017;Wang 等,2017)遇到的最主要的问题是波能耗散大及界面附近的非物理流动引起的数值振荡。根据已发表的论文看(Thuerey 等,2006;Janssen 等,2013;Thorimbert 等,2016;Ueberrueck 和 Janssen,2017),尚未找到有效的解决方法,目前仅通过减小格子常数和时间步长来缓解这些问题的影响,然而,这种方法会极大地增加计算量,从而限制其在海岸工程当中的应用。因此,要根本解决这两个问题,需要找到造成问题的原因。

自由表面 LB 模型由界面追踪模型与 LB 模型耦合而成,通常采用单相流模式,即仅模拟水相,并通过自由表面边界条件来替代气相对流场的影响。同时,需要在 LB 模型中添加作用力项以考虑外力(如重力)的影响。相比标准 LB 模型,自由表面 LB 模型增加了自由表面边界条件和作用力项的耦合误差。而在两相流 LB 模型中,界面附近出现的非物理流动是由作用力不平衡引起的(Connington 和 Lee,2012),因此有理由相信耦合误差很有可能就是造成数值耗散和不稳定的原因。下面,将通过数学推导计算得到耦合误差的表达式,从而验证上述猜想。

3.2.1.1 瞬态分析法

恒定流中由于数值误差导致的非物理流动流速 $|U^S|_{max}$ 可以由恒定流理论流速 $\bar{U}$ 及数值分析得到的解析流速 U_A 的差值来表示

$$|U^S|_{max} = |\bar{U} - U_A|_{max} \tag{3-5}$$

不同于恒定流,波浪运动是一种非恒定的周期性运动,其水质点速度和加速度呈周期性变化。在这种情况下,求解非物理流速较为困难。相比之下,确认模拟过程中是否会出现非物理流动则相对简单。只需在自由界面附近选取一个流体格点,并通过 Maxwell 迭代方法推导出宏观流体控制方程。然后将推导得到的宏观流体控制方程与欧拉方程进行比较,多出的部分就是 LB 模型在自由表面附近的数值误差,其中包含作用力的部分就是耦合误差。

通过 Maxwell 迭代方法(Yong 等,2016;Zhao 和 Yong,2017)得到的二阶近似表达式为

$$f_\alpha(\boldsymbol{x}, t) = (1 - \tau \delta_t D_\alpha) f_\alpha^{eq}(p, \boldsymbol{u}) + \tau \delta_t \bar{F}_\alpha(\boldsymbol{u}) + O(\delta_t^2) \tag{3-6}$$

式中,$D_\alpha = \partial_t + \boldsymbol{e}_\alpha \cdot \nabla$,是导数符号。

由于 Guo 等(2000)提出的完全不可压模型的数值误差要小于 He 和 Luo(1997)提出的模型,因此接下来的推导均采用完全不可压 LB 模型。但由于两个模型只是平衡态密度分布函数的表达式不同,因此推导结果也能够适用于 He 和 Luo(1997)提出的模型。接下来的推导中,假定使用对流尺度,即格子常数与时间步长处于同一量级。

3.2.1.2 自由表面边界附近耦合误差分析

假设在 t 时刻,$\boldsymbol{x}$ 位置处格点的流速为 $\boldsymbol{u}$,压强为 p,将密度分布函数的二阶近似表达式代入一阶矩,可以得到该格点位置的宏观动量方程。图 3-1 所示为自由表面边界附近的格点分布示意图。由图可知,密度分布函数 f_1、f_2、f_3、f_5 和 f_6 的值由式(3-6)给出,密度分布函数 f_4、f_7 和 f_8 由于是从气相格点迁移到此位置,所以需要使用 FSK 格式重构:

$$\begin{aligned}
&f_1(\pmb{x},t)=(1-\tau\delta_t D_1)f_1^{eq}(p,\pmb{u})+\tau\delta_t \overline{F}_1(\pmb{u}),\\
&f_2(\pmb{x},t)=(1-\tau\delta_t D_2)f_2^{eq}(p,\pmb{u})+\tau\delta_t \overline{F}_2(\pmb{u}),\\
&f_3(\pmb{x},t)=(1-\tau\delta_t D_3)f_3^{eq}(p,\pmb{u})+\tau\delta_t \overline{F}_3(\pmb{u}),\\
&f_4(\pmb{x},t)=-f_2(\pmb{x}+\pmb{e}_2\delta_t)+f_2^{eq}(p_2^w,\pmb{u}_2^w)+f_4^{eq}(p_2^w,\pmb{u}_2^w),\\
&f_5(\pmb{x},t)=(1-\tau\delta_t D_5)f_5^{eq}(p,\pmb{u})+\tau\delta_t \overline{F}_5(\pmb{u}),\\
&f_6(\pmb{x},t)=(1-\tau\delta_t D_6)f_6^{eq}(p,\pmb{u})+\tau\delta_t \overline{F}_6(\pmb{u}),\\
&f_7(\pmb{x},t)=-f_5(\pmb{x}+\pmb{e}_5\delta_t)+f_7^{eq}(p_5^w,\pmb{u}_5^w)+f_5^{eq}(p_5^w,\pmb{u}_5^w),\\
&f_8(\pmb{x},t)=-f_6(\pmb{x}+\pmb{e}_6\delta_t)+f_8^{eq}(p_6^w,\pmb{u}_6^w)+f_6^{eq}(p_6^w,\pmb{u}_6^w)
\end{aligned} \quad (3-7)$$

式中,p_α^w 和 $\pmb{u}_\alpha^w$ 分别为自由表面处的压强和流速,利用泰勒展式将其展开并保留一阶项得到

$$\begin{cases} \pmb{u}_\alpha^w = \pmb{u} + q\delta_t(\pmb{e}_\alpha\cdot\nabla)\pmb{u} + O(\delta_x^2) \\ p_\alpha^w = p + q\delta_t(\pmb{e}_\alpha\cdot\nabla)p + O(\delta_x^2) \end{cases} \quad (3-8)$$

其中,q 为格点到自由表面的相对距离的平均值。

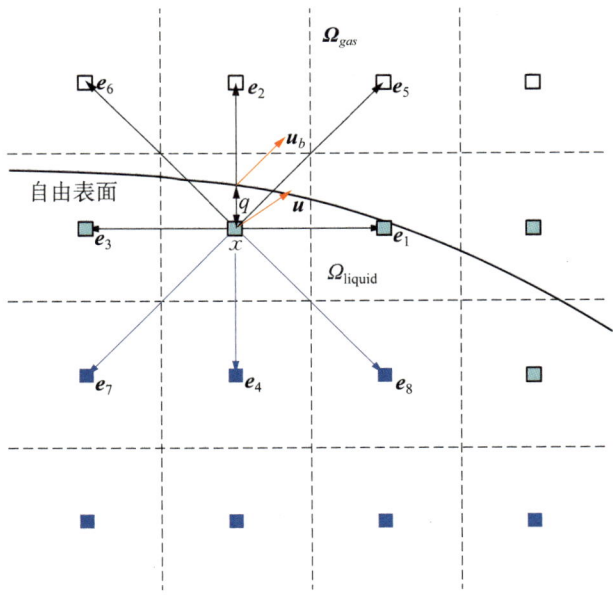

图 3-1 自由表面附近格点分布示意图

图中空心方块代表不参与计算的气相格点,青色实心方块代表界面格点,蓝色实心方块代表液相格点,黑色粗线代表自由表面,速度矢量为蓝色实线的密度分布函数将由 FSK 格式重构。

将密度分布函数 $f_\alpha(\pmb{x}+\pmb{e}_\alpha\delta_t)$ 在 $\pmb{x}$ 位置处展开,并保留一阶项得到

$$f_\alpha(\boldsymbol{x}+\boldsymbol{e}_\alpha\delta_t)=f_\alpha^{eq}(p,\boldsymbol{u})-\delta_t(\tau D_\alpha-\boldsymbol{e}_\alpha\cdot\nabla)f_\alpha^{eq}(p,\boldsymbol{u})+\tau\delta_t\overline{F}_\alpha(\boldsymbol{u})+O(\delta_t^2)$$
(3-9)

将式(3-9)代入式(3-7)中,并根据不可压模型密度分布函数一阶矩表达式化简得到 $\boldsymbol{x}$ 位置处的宏观动量方程(Krüger 等,2017):

$$\begin{aligned}u_x=&[-f_5^{eq}(p_5^w,\boldsymbol{u}_5^w)+f_6^{eq}(p_6^w,\boldsymbol{u}_6^w)-f_7^{eq}(p_5^w,\boldsymbol{u}_5^w)+f_8^{eq}(p_6^w,\boldsymbol{u}_6^w)]c\\&+[f_1^{eq}(p,\boldsymbol{u})-f_3^{eq}(p,\boldsymbol{u})+2f_5^{eq}(p,\boldsymbol{u})-2f_6^{eq}(p,\boldsymbol{u})]c\\&-\tau\delta_xD_1f_1^{eq}(p,\boldsymbol{u})+\tau\delta_xD_3f_3^{eq}(p,\boldsymbol{u})-\delta_x(2\tau D_5-\boldsymbol{e}_5\cdot\nabla)f_5^{eq}(p,\boldsymbol{u})\\&+\delta_x(2\tau D_6-\boldsymbol{e}_6\cdot\nabla)f_6^{eq}(p,\boldsymbol{u})\\&+\tau\delta_x[\overline{F}_1(\boldsymbol{u})-\overline{F}_3(\boldsymbol{u})+2\overline{F}_5(\boldsymbol{u})-2\overline{F}_6(\boldsymbol{u})]+la_x\delta_t+O(\delta_t^2)\end{aligned}$$
(3-10)

$$\begin{aligned}u_y=&-\begin{bmatrix}f_2^{eq}(p_2^w,\boldsymbol{u}_2^w)+f_4^{eq}(p_2^w,\boldsymbol{u}_2^w)+f_5^{eq}(p_5^w,\boldsymbol{u}_5^w)\\+f_6^{eq}(p_6^w,\boldsymbol{u}_6^w)+f_7^{eq}(p_5^w,\boldsymbol{u}_5^w)+f_8^{eq}(p_6^w,\boldsymbol{u}_6^w)\end{bmatrix}c\\&+2[f_2^{eq}(p,\boldsymbol{u})+f_5^{eq}(p,\boldsymbol{u})+f_6^{eq}(p,\boldsymbol{u})]c\\&-\delta_x(2\tau D_2-\boldsymbol{e}_2\cdot\nabla)f_2^{eq}(p,\boldsymbol{u})-\delta_x(2\tau D_5-\boldsymbol{e}_5\cdot\nabla)f_5^{eq}(p,\boldsymbol{u})\\&-\delta_x(2\tau D_6-\boldsymbol{e}_6\cdot\nabla)f_6^{eq}(p,\boldsymbol{u})\\&+\tau\delta_x[2\overline{F}_2(\boldsymbol{u})+2\overline{F}_5(\boldsymbol{u})+2\overline{F}_6(\boldsymbol{u})]+la_y\delta_t+O(\delta_t^2)\end{aligned}$$
(3-11)

然后再将平衡态密度分布函数、式(3-8)及作用力项的统一表达式代入式(3-10)和式(3-11),化简至方程中只包含宏观变量,得到

$$\partial_t u_x+(u_x\partial_x u_x+u_y\partial_y u_x)+\frac{\partial_x p}{\rho_0}-a_x=R_x+G_x+O(\delta_t)$$
(3-12)

$$\partial_t u_y+(u_x\partial_x u_y+u_y\partial_y u_y)+\frac{\partial_y p}{\rho_0}-a_y=R_y+G_y+O(\delta_t)$$
(3-13)

式(3-12)和式(3-13)的左端与欧拉方程相同,右端就是自由表面附近的数值误差,它包含两部分:FSK 格式的离散误差及 FSK 格式和作用力项耦合的离散误差。这意味着,自由表面附近出现的非物理流动是由两部分误差共同造成的。式(3-12)中,FSK 格式的离散误差 R_x 的表达式为

$$\begin{aligned}R_x=&-\frac{u_y\partial_t u_x+u_x\partial_t u_y}{c}-\frac{2\tau-1}{6\tau}c(\partial_y u_x+\partial_x u_y)-\left(-\frac{1}{6}+\frac{q}{3}\right)\frac{\partial_x p_d}{\tau\rho_0}\\&+\left(\frac{2q-1}{6\tau}\right)u_x\partial_x u_x+\left(\frac{1-2q}{2\tau}\right)u_y\partial_y u_x+\left(\frac{1-2q}{3\tau}\right)u_y\partial_x u_y\end{aligned}$$
(3-14)

式中,p_d 为流体的动压,它与流体压强的关系为 $p=p_s+p_d$,其中 p_s 为流体的静压。边

界条件和作用力项耦合产生的误差 G_x 的表达式为

$$G_x = -\left(-\frac{1}{6} + \frac{q}{3}\right)\frac{\partial_x p_s}{\tau \rho_0} + \frac{(B\tau - \tau + l)}{\tau}a_x + \frac{C}{c}(u_x a_y + u_y a_x) \quad (3-15)$$

式(3-13)中,FSK 格式离散误差 R_y 的表达式为

$$R_y = -\frac{\partial_t p}{c\rho_0} - 2\frac{u_y \partial_t u_y}{c} - \frac{2\tau - 1}{6\tau}c(\partial_x u_x + 3\partial_y u_y) - \left(-\frac{1}{2} + q\right)\frac{\partial_y p_d}{\tau \rho_0}$$
$$+ \left(\frac{1-2q}{2\tau}\right)u_y \partial_y u_y + \left(\frac{1+2q}{2\tau}\right)u_x \partial_x u_y + \frac{q}{\tau}(u_y \partial_x u_x)$$
$$(3-16)$$

边界条件和作用力项耦合产生的误差 G_y 的表达式为

$$G_y = -\left(-\frac{1}{2} + q\right)\frac{\partial_y p_s}{\tau \rho_0} + \frac{(B\tau - \tau + l)}{\tau}a_y + \frac{2C}{c}u_y a_y \quad (3-17)$$

在 LBM 模型中,宏观流速与马赫数量级相同,压强时间导数的量级为 $\partial_t p = O(Ma^2)$(Guo 等,2000),动压的空间导数的量级为 $\partial_i p_d = O(Ma^2)$(Guo 等,2000;Zhao 和 Yong,2017)。那么,R_x 和 R_y 中所有项的量级均大于或等于 $O(Ma)$,这也就意味着 FSK 格式只有一阶数值精度,这与 Bogner 等(2015)分析得到的结论相同。使用二阶或高阶精度的数值格式,例如 FSL 格式,能够减小由于数值格式的离散过程所带来的误差。

下面进一步讨论耦合误差的量级,考虑到静压的表达式为 $p_s = p_{ref} + \rho_0 \mathbf{g} \cdot \mathbf{x}$,$\mathbf{g} = (0, -g)$ 是重力加速度,则静压的导数为

$$\partial_i p_s = \rho_0 g_i \quad (3-18)$$

将式(3-18)代入式(3-15)和式(3-17),并根据表 2-1 计算 $B\tau - \tau + l = 0$,得到耦合误差为

$$G_x = \frac{C}{c}(u_x a_y + u_y a_x) \quad (3-19)$$

$$G_y = \left(\frac{1}{2} - q\right)\frac{g}{\tau} + \frac{2C}{c}u_y a_y \quad (3-20)$$

式中,y 方向耦合误差第一部分是由重力与静水压强梯度不平衡所引起的,x 方向耦合误差和 y 方向耦合误差第二部分来自作用力项的二阶矩。

由式(3-19)和式(3-20)可知,耦合误差来源于作用力项的二阶矩和自由表面边界条件的耦合,当且仅当 q 取 0.5 且 C 取零时,误差才会消失。否则,由耦合误差造成的非物理流动将会始终存在。在一般情况下,数值模型中计算得到的自由表面不会处处都位于单元的顶面位置,也就说相对距离 q 取 0.5 是几乎不可能出现的。因此为了减小耦合误

差,在选取数值模拟参数时,只能尽可能减小格子常数 δ_x、时间步长 δ_t 及马赫数 Ma。这个发现为减小自由表面模拟过程中遇到的非物理流动问题的方法提供了理论依据。

3.2.1.3 曲面边界附近耦合误差分析

已知边界条件和作用力项的耦合会产生耦合误差,这种误差与边界条件本身的离散误差不同。因此,可以认为在 LBM 中,边界条件与作用力项耦合时可能会产生耦合误差。此误差对包含外力作用的流动计算影响较大。参照上一节的推导方法,此处将自由表面边界替换为曲面边界,将 FSK 格式替换为统一的边界数值格式表达式,并基于 D2Q9-MRT 模型推导具有普适性的曲面边界附近的宏观流体控制方程。

狄利克雷项包含压强的一次项、流速的一次和二次项,所以狄利克雷项可以表示为

$$\begin{aligned}
g_\beta(p_w, \boldsymbol{u}_w, t) =& \\
& \lambda_{1\beta} c^{-2} p(\boldsymbol{x} + q_\alpha \boldsymbol{e}_\alpha \delta_t, t) + \lambda_{2\beta} c^{-1} \rho_0 u_x(\boldsymbol{x} + q_\alpha \boldsymbol{e}_\alpha \delta_t, t) \\
& + \lambda_{3\beta} c^{-1} \rho_0 u_y(\boldsymbol{x} + q_\alpha \boldsymbol{e}_\alpha \delta_t, t) + \lambda_{4\beta} c^{-2} \rho_0 u_x^2(\boldsymbol{x} + q_\alpha \boldsymbol{e}_\alpha \delta_t, t) \\
& + \lambda_{5\beta} c^{-2} \rho_0 u_y^2(\boldsymbol{x} + q_\alpha \boldsymbol{e}_\alpha \delta_t, t) \\
& + \lambda_{6\beta} c^{-2} \rho_0 u_x(\boldsymbol{x} + q_\alpha \boldsymbol{e}_\alpha \delta_t, t) u_y(\boldsymbol{x} + q_\alpha \boldsymbol{e}_\alpha \delta_t, t)
\end{aligned} \quad (3-21)$$

为了计算曲面边界附近流体格点对应的宏观方程,这里假定曲面边界附近的格点分布如图3-2所示。通过对该分布进行旋转和平移,可以获得其他格点的分布情况。由图3-2可知,$\boldsymbol{x}$ 格点 t 时刻有 $\boldsymbol{e}_3$、$\boldsymbol{e}_4$、$\boldsymbol{e}_7$ 和 $\boldsymbol{e}_8$ 四个速度对应的密度分布函数由边界格点迁移而来,需要使用边界条件进行重构,其他方向的密度分布函数由式(2-99)近似。为了下一步计算宏观矩的表达式,首先将 LB 模型边界数值格式的一般表达式在 $\boldsymbol{x}$ 格点 t 时刻进行

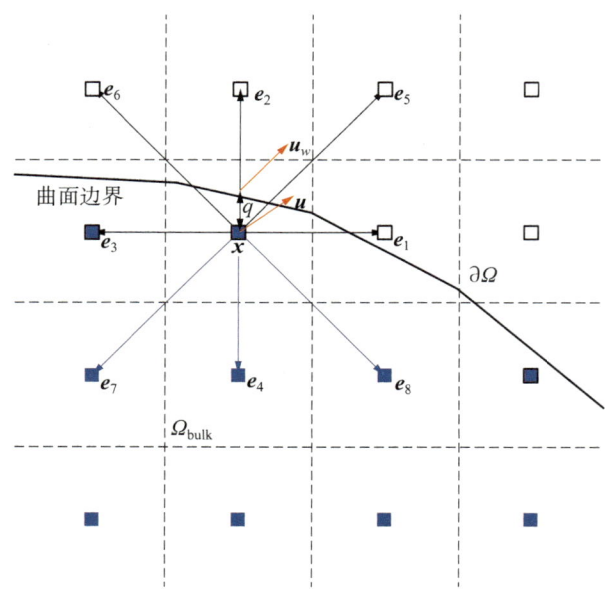

图 3-2 曲面边界附近格点示意图

泰勒展开并截断至二阶,得到

$$f_\beta(\boldsymbol{x},t) =$$
$$\kappa_{-1}[f_\alpha(\boldsymbol{x},t) - \delta_t \boldsymbol{e}_\alpha \cdot \nabla f_\alpha(\boldsymbol{x},t)] + \kappa_0 f_\alpha(\boldsymbol{x},t)$$
$$+ \kappa_1[f_\alpha(\boldsymbol{x},t) + \delta_t \boldsymbol{e}_\alpha \cdot \nabla f_\alpha(\boldsymbol{x},t)]$$
$$+ \bar{\kappa}_0 f_\beta(\boldsymbol{x},t) - \bar{\kappa}_0 \delta_t \partial_t f_\beta(\boldsymbol{x},t)$$
$$+ \bar{\kappa}_{-1}[f_\beta(\boldsymbol{x},t) - \delta_t \boldsymbol{e}_\alpha \cdot \nabla f_\beta(\boldsymbol{x},t)]$$
$$+ \bar{\kappa}_{-2}[f_\beta(\boldsymbol{x},t) - 2\delta_t \boldsymbol{e}_\alpha \cdot \nabla f_\beta(\boldsymbol{x},t)]$$
$$+ g_\beta(p_w, \boldsymbol{u}_w, t) + O(\delta_t^2)$$
$$= (\kappa_{-1} + \kappa_0 + \kappa_1) f_\alpha(\boldsymbol{x},t) + (\bar{\kappa}_0 + \bar{\kappa}_{-1} + \bar{\kappa}_{-2}) f_\beta(\boldsymbol{x},t) - \bar{\kappa}_0 \delta_t \partial_t f_\beta(\boldsymbol{x},t)$$
$$+ \delta_t(-\kappa_{-1} + \kappa_1) \boldsymbol{e}_\alpha \cdot \nabla f_\alpha(\boldsymbol{x},t) - \delta_t(\bar{\kappa}_{-1} + 2\bar{\kappa}_{-2}) \boldsymbol{e}_\alpha \cdot \nabla f_\beta(\boldsymbol{x},t)$$
$$+ g_\beta(p_w, \boldsymbol{u}_w, t) + O(\delta_t^2)$$

$$(3-22)$$

然后将矩的二阶近似表达式(2-99)转换成密度分布函数的二阶近似表达式:

$$\boldsymbol{f} = \boldsymbol{M}^{-1}[\boldsymbol{I} - \delta_t \boldsymbol{S}^{-1} \cdot \widetilde{\boldsymbol{D}}] \cdot \boldsymbol{m}^{\mathrm{eq}} + \delta_t \boldsymbol{M}^{-1} \boldsymbol{S}^{-1} \cdot \boldsymbol{\Phi} + O(\delta_t^2)$$
$$= \boldsymbol{f}^{\mathrm{eq}} - \delta_t \boldsymbol{M}^{-1} \boldsymbol{S}^{-1} \cdot \widetilde{\boldsymbol{D}} \cdot \boldsymbol{m}^{\mathrm{eq}} + \delta_t \boldsymbol{M}^{-1} \boldsymbol{S}^{-1} \cdot \boldsymbol{\Phi} + O(\delta_t^2) \quad (3-23)$$

式中,令 $\tau_\alpha = 1/s_\alpha$,则 $\boldsymbol{M}^{-1}\boldsymbol{S}^{-1}$ 为

$$\begin{pmatrix}
\dfrac{\tau_0}{9} & -\dfrac{\tau_1}{9} & \dfrac{\tau_2}{9} & 0 & 0 & 0 & 0 & 0 & 0 \\
\dfrac{\tau_0}{9} & -\dfrac{\tau_1}{36} & -\dfrac{\tau_2}{18} & \dfrac{\tau_3}{6} & -\dfrac{\tau_4}{6} & 0 & 0 & \dfrac{\tau_7}{4} & 0 \\
\dfrac{\tau_0}{9} & -\dfrac{\tau_1}{36} & -\dfrac{\tau_2}{18} & 0 & 0 & \dfrac{\tau_5}{6} & -\dfrac{\tau_6}{6} & -\dfrac{\tau_7}{4} & 0 \\
\dfrac{\tau_0}{9} & -\dfrac{\tau_1}{36} & -\dfrac{\tau_2}{18} & -\dfrac{\tau_3}{6} & \dfrac{\tau_4}{6} & 0 & 0 & \dfrac{\tau_7}{4} & 0 \\
\dfrac{\tau_0}{9} & -\dfrac{\tau_1}{36} & -\dfrac{\tau_2}{18} & 0 & 0 & -\dfrac{\tau_5}{6} & \dfrac{\tau_6}{6} & -\dfrac{\tau_7}{4} & 0 \\
\dfrac{\tau_0}{9} & \dfrac{\tau_1}{18} & \dfrac{\tau_2}{36} & \dfrac{\tau_3}{6} & \dfrac{\tau_4}{12} & \dfrac{\tau_5}{6} & \dfrac{\tau_6}{12} & 0 & \dfrac{\tau_8}{4} \\
\dfrac{\tau_0}{9} & \dfrac{\tau_1}{18} & \dfrac{\tau_2}{36} & -\dfrac{\tau_3}{6} & -\dfrac{\tau_4}{12} & \dfrac{\tau_5}{6} & \dfrac{\tau_6}{12} & 0 & -\dfrac{\tau_8}{4} \\
\dfrac{\tau_0}{9} & \dfrac{\tau_1}{18} & \dfrac{\tau_2}{36} & -\dfrac{\tau_3}{6} & -\dfrac{\tau_4}{12} & -\dfrac{\tau_5}{6} & -\dfrac{\tau_6}{12} & 0 & \dfrac{\tau_8}{4} \\
\dfrac{\tau_0}{9} & \dfrac{\tau_1}{18} & \dfrac{\tau_2}{36} & \dfrac{\tau_3}{6} & \dfrac{\tau_4}{12} & -\dfrac{\tau_5}{6} & -\dfrac{\tau_6}{12} & 0 & -\dfrac{\tau_8}{4}
\end{pmatrix} \quad (3-24)$$

式中，$\tau_0=\tau_3=\tau_5=1$。

将式(3-23)代入式(3-22)得到

$$
\begin{aligned}
f_\beta(\boldsymbol{x},t) = &\ \gamma_a[f_\alpha^{eq}(\boldsymbol{x},t)-\delta_t(\boldsymbol{M}^{-1}\boldsymbol{S}^{-1}\cdot\tilde{\boldsymbol{D}}\cdot\boldsymbol{m}^{eq})_\alpha+\delta_t(\boldsymbol{M}^{-1}\boldsymbol{S}^{-1}\cdot\boldsymbol{\Phi})_\alpha] \\
&+\gamma_b[f_\beta^{eq}(\boldsymbol{x},t)-\delta_t(\boldsymbol{M}^{-1}\boldsymbol{S}^{-1}\cdot\tilde{\boldsymbol{D}}\cdot\boldsymbol{m}^{eq})_\beta+\delta_t(\boldsymbol{M}^{-1}\boldsymbol{S}^{-1}\cdot\boldsymbol{\Phi})_\beta] \\
&+\delta_t\gamma_c\partial_t f_\beta^{eq}(\boldsymbol{x},t) \\
&+\delta_t\gamma_d\boldsymbol{e}_\alpha\cdot\nabla f_\alpha^{eq}(\boldsymbol{x},t)-\delta_t\gamma_e\boldsymbol{e}_\alpha\cdot\nabla f_\beta^{eq}(\boldsymbol{x},t) \\
&+g_\beta(p_w,\boldsymbol{u}_w,t)+\delta_t\partial_t g_\beta(p_w,\boldsymbol{u}_w,t)+O(\delta_t^2)
\end{aligned} \quad (3-25)
$$

式中，$\gamma_a=\kappa_{-1}+\kappa_0+\kappa_1$，$\gamma_b=\bar{\kappa}_0+\bar{\kappa}_{-1}+\bar{\kappa}_{-2}$，$\gamma_c=-\bar{\kappa}_0$，$\gamma_d=-\kappa_{-1}+\kappa_1$ 和 $\gamma_e=\bar{\kappa}_{-1}+2\bar{\kappa}_{-2}$，分别为边界条件展开系数。将狄利克雷项在 $\boldsymbol{x}$ 处 t 时刻展开并保留至一阶项得到

$$\phi(\boldsymbol{x}+q_\alpha\boldsymbol{e}_\alpha\delta_t,t)=\phi(\boldsymbol{x},t)+\delta_t q_\alpha\boldsymbol{e}_\alpha\cdot\nabla\phi(\boldsymbol{x},t)+O(\delta_t^2) \quad (3-26)$$

式中，ϕ 为压强和流速的多项式函数。

使用式(3-25)重构边界迁移来的密度分布函数，使用式(3-23)近似其他速度对应的密度分布函数，计算 t 时刻速度矩 m_0、m_3 和 m_5：

$$m_0=f_0+f_1+f_2+\bar{f}_3+\bar{f}_4+f_5+f_6+\bar{f}_7+\bar{f}_8=\rho \quad (3-27)$$

$$m_3=c(f_1-\bar{f}_3+f_5-f_6+\bar{f}_8-\bar{f}_7)+lF_x\delta_t=\rho_0 u_x \quad (3-28)$$

$$m_5=c(f_2-\bar{f}_4+f_5+f_6-\bar{f}_7-\bar{f}_8)+lF_y\delta_t=\rho_0 u_y \quad (3-29)$$

式中，带上划线的密度分布函数由边界条件重构得到，将式(3-21)、式(3-23)、式(3-25)和式(3-26)代入上面三个方程，化简得到流体宏观控制方程。

$$\frac{\partial\rho}{\partial t}+\rho_0\partial_x u_x+\rho_0\partial_y u_y=\frac{1}{t_\rho}(R_\rho+G_\rho)+O(\delta_t) \quad (3-30)$$

$$\partial_t u_x+(u_x\partial_x u_x+u_y\partial_y u_x)+\frac{\partial_x p}{\rho_0}-a_x=\frac{1}{t_x}(R_x+G_x)+O(\delta_t) \quad (3-31)$$

$$\partial_t u_y+(u_x\partial_x u_y+u_y\partial_y u_y)+\frac{\partial_y p}{\rho_0}-a_y=\frac{1}{t_y}(R_y+G_y)+O(\delta_t) \quad (3-32)$$

在对式(3-27)～式(3-29)进行化简时，首先将等式右端宏观矩挪到左端，然后分别将连续性方程和动量方程以带系数的形式代入其中：

$$
\begin{aligned}
&\cdot(f_0+f_1+f_2+\bar{f}_3+\bar{f}_4+f_5+f_6+\bar{f}_7+\bar{f}_8-\rho)+t_\rho\delta_t\left(\frac{\partial\rho}{\partial t}+\frac{\partial u_x}{\partial x}+\frac{\partial u_y}{\partial y}\right) \\
&=\delta_t(R_\rho+G_\rho)
\end{aligned}
$$

$(3-33)$

$$[c(f_1-\bar{f}_3+f_5-f_6+\bar{f}_8-\bar{f}_7)+lF_x\delta_t-\rho_0 u_x]$$
$$+t_x\delta_t\left(\rho_0\frac{\partial u_x}{\partial t}+\rho_0 u_y\frac{\partial u_x}{\partial y}+\rho_0 u_x\frac{\partial u_y}{\partial y}+2\rho_0 u_x\frac{\partial u_x}{\partial x}+\frac{\partial p}{\partial x}-f_x\right)$$
$$=\delta_t(R_x+G_x) \tag{3-34}$$

$$[c(f_2-\bar{f}_4+f_5+f_6-\bar{f}_7-\bar{f}_8)+lF_y\delta_t-\rho_0 u_y]$$
$$+t_y\delta_t\left(\rho_0\frac{\partial u_y}{\partial t}+\rho_0 u_x\frac{\partial u_y}{\partial x}+\rho_0 u_y\frac{\partial u_x}{\partial x}+2\rho_0 u_y\frac{\partial u_y}{\partial y}+\frac{\partial p}{\partial y}-f_y\right)$$
$$=\delta_t(R_y+G_y) \tag{3-35}$$

式中，t_ρ、t_x 和 t_y 分别是连续性方程和动量方程的系数；R_i 和 G_i 分别为边界数值格式以及边界数值格式与作用力项耦合产生的数值误差。上述三个方程的左端项均应严格为零，但由于边界条件和数值离散所产生的误差，使得方程左端第一项不严格为零。因此，若将边界数值格式的二阶表达式及密度分布函数的二阶表达式代入上面三式，并令其中时间偏导项的系数为零，即可解得三个系数分别为

$$t_\rho=\frac{1}{18}\left[-5\gamma_c+\frac{10+8\gamma_a+8\gamma_b}{s_0}-\frac{(-1+\gamma_a+\gamma_b)(s_1+2s_2)}{s_1 s_2}\right] \tag{3-36}$$

$$t_x=\frac{1-\gamma_a+\gamma_b-\gamma_c s_3}{2s_3} \tag{3-37}$$

$$t_y=\frac{1-\gamma_a+\gamma_b-\gamma_c s_5}{2s_5} \tag{3-38}$$

若将 t 时刻的密度分布函数 $f_\beta(\boldsymbol{x},t)$ 写成式(3-25)形式，则其展开系数中只有 $\gamma_b=1$，其余系数皆为零。将展开系数代入式(3-36)~式(3-38)，得到 $t_\rho=1/s_0$、$t_x=1/s_3$ 及 $t_y=1/s_5$。若使用上述方法计算得到的 t_x 和 t_y 为零，则说明该数值格式对应的宏观方程没有时间导数项，此时可回到原始结果并令压强梯度项的系数为零，解得 t_x 和 t_y 分别为

$$t_x=\frac{1-\gamma_a+\gamma_b+\gamma_d s_3-\gamma_e s_3}{2s_3}+\lambda_{13}q_1+\lambda_{17}q_5+\lambda_{18}q_6 \tag{3-39}$$

$$t_y=\frac{1-\gamma_a+\gamma_b+\gamma_d s_5-\gamma_e s_5}{2s_5}+\lambda_{14}q_2+\lambda_{17}q_5+\lambda_{18}q_6 \tag{3-40}$$

将式(3-36)、式(3-39)和式(3-40)代入式(3-33)~式(3-35)中，得到的非零项皆为边界数值格式和作用力项所造成的数值误差，其中含外力及静水压强梯度的项为耦合误差，其他项为数值格式离散误差。给出了一般情况下的耦合误差表达式，下面给出使用式(3-37)和式(3-38)计算得到的动量方程的耦合误差表达式：

$$G_x^I = \frac{(1-\gamma_a+\gamma_b)(Bh_3-1)+\gamma_c s_3+2ls_3}{2s_3}a_x - \left[(\lambda_{13}q_1+\lambda_{17}q_5+\lambda_{18}q_6)+\frac{\gamma_c+\gamma_d-\gamma_e}{2}\right]g_x$$

$$+(-\lambda_{17}q_6+\lambda_{18}q_7)g_y+C\left[\frac{(1-\gamma_a-\gamma_b)h_8}{2s_8}\right]\frac{u_x a_y+u_y a_x}{c}$$

$$+C\left[\frac{(1-\gamma_a-\gamma_b)(3h_7 s_1 s_2+2h_2 s_1 s_7-h_1 s_2 s_7)}{6s_1 s_2 s_7}\right]\frac{u_x a_x}{c}$$

$$+C\left[\frac{(1-\gamma_a-\gamma_b)(-3h_7 s_1 s_2+2h_2 s_1 s_7-h_1 s_2 s_7)}{6s_1 s_2 s_7}\right]\frac{u_y a_y}{c} \tag{3-41}$$

$$G_y^I = \frac{(1-\gamma_a+\gamma_b)(Bh_5-1)+\gamma_c s_5+2ls_5}{2s_5}a_y+(-\lambda_{17}q_5+\lambda_{18}q_6)g_x$$

$$-\left[(\lambda_{14}q_2+\lambda_{17}q_5+\lambda_{18}q_6)+\frac{\gamma_c+\gamma_d-\gamma_e}{2}\right]g_y$$

$$+C\left[\frac{(1-\gamma_a-\gamma_b)(h_1 s_7-h_7 s_1)}{2s_1 s_7}\right]\frac{u_x a_x}{c}$$

$$+C\left[\frac{(1-\gamma_a-\gamma_b)(h_1 s_7+h_7 s_1)}{2s_1 s_7}\right]\frac{u_y a_y}{c} \tag{3-42}$$

式中，R_ρ、R_x 和 R_y 分别代表边界条件在连续性方程和动量方程中的离散误差，通过分析离散误差能够确定数值格式的精度，并且能够用来设计新的数值格式（Ginzburg 等，2008b；Zhao 和 Yong，2017）。

下面给出使用压强导数项为零推导得到的连续性方程和动量方程中边界数值格式的离散误差。考虑到数值格式的离散误差并非本书研究的重点，因此这里不再列出时间项和高阶项的表达式：

$$R_\rho = \left\{\frac{[(2-2\gamma_a-2\gamma_b-5\gamma_c s_2+9\gamma_d s_2+9\gamma_e s_2)+2(1-\gamma_a-\gamma_b)s_2]}{18s_1 s_2}\right.$$

$$+\lambda_{23}q_1+\lambda_{27}q_5-\lambda_{28}q_6\Big\}\rho_0\partial_x u_x \delta_x+(\lambda_{24}q_2+\lambda_{27}q_5+\lambda_{28}q_6)\rho_0\partial_y u_x \delta_x$$

$$+\left\{\frac{[(2-2\gamma_a-2\gamma_b-5\gamma_c s_2+9\gamma_d s_2+9\gamma_e s_2)+2(1-\gamma_a-\gamma_b)s_2]}{18s_1 s_2}\right.$$

$$+\lambda_{34}q_2+\lambda_{37}q_5+\lambda_{38}q_6\Big\}\rho_0\partial_y u_y \delta_x+(\lambda_{34}q_2+\lambda_{37}q_5-\lambda_{38}q_6)\rho_0\partial_x u_y \delta_x$$

$$+\left(\frac{1+\gamma_a-\gamma_b}{3}+\lambda_{23}+\lambda_{24}+\lambda_{27}+\lambda_{28}\right)\frac{\rho_0 u_x}{c}$$

$$+\left(\frac{1+\gamma_a-\gamma_b}{2}+\lambda_{33}+\lambda_{34}+\lambda_{37}+\lambda_{38}\right)\frac{\rho_0 u_y}{c}+O(Ma^2)$$

$$\tag{3-43}$$

动量方程中边界数值格式离散误差分别为

$$R_x = \left\{ \frac{[2(-1+\gamma_a+\gamma_b)s_2s_7 + (-1+\gamma_a+\gamma_b)s_5s_7 + 3(-1+\gamma_a+\gamma_b)s_2s_5]}{18s_2s_5s_7} \right.$$

$$\left. - \frac{\gamma_d+\gamma_e}{3} - \lambda_{23}q_1 - \lambda_{27}q_5 - \lambda_{28}q_6 \right\} \rho_0 \partial_x u_x \delta_x$$

$$+ \frac{(-1+\gamma_a+\gamma_b-\gamma_d s_8 - \gamma_e s_8 - 6\lambda_{27}q_5 s_8 + 6\lambda_{28}q_6 s_8)}{6s_8} \rho_0 \partial_y u_x \delta_x$$

$$+ \frac{(-1+\gamma_a+\gamma_b-\gamma_d s_8 - \gamma_e s_8 - 6\lambda_{33}q_1 s_8 - 6\lambda_{37}q_5 s_8 - 6\lambda_{38}q_6 s_8)}{6s_8} \rho_0 \partial_x u_y \delta_x$$

$$+ \left\{ \frac{[2(-1+\gamma_a+\gamma_b)s_2s_7 + (-1+\gamma_a+\gamma_b)s_5s_7 + 3(-1+\gamma_a+\gamma_b)s_2s_5]}{18s_2s_5s_7} \right.$$

$$\left. - \lambda_{37}q_5 - \lambda_{38}q_6 \right\} \rho_0 \partial_y u_y \delta_x - \left(\frac{1+\gamma_a-\gamma_b}{3} + \lambda_{23} + \lambda_{27} + \lambda_{28} \right) \frac{\rho_0 u_x}{c}$$

$$+ (-\lambda_{33} - \lambda_{37} + \lambda_{38}) \frac{\rho_0 u_y}{c} + O(Ma^2) \tag{3-44}$$

$$R_y = \left\{ \frac{[2(-1+\gamma_a+\gamma_b)s_7 - (-1+\gamma_a+\gamma_b+\gamma_d s_7 + \gamma_e s_7)s_5 - 6(\lambda_{27}q_5 - \lambda_{28}q_6)s_5 s_7]}{6s_5 s_7} \right\}$$

$$\rho_0 \partial_x u_x \delta_x - (\lambda_{24}q_2 + \lambda_{27}q_5 + \lambda_{28}q_6) \rho_0 \partial_y u_x \delta_x + (\lambda_{38}q_6 - \lambda_{37}q_5) \rho_0 \partial_x u_y \delta_x$$

$$+ \left\{ \frac{[2(-1+\gamma_a+\gamma_b)s_7 + (-1+\gamma_a+\gamma_b)s_5 + 3(-1+\gamma_a+\gamma_b)s_2 s_5]}{6s_5 s_7} \right.$$

$$\left. - \frac{\gamma_d+\gamma_e}{2} - \lambda_{34}q_2 - \lambda_{37}q_5 - \lambda_{38}q_6 \right\} \rho_0 \partial_y u_y \delta_x - (\lambda_{24} + \lambda_{27} + \lambda_{28}) \frac{\rho_0 u_x}{c}$$

$$- \left(\frac{1+\gamma_a-\gamma_b}{2} + \lambda_{34} + \lambda_{37} + \lambda_{38} \right) \frac{\rho_0 u_y}{c} + O(Ma^2) \tag{3-45}$$

式中,误差项的量级为 Ma 一次方。通过待定系数法,令上述各项为零,可以用来设计边界数值格式。

G_ρ、G_x 和 G_y 分别代表边界条件和作用力项在连续性方程和动量方程中的耦合误差,表达式分别为

$$G_\rho = B_1(1+\gamma_a-\gamma_b)\left[\frac{(h_4 s_3 + h_3 s_4)}{6cs_3 s_4} f_x + \frac{h_5}{2cs_5} f_y \right]$$

$$+ \left[(\lambda_{13}q_1 + \lambda_{17}q_5 - \lambda_{18}q_6) - \frac{2(\gamma_d-\gamma_e)s_3 s_4 + (1+\gamma_a-\gamma_b)(s_3+s_4)}{6s_3 s_4} \right] \frac{\partial_x p_s}{c}$$

$$+ \left[(\lambda_{14}q_2 + \lambda_{17}q_5 + \lambda_{18}q_6) - \frac{(1+\gamma_a-\gamma_b)+(\gamma_d-\gamma_e)s_5}{2s_5} \right] \frac{\partial_y p_s}{c}$$

$$+C_1\frac{(-1+\gamma_a+\gamma_b)}{3c^2s_1s_2}(h_2s_1+h_1s_2)(u_xf_x+u_yf_y) \tag{3-46}$$

$$G_x=\frac{(1-\gamma_a+\gamma_b)(B_1h_3-1)-\gamma_ds_3+\gamma_es_3+2ls_3}{2s_3}a_x-(\lambda_{13}q_1+\lambda_{17}q_5+\lambda_{18}q_6)a_x$$

$$+(\lambda_{18}q_6-\lambda_{17}q_5)\frac{\partial p_s}{\partial y}+C_1\left[\frac{(1-\gamma_a-\gamma_b)h_8}{2s_8}\right]\frac{u_xa_y+u_ya_x}{c}$$

$$+C_1\left[\frac{(1-\gamma_a-\gamma_b)(3h_7s_1s_2+2h_2s_1s_7-h_1s_2s_7)}{6s_1s_2s_7}\right]\frac{u_xa_x}{c}$$

$$+C_1\left[\frac{(1-\gamma_a-\gamma_b)(-3h_7s_1s_2+2h_2s_1s_7-h_1s_2s_7)}{6s_1s_2s_7}\right]\frac{u_ya_y}{c} \tag{3-47}$$

$$G_y=\frac{(1-\gamma_a+\gamma_b)(B_1h_5-1)-\gamma_ds_5+\gamma_es_5+2ls_5}{2s_5}a_y$$

$$-(\lambda_{14}q_2+\lambda_{17}q_5+\lambda_{18}q_6)a_y+(\lambda_{18}q_6-\lambda_{17}q_5)\frac{\partial p_s}{\partial x}$$

$$+C_1\left[\frac{(1-\gamma_a-\gamma_b)(h_1s_7-h_7s_1)}{2s_1s_7}\right]\frac{u_xa_x}{c}$$

$$+C_1\left[\frac{(1-\gamma_a-\gamma_b)(h_1s_7+h_7s_1)}{2s_1s_7}\right]\frac{u_ya_y}{c} \tag{3-48}$$

将静压 p_s 和重力加速度 $\boldsymbol{g}=(g_x,g_y)$ 代入上面三式，化简得到

$$G_\rho=B_1(1+\gamma_a-\gamma_b)\left[\frac{(h_4s_3+h_3s_4)}{6cs_3s_4}f_x+\frac{h_5}{2cs_5}f_y\right]$$

$$+\left[(\lambda_{13}q_1+\lambda_{17}q_5-\lambda_{18}q_6)-\frac{2(\gamma_d-\gamma_e)s_3s_4+(1+\gamma_a-\gamma_b)(s_3+s_4)}{6s_3s_4}\right]\frac{\rho_0 g_x}{c}$$

$$+\left[(\lambda_{14}q_2+\lambda_{17}q_5+\lambda_{18}q_6)-\frac{(1+\gamma_a-\gamma_b)+(\gamma_d-\gamma_e)s_5}{2s_5}\right]\frac{\rho_0 g_y}{c}$$

$$+C_1\frac{(-1+\gamma_a+\gamma_b)}{3c^2s_1s_2}(h_2s_1+h_1s_2)(u_xf_x+u_yf_y) \tag{3-49}$$

$$G_x=\frac{(1-\gamma_a+\gamma_b)(B_1h_3-1)-\gamma_ds_3+\gamma_es_3+2ls_3}{2s_3}a_x-(\lambda_{13}q_1+\lambda_{17}q_5+\lambda_{18}q_6)a_x$$

$$+(\lambda_{18}q_6-\lambda_{17}q_5)g_y+C_1\left[\frac{(1-\gamma_a-\gamma_b)h_8}{2s_8}\right]\frac{u_xa_y+u_ya_x}{c}$$

$$+C_1\left[\frac{(1-\gamma_a-\gamma_b)(3h_7s_1s_2+2h_2s_1s_7-h_1s_2s_7)}{6s_1s_2s_7}\right]\frac{u_xa_x}{c}$$

$$+C_1\left[\frac{(1-\gamma_a-\gamma_b)(-3h_7s_1s_2+2h_2s_1s_7-h_1s_2s_7)}{6s_1s_2s_7}\right]\frac{u_ya_y}{c} \tag{3-50}$$

$$G_y = \frac{(1-\gamma_a+\gamma_b)(B_1 h_5 - 1) - \gamma_d s_5 + \gamma_e s_5 + 2l s_5}{2 s_5} a_y$$
$$- (\lambda_{14} q_2 + \lambda_{17} q_5 + \lambda_{18} q_6) a_y + (\lambda_{18} q_6 - \lambda_{17} q_5) g_x$$
$$+ C_1 \left[\frac{(1-\gamma_a-\gamma_b)(h_1 s_7 - h_7 s_1)}{2 s_1 s_7} \right] \frac{u_x a_x}{c}$$
$$+ C_1 \left[\frac{(1-\gamma_a-\gamma_b)(h_1 s_7 + h_7 s_1)}{2 s_1 s_7} \right] \frac{u_y a_y}{c} \tag{3-51}$$

式中，B_1 和 C_1 分别为作用力项中一阶和二阶矩的系数，若该阶矩存在，则系数取 1，否则取 0。

式(3-49)～式(3-51)就是曲面边界附近的作用力耦合误差，显而易见该误差并不为零。这说明，若使用 LBM 方法模拟含外力作用的流动时，会在边界附近产生额外的数值误差，该误差不仅会导致动量不守恒还会导致模型质量不守恒。由于该误差是由作用力项和边界条件耦合产生，因此称之为耦合误差。事实上，Ginzburg(2003)在推导 Multi-Reflection 边界数值格式时就得到了部分耦合误差的结果，但仅限于双松弛碰撞模型和 LGA 作用力模型，且涵盖的边界数值格式较少。

基于作用力模型，使用式(3-49)～式(3-51)及表 3-2，计算目前常用的边界数值格式的耦合误差，结果在表 3-1 中给出。由于 FSL 格式的误差表达式过长，这里不再详细列出，其中 $E = f_x/6cs_4 + f_y/4c$。从表中可以看到，BB 和 CLI 格式在任意外力作用下的动量方程中误差均为零，但在连续性方程中的误差不恒为零。当模型中仅有恒定外力作用时，即 $a_x = g_x$ 和 $a_y = g_y$，则表中只有 BB 和 CLI 这两种数值格式的耦合误差恒为零；ULI 和 DLI 格式的耦合误差在 $q = 1/2$ 时为零；Zhao 格式的耦合误差在 $q = 0$ 时为零；NEM-I、NEM-II 和 FSK 格式无论相对距离取多少，耦合误差均不为零。若将 MRT 模型中的松弛参数均设为 $1/\tau$，得到 FSK 格式的耦合误差为

$$G_\rho^{FSK} = \frac{(2q-1)}{2c} \rho_0 g_y - \frac{(1-2q)}{3c} \rho_0 g_x - \frac{2(2-s_1)}{3c^2 s_1}(f_x u_x + f_y u_y) \tag{3-52}$$

$$G_x^{FSK} = \frac{1-2q}{2} a_x + \left(\tau - \frac{1}{2}\right) \frac{u_x a_y + u_y a_x}{c} + \frac{2}{3}\left(\tau - \frac{1}{2}\right)\left(2\frac{u_x a_x}{c} - \frac{u_y a_y}{c}\right) \tag{3-53}$$

$$G_y^{FSK} = \frac{1-2q}{2} a_y + (2\tau - 1)\frac{u_y a_y}{c} \tag{3-54}$$

对应的连续性方程和动量方程的系数分别为

$$t_\rho^{FSK} = \frac{4\tau}{9} \tag{3-55}$$

$$t_x^{FSK} = t_y^{FSK} = \tau - \frac{1}{2} + q \tag{3-56}$$

对比式(3-53)、式(3-54)和式(3-29)、式(3-30)，可以发现，二者在 y 方向上的耦合误差表达式相同，x 方向上的二阶矩不同。水平方向上的表达式不同是由于推导时所使用的曲面边界上格点分布不同所致，但是这并不影响判定耦合误差是否存在。通过分析式(3-53)和式(3-54)，可知，当 $q=1/2$，且忽略二阶矩时，耦合误差为零。

根据本节的推导，也可以解释 Mohamad 等(2010)在模拟方腔热对流时所遇到的反常的模拟结果。Mohamad 等(2010)在模拟过程中使用了 BB 数值格式作为边界条件，模拟了在重力和温度应力作用下，二维方腔内的自然对流问题。Mohamad 等(2010)使用 GZS 作用力模型模拟得到的结果反而不如 LGA 模型。根据表3-1的结果可知，当模拟非恒定外力时，BB 格式和 GZS 模型在连续性方程中的耦合误差并不为零，这一误差量级与作用力量级相同，若使用 BB 格式和 LGA 模型，则动量方程中的耦合误差也不为零：

$$G_x^{BB} = -\frac{1}{2}a_x, \quad G_y^{BB} = -\frac{1}{2}a_y \tag{3-57}$$

对应的动量方程系数为

$$t_x = t_y = \frac{1}{2} \tag{3-58}$$

这也就是说 LGA 模型除了在内部区域有误差之外(Guo 等，2002)，在边界上也有误差。这两种误差叠加之后引起的效应会使得模拟结果无法预计，因而得到了与 Guo 等推导结果相悖的结论。

总的来说，作用力项与边界数值格式的耦合会产生耦合误差，这种误差的量级往往高于边界格式本身的离散误差量级，特别是在模拟含有非恒定外力作用的流动时，耦合误差将会非常显著。当模型中模拟的外力为恒定作用力时，推荐使用 BB 和 CLI 这两种数值格式，因为在这种情况下，其耦合误差量级与边界离散误差相同。若使用其他数值格式，比如 FSK 格式，其耦合误差仅在特定条件下为零，因此可能在边界处引起非物理流动。下面将针对消除耦合误差，提出改进方法。

表3-1 常用边界数值格式的耦合误差

边界数值格式	G_ρ	G_x	G_y
BB	$2E - \dfrac{\rho_0 g_x}{3c s_4} - \dfrac{\rho_0 g_y}{2c}$	0	0

(续表)

边界数值格式	G_ρ	G_x	G_y
ULI	$2E + \dfrac{(q-1)\rho_0 g_y}{c} - \dfrac{(1+s_4-2qs_4)\rho_0 g_x}{3cs_4}$	$\dfrac{1-2q}{2}a_x$	$\dfrac{1-2q}{2}a_y$
DLI	$E/q - \dfrac{1+2\left(q-\frac{1}{2}\right)s_4}{6cs_4 q}\rho_0 g_x - \dfrac{\rho_0 g_y}{2c}$	$\dfrac{(2q-1)a_x}{4q}$	$\dfrac{(2q-1)a_y}{4q}$
CLI	$\dfrac{4}{1+2q}E - \dfrac{2\rho_0 g_x}{3(1+2q)s_4 c} - \dfrac{\rho_0 g_y}{(1+2q)c}$	0	0
Zhao	$-\dfrac{\rho_0(2g_x+3g_y)q}{3c(1+2q)}$	$\dfrac{qa_x}{1+2q}$	$\dfrac{qa_y}{1+2q}$
FSK	$\rho_0\dfrac{(2q-1)}{6c}(2g_x+3g_y) - \dfrac{2(s_1+s_2-s_1s_2)}{3c^2 s_1 s_2}(f_x u_x + f_y u_y)$	$\dfrac{1-2q}{2}a_x + \dfrac{h_8}{s_8}\dfrac{u_x a_y + u_y a_x}{c} + \dfrac{(3h_7 s_1 s_2 + 2h_2 s_1 s_7 - h_1 s_2 s_7)}{3s_1 s_2 s_7}\dfrac{u_x a_x}{c} + \dfrac{(-3h_7 s_1 s_2 + 2h_2 s_1 s_7 - h_1 s_2 s_7)}{3s_1 s_2 s_7}\dfrac{u_y a_y}{c}$	$\dfrac{1-2q}{2}a_y + \dfrac{(s_1-s_7)}{s_1 s_7}\dfrac{u_x a_x}{c} + \dfrac{(s_1+s_7-s_1 s_7)}{s_1 s_7}\dfrac{u_y a_y}{c}$
NEM	$-\rho_0\dfrac{2g_x+3g_y}{6c}$	$\dfrac{a_x}{2}$	$\dfrac{a_y}{2}$
	$\dfrac{(q-2)\rho_0(2g_x+3g_y)}{6c}$	$\dfrac{2-q}{2}a_x$	$\dfrac{2-q}{2}a_y$

表 3-2 边界数值格式二阶近似表达式展开系数

数值格式	γ_a	γ_b	γ_c	γ_d	γ_e	$\lambda_{1\beta}$	$\lambda_{2\beta}$	$\lambda_{3\beta}$	$\lambda_{4\beta}$	$\lambda_{5\beta}$	$\lambda_{6\beta}$
BB	1	0	0	1	0	0	$6\omega_\beta e_{\beta x}$	$6\omega_\beta e_{\beta y}$	0	0	0
ULI	1	0	0	$2q$	0	0	$6\omega_\beta e_{\beta x}$	$6\omega_\beta e_{\beta y}$	0	0	0
DLI	$\dfrac{1}{2q}$	$1-\dfrac{1}{2q}$	0	$\dfrac{1}{2q}$	$1-\dfrac{1}{2q}$	0	$\dfrac{3\omega_\beta e_{\beta x}}{q}$	$\dfrac{3\omega_\beta e_{\beta y}}{q}$	0	0	0
CLI	$\dfrac{2}{1+2q}$	$\dfrac{2q-1}{1+2q}$	0	1	$\dfrac{2q-1}{1+2q}$	0	$\dfrac{6\omega_\beta e_{\beta x}}{1+2q}$	$\dfrac{6\omega_\beta e_{\beta y}}{1+2q}$	0	0	0

（续表）

数值格式	γ_a	γ_b	γ_c	γ_d	γ_e	$\lambda_{1\beta}$	$\lambda_{2\beta}$	$\lambda_{3\beta}$	$\lambda_{4\beta}$	$\lambda_{5\beta}$	$\lambda_{6\beta}$
Zhao	0	1	$\dfrac{-1}{1+2q}$	0	$\dfrac{2q}{1+2q}$	0	$\dfrac{2\omega_\beta e_{\beta x}}{1+2q}$	$\dfrac{2\omega_\beta e_{\beta y}}{1+2q}$	0	0	0
FSK	-1	0	0	-1	0	$6\omega_\beta$	0	0	$\omega_\beta(9e_{\beta x}^2-3)$	$\omega_\beta(9e_{\beta y}^2-3)$	$18\omega_\beta e_{\beta x}e_{\beta y}$
NEM	0	1	0	0	1	0	0	0	0	0	0
	0	1	0	0	$2-q$	0	0	0	0	0	0

3.2.2 模型改进方法

通过前文分析可知，边界数值格式和作用力模型的耦合误差是导致基于自由表面 LBM 模型的二维数值波浪水槽出现波能耗散等问题的原因。因此，需要对现有的数值模型进行改进。针对不同的外力条件，提出了两种改进方法，修正压强法适用于模型中仅包含重力和水平外力的情况，而边界条件作用力修正项适用于任意外力作用的情况。

3.2.2.1 修正压强法

若模型中仅包含重力 $\boldsymbol{g}=(0,-g)$ 和水平外力 $\boldsymbol{a}_h$，则可以将 N-S 方程改写为

$$\frac{\partial \boldsymbol{u}}{\partial t}+\nabla \cdot \boldsymbol{u}\boldsymbol{u}=-\frac{\nabla p}{\rho_0}+\nu\nabla^2\boldsymbol{u}+\boldsymbol{a}_h+\boldsymbol{g} \tag{3-59}$$

将重力加速度与压力梯度项合并后（Rusche，2003），得到修正压强 $p^* = p - \rho_0 \boldsymbol{g} \cdot \boldsymbol{x}$。在方程(3-59)中用修正压强代替压强 p，得到

$$\frac{\partial \boldsymbol{u}}{\partial t}+\nabla \cdot \boldsymbol{u}\boldsymbol{u}=-\frac{\nabla p^*}{\rho_0}+\nu\nabla^2\boldsymbol{u}+\boldsymbol{a}_h \tag{3-60}$$

式(3-60)与式(3-59)去掉重力加速度后的表达式在形式上一样，因此将 LB 模型中的压强用修正压强代替后，重复 3.2.1.3 节中的推导过程，就得到了采用修正压强改进后的耦合误差表达式：

$$G_\rho^* = C_1\frac{(1+\gamma_a-\gamma_b)(h_4s_3+h_3s_4)}{6cs_3s_4}\rho_0 a_h \\ +C_1\frac{(-1+\gamma_a+\gamma_b)}{3c^2s_1s_2}(h_2s_1+h_1s_2)\rho_0 u_x a_h \tag{3-61}$$

$$G_x^* = \frac{(1-\gamma_a+\gamma_b)(B_1h_3-1)-\gamma_d s_3+\gamma_e s_3+2ls_3}{2s_3}a_h - (\lambda_{13}q_1+\lambda_{17}q_5+\lambda_{18}q_6)a_h$$

$$+ C_1 \left[\frac{(1-\gamma_a-\gamma_b)h_8}{2s_8} \right] \frac{u_y a_h}{c} + C_1 \left[\frac{(1-\gamma_a-\gamma_b)(3h_7 s_1 s_2 + 2h_2 s_1 s_7 - h_1 s_2 s_7)}{6s_1 s_2 s_7} \right] \frac{u_x a_h}{c}$$
(3-62)

$$G_y^* = C_1 \left[\frac{(1-\gamma_a-\gamma_b)(h_1 s_7 - h_7 s_1)}{2s_1 s_7} \right] \frac{u_x a_h}{c} \tag{3-63}$$

推导过程中使用到了修正压强的静压 $p_s^* = \rho_0 \mathbf{g} \cdot \mathbf{x}_{ref}$，其中 $\mathbf{x}_{ref}$ 是常数一般选在静水面或开边界位置处，如在模拟波浪运动时修正静压为 $p_s^* = \rho_0 g h$，其中 h 为静水深。

基于GZS作用力模型，使用式(3-61)～式(3-63)计算目前常用的边界数值格式的耦合误差，结果在表3-3中给出。由表中结果可以看出，在修正压强法改进模型中，CLI和BB格式的耦合误差仅在连续性方程中存在，而ULI和DLI格式在动量方程中的耦合误差在 $q=1/2$ 时消失；Zhao和FSK格式的耦合误差只有当水平外力为零时才会消失。这些结果表明，经过修正压强法改进后的LB模型，其边界数值格式在仅有重力作用时均不存在耦合误差，部分数值格式在含水平外力作用时仍能消除耦合误差，这说明修正压强法是一种有效的模型改进方法。

表3-3 采用修正压强法改进后常用边界数值格式的耦合误差

边界数值格式	G_ρ	G_x	G_y
BB	$\dfrac{\rho_0 a_h}{3s_4}$	0	0
ULI	$\dfrac{\rho_0 a_h}{3s_4}$	$\left(\dfrac{1}{2}-q\right) a_h$	0
DLI	$\dfrac{\rho_0 a_h}{6qs_4}$	$\dfrac{(2q-1)a_h}{4q}$	0
CLI	$\dfrac{2}{1+2q}\left(\dfrac{\rho_0 a_h}{3cs_4}\right)$	0	0
Zhao	0	$\dfrac{qa_x}{1+2q}$	0
FSK	$-\dfrac{2(s_1+s_2-s_1 s_2)\rho_0 a_h u_x}{3c^2 s_1 s_2}$	$\dfrac{1-2q}{2}a_h + \dfrac{h_8}{s_8}\dfrac{u_y a_h}{c} + \dfrac{(3h_7 s_1 s_2 + 2h_2 s_1 s_7 - h_1 s_2 s_7)}{3s_1 s_2 s_7}\dfrac{u_x a_h}{c}$	0
NEM	0	$\dfrac{a_h}{2}$	0
	0	$\dfrac{2-q}{2}a_h$	0

3.2.2.2 边界条件作用力修正项

修正压强法虽然能够有效提高 LB 模型在重力作用下的模拟精度，但当模型中存在动量源、孔隙介质等复杂动力条件时，仍然存在一定程度的耦合误差。因此，最根本的解决方法是通过在边界数值格式中添加修正项来消除耦合误差，即作用力修正项 $\overline{F}_\beta^{cor}$，

$$\overline{F}_\beta^{cor} = \boldsymbol{M}^{-1} \boldsymbol{H}_b \boldsymbol{M} \left[B_1^* \frac{\omega_\alpha \boldsymbol{F} \cdot \boldsymbol{e}_\alpha}{c_s^2} + C_1^* \frac{\omega_\alpha \boldsymbol{u} \boldsymbol{F} : (\boldsymbol{e}_\alpha \boldsymbol{e}_\alpha - c_s^2 \boldsymbol{I})}{c_s^4} \right] \tag{3-64}$$

式中，$\boldsymbol{H}_b = diag(h_{b0}, h_{b1}, \cdots, h_{b8})$，为作用力修正系数矩阵；$B^*$ 和 C^* 分别为作用力修正项中一阶和二阶矩的系数，若矩存在则系数为 1，否则为零。

添加作用力修正项后的边界数值格式的一般表达式为

$$\begin{aligned}
f_\beta(\boldsymbol{x}_f, t) = & \kappa_{-1} f_\alpha(\boldsymbol{x}_f - \boldsymbol{e}_\alpha \delta_t, t) + \kappa_0 f_\alpha(\boldsymbol{x}_f, t) \\
& + \kappa_1 f_\alpha(\boldsymbol{x}_f + \boldsymbol{e}_\alpha \delta_t, t) + \overline{\kappa}_0 f_\beta(\boldsymbol{x}_f, t - \delta_t) \\
& + \overline{\kappa}_{-1} f_\beta(\boldsymbol{x}_f - \boldsymbol{e}_\alpha \delta_t, t) + \overline{\kappa}_{-2} f_\beta(\boldsymbol{x}_f - 2\boldsymbol{e}_\alpha \delta_t, t) + g_\beta(p_w, \boldsymbol{u}_w, t) \\
& + \overline{F}_\beta^{cor}
\end{aligned} \tag{3-65}$$

将式（3-64）代入式（3-27）～式（3-29），进行推导，最终得到含修正系数的耦合误差表达式：

$$\begin{aligned}
G_\rho = & B_1(1 + \gamma_a - \gamma_b) \left[\frac{(h_4 s_3 + h_3 s_4)}{6 c s_3 s_4} f_x + \frac{h_5}{2 c s_5} f_y \right] - B_1^* \left(\frac{h_{b3} + h_{b4}}{6c} f_x + \frac{h_{b5}}{2c} f_y \right) \\
& + \left[(\lambda_{13} q_1 + \lambda_{17} q_5 - \lambda_{18} q_6) - \frac{2(\gamma_d - \gamma_e) s_3 s_4 + (1 + \gamma_a - \gamma_b)(s_3 + s_4)}{6 s_3 s_4} \right] \frac{\rho_0 g_x}{c} \\
& + \left[(\lambda_{14} q_2 + \lambda_{17} q_5 + \lambda_{18} q_6) - \frac{(1 + \gamma_a - \gamma_b) + (\gamma_d - \gamma_e) s_5}{2 s_5} \right] \frac{\rho_0 g_y}{c} \\
& + \frac{C_1^* (h_{b1} + h_{b2}) s_1 s_2 + C_1(-1 + \gamma_a + \gamma_b)(h_2 s_1 + h_1 s_2)}{3 c^2 s_1 s_2} (u_x f_x + u_y f_y)
\end{aligned} \tag{3-66}$$

$$\begin{aligned}
G_x = & \frac{(1 - \gamma_a + \gamma_b)(B_1 h_3 - 1) - \gamma_d s_3 + \gamma_e s_3 + B_1^* h_{b3} s_3 + 2l s_3}{2 s_3} a_x \\
& - (\lambda_{13} q_1 + \lambda_{17} q_5 + \lambda_{18} q_6) a_x \\
& + (\lambda_{18} q_6 - \lambda_{17} q_5) g_y + \left[\frac{(1 - \gamma_a - \gamma_b) h_8 C_1 + h_{b8} s_8 C_1^*}{2 s_8} \right] \frac{u_x a_y + u_y a_x}{c} \\
& + \left[\frac{(1 - \gamma_a - \gamma_b)(3 h_7 s_1 s_2 + 2 h_2 s_1 s_7 - h_1 s_2 s_7)}{6 s_1 s_2 s_7} C_1 + \frac{h_{b1} - 2 h_{b2} - 3 h_{b7}}{6} C_1^* \right] \frac{u_x a_x}{c} \\
& + \left[\frac{(1 - \gamma_a - \gamma_b)(-3 h_7 s_1 s_2 + 2 h_2 s_1 s_7 - h_1 s_2 s_7)}{6 s_1 s_2 s_7} C_1 + \frac{h_{b1} - 2 h_{b2} + 3 h_{b7}}{6} C_1^* \right] \frac{u_y a_y}{c}
\end{aligned} \tag{3-67}$$

$$G_y = \frac{(1-\gamma_a+\gamma_b)(B_1h_5-1)-\gamma_d s_5+\gamma_e s_5+B_1^* h_{b5}s_5+2ls_5}{2s_5}a_y$$
$$-(\lambda_{14}q_2+\lambda_{17}q_5+\lambda_{18}q_6)a_y+(\lambda_{18}q_6-\lambda_{17}q_5)g_x$$
$$+\left[\frac{(1-\gamma_a-\gamma_b)(h_1s_7-h_7s_1)C_1+(h_{b7}-h_{b1})s_1s_7C_1^*}{2s_1s_7}\right]\frac{u_xa_x}{c}$$
$$+\left[\frac{(1-\gamma_a-\gamma_b)(h_1s_7+h_7s_1)C_1+(h_{b7}+h_{b1})s_1s_7C_1^*}{2s_1s_7}\right]\frac{u_ya_y}{c}$$

$$(3-68)$$

令上式中含外力的每一项为零,则有

$$h_{b3}=(1+\gamma_a-\gamma_b)\frac{h_3}{s_3},\ h_{b5}=(1+\gamma_a-\gamma_b)\frac{h_5}{s_5} \qquad (3-69)$$

$$h_{b1}=(1-\gamma_a-\gamma_b)\frac{h_1}{s_1},\ h_{b2}=(1-\gamma_a-\gamma_b)\frac{h_1}{s_2},\ h_{b4}=(1+\gamma_a-\gamma_b)\frac{h_4}{s_4}$$

$$(3-70)$$

$$h_{b7}=(1-\gamma_a-\gamma_b)\frac{h_7}{s_7},\ h_{b8}=(1-\gamma_a-\gamma_b)\frac{h_8}{s_8} \qquad (3-71)$$

$$B_1^*=B_1,\ C_1^*=C_1 \qquad (3-72)$$

$$l=\frac{1-\gamma_a+\gamma_b-2B_1h_5+\gamma_d s_5-\gamma_e s_5}{2s_5}+(\lambda_{14}q_2+\lambda_{17}q_5+\lambda_{18}q_6) \qquad (3-73)$$

将修正系数代回式(3-66)~式(3-68)得到修正后的连续性方程和动量方程中的耦合误差:

$$G_\rho=\left[(\lambda_{13}q_1+\lambda_{17}q_5-\lambda_{18}q_6)-\frac{2(\gamma_d-\gamma_e)s_3s_4+(1+\gamma_a-\gamma_b)(s_3+s_4)}{6s_3s_4}\right]\frac{\rho_0 g_x}{c}$$
$$+\left[(\lambda_{14}q_2+\lambda_{17}q_5+\lambda_{18}q_6)-\frac{(1+\gamma_a-\gamma_b)+(\gamma_d-\gamma_e)s_5}{2s_5}\right]\frac{\rho_0 g_y}{c} \quad (3-74)$$

$$G_x=(\lambda_{18}q_6-\lambda_{17}q_5)g_y \qquad (3-75)$$

$$G_y=(\lambda_{18}q_6-\lambda_{17}q_5)g_x \qquad (3-76)$$

在此基础上,结合修正压强法,将重力作用移到压强梯度项中,这样就消除了上述三式中剩余的项,达到了消除边界条件和作用力项耦合所产生的耦合误差的目的。这里需要注意,式(3-73)给出了宏观速度计算中的系数的表达式,这意味着在边界附近的格点上计算宏观速度时,必须使用修正后的作用力系数 l 才能消除耦合误差。基于 GZS 作用力模型和不可压单松弛碰撞模型,表 3-4 给出了作用力修正项的各项系数。表中的系数 h_t

在 SRT 模型中即为作用力项的速度一阶矩和二阶矩的系数。FSK 格式在相对距离为 1/2 时的作用力修正项的系数 l 与 GZS 作用力模型一致，这点将在下面进行验证。

总的来说，仅仅在边界数值格式中添加作用力修正项只能消除非恒定外力引起的误差，只有结合修正压强法之后才能消除重力所引起的耦合误差。

表 3-4 GZS-SRT 模型中作用力修正项的系数

边界数值格式	$h_{b0}, h_{b1}, h_{b2}, h_{b7}, h_{b8}$	$h_{b3} \sim h_{b6}$	l
BB	0	$2\tau - 1$	$1 - \tau$
ULI	0	$2\tau - 1$	$\dfrac{1}{2} + q - \tau$
DLI	0	$\dfrac{2\tau - 1}{2q}$	$\dfrac{1 - \tau}{2q}$
CLI	0	$\dfrac{4\tau - 2}{2q + 1}$	$\dfrac{2q + 3 - 4\tau}{2(2q + 1)}$
Zhao	0	0	$\dfrac{1}{2 + 4q}$
FSK	$2\tau - 1$	0	q
NEM	0	0	0
	0	0	$\dfrac{q - 1}{2}$

3.3 典型验证算例

为了验证改进后的模型是否能够有效减小耦合误差，将前文提出的两种模型改进方法应用于模拟外力驱动的明渠层流。接着，将改进后的模型应用于模拟行进波和波浪在潜堤上的变形过程，以检验改进模型是否解决了基于自由表面 LBM 模型的二维数值波浪水槽中遇到的波能衰减问题。

3.3.1 明渠层流

采用单松弛完全不可压缩的 LB 模型，在二维明渠水槽中通过恒定水平力驱动形成层流流动。水槽底面采用无滑移边界条件，使用 CLI 格式实现。这是因为如果使用 ULI 或 DLI 格式，在相对距离不为 0.5 时产生的误差将导致计算发散，这与表 3-1 的结果一致。水槽表面采用滑移边界条件，使用 FSK 格式实现；水平方向设置为周期性边界条件。表 3-5 给出了数值模型计算所使用的无量纲参数。表 3-6 给出了七组数值试验的测试参数,包括边界相对距离 q、作用力项二阶系数、重力加速度和数值模型。这里采用二范数 $L^2(u)$ 和无穷范数 $L^\infty(u)$ 来评估模拟结果的数值误差,

$$L^2(u) = \sqrt{\frac{\sum_x [u(x) - u_t(x)]^2}{\sum_x u_t(x)^2}} \quad (3-77)$$

$$L^\infty(u) = \frac{\max_x |u(x) - u_t(x)|}{\max_x |u_t(x)|} \quad (3-78)$$

式中,$u(x)$ 和 $u_t(x)$ 分别为 x 位置处模拟得到的和理论解得到的流速。

表 3-5 数值模型参数

水槽高度	格子常数	Re	Ma	黏滞系数	驱动力
8.0	1.0、0.5、0.25 和 0.125	200.0	0.01	4×10^{-4}	1.25×10^{-7}

表 3-6 数值试验条件

试验组次	q	C	g	数值模型
1	0.5	0	1.57×10^{-3}	未改进
2	0.5	$1 - 1/2\tau$	1.57×10^{-3}	未改进
3	0.3	0	0.0	未改进
4	0.3	0	1.57×10^{-3}	未改进
5	0.3	$1 - 1/2\tau$	1.57×10^{-3}	未改进
6	0.3	$1 - 1/2\tau$	1.57×10^{-3}	修正压强法
7	0.5	$1 - 1/2\tau$	1.57×10^{-3}	作用力修正项

当 C 取零时,使用 Buick-Greated 作用力模型;当 C 取 $1 - 1/2\tau$ 时,使用 GZS 作用力模型。试验 1 和试验 3 是用来检查边界数值格式的离散误差;试验 2 用于检查作用力项中的二阶矩引起的耦合误差;试验 4 用于检查静压梯度引起的耦合误差;试验 5 用于检查边界数值格式和作用力项引起的耦合误差;试验 6 和试验 7 用于检验使用改进方法后作用力模型的精度。

图 3-3 所示为六组试验测试得到的水平流速和垂向流速的相对误差。从图中可以看到,试验 1 中的 FSK 格式具有二阶数值精度,这说明试验 1 中没有产生耦合误差,这与式(3-19)和式(3-20)预测的结果一致。试验 2 的数值误差要远高于试验 1,这是由于试验 2 中所使用的作用力项包含二阶矩,系数 C 并不为零,由此造成的耦合误差要远高于 FSK 格式的离散误差,这也与式(3-19)所预测的结果一致。在试验 3 和试验 4 中,由于相对距离不再等于 0.5,此时 FSK 格式的数值精度降为一阶,这与模拟结果相符。此外,由于二

阶矩的系数为零,静压梯度造成的耦合误差仅在垂直方向上出现,这与图 3-3b 中试验 4 的垂直流速误差量级远大于试验 3 的情况相吻合。试验 5 中使用了包含二阶矩的作用力项,类似于试验 2,试验 5 的数值误差大于试验 3 的数值误差。

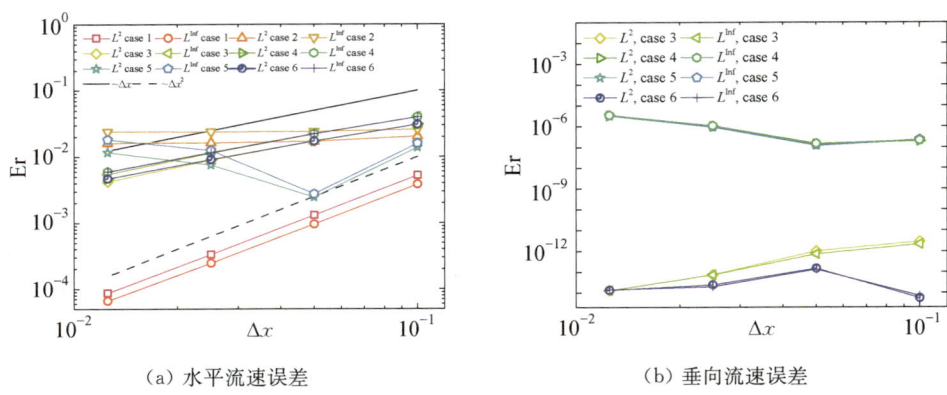

(a) 水平流速误差   (b) 垂向流速误差

图 3-3 数值试验中的流速相对误差

从图 3-3 中可以看到,使用修正压强法后,试验 6 的数值误差与试验 3 几乎相同,并且明显优于试验 5。图 3-4 所示为试验 1、试验 2、试验 5 和试验 6 模拟得到的水平流速和垂向流速的误差沿垂向的分布,从图中可以看到试验 1 和试验 6 的水平流速误差沿垂向分布为一条直线,而试验 2 和试验 5 的水平流速误差呈现出表面大近底小的趋势,这说明在上表面受 FSK 耦合误差影响,模拟精度下降,而下表面使用的是 CLI 格式在这种作用力条件下是没有耦合误差的,因此下表面误差较小。图中还可以看到,试验 6 的垂向流速误差几乎为零,而试验 2 和试验 5 的垂向流速误差的垂向分布与水平流速相似。通过比较水平方向和垂直方向的耦合误差可以看出,水平方向的耦合误差量级更大,这表明耦合误差与流速成正比,这与 3.2.1 节中的结论一致。上述结论表明,FSK 引起的耦合误差会减小表面流速,而压强修正法能够消除作用力项和边界数值格式耦合所产生的耦合误差。

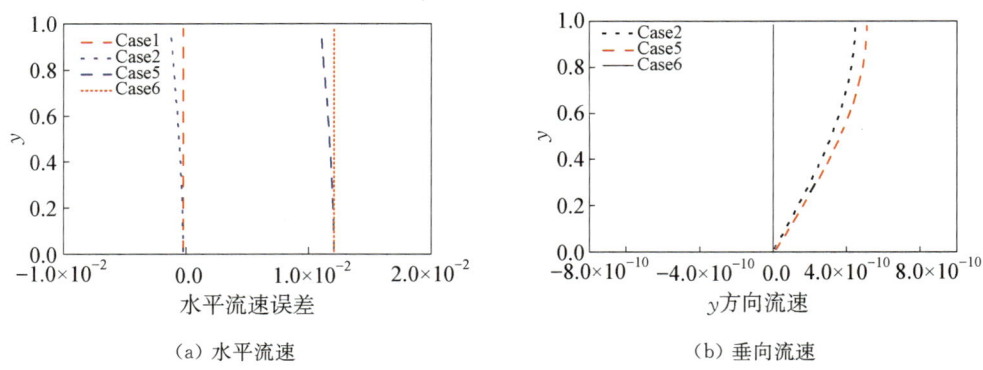

(a) 水平流速   (b) 垂向流速

图 3-4 格子常数为 0.25 时,模拟得到的流速误差沿垂向的分布

接下来对边界条件中的作用力修正项进行验证。图3-5给出了使用作用力修正项模拟得到的水平流速和垂向流速误差。从图中可以看出，与未使用修正模型相比，使用了作用力修正项模拟得到的流速误差明显减小，并且与试验1无耦合误差情况相同。这说明作用力修正项能够消除耦合误差。

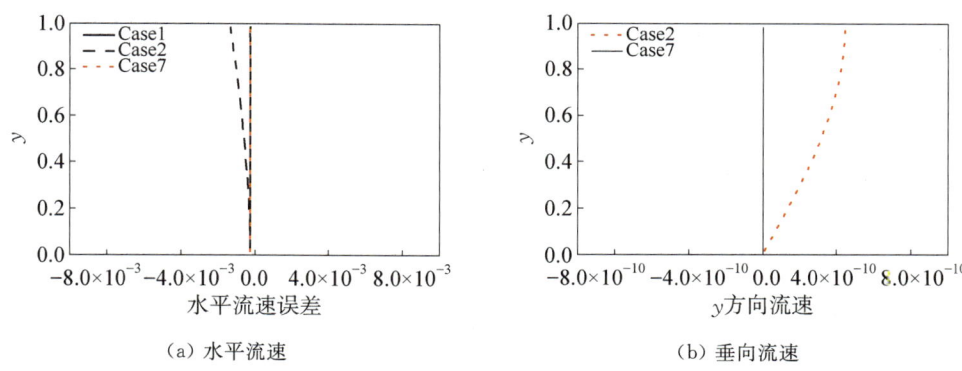

图3-5　格子常数为0.25时，使用作用力修正项模拟得到的流速误差沿垂向的分布

总体来说，数值试验表明，自由表面LB模型中的耦合误差会显著提高模型的数值误差。通过使用修正压强法对模型进行改进，可以消除作用力项和FSK格式耦合所产生的误差，模拟得到的垂向流速误差接近计算机舍入误差的量级。使用作用力项修正法对模型进行改进后，能够消除作用力项和速度边界格式的耦合误差。

3.3.2　行进波

使用行进波算例来测试改进模型在模拟波浪传播时消除耦合误差的能力。行进波的波高为4.0cm，周期为1.0s，静水位为0.2m。表3-7给出了行进波算例的模拟参数。图3-6所示为模拟终止时刻水槽内的波面结果。从图中可以看出，采用压强修正法改进后

表3-7　行进波算例模拟参数

参数	长度	高度	空间步长	时间步长	松弛时间	Ma	格点数量
数值	18.28 m	0.24 m	4.0×10^{-3} m	6.6×10^{-5} s	0.500012	0.02	0.3 M

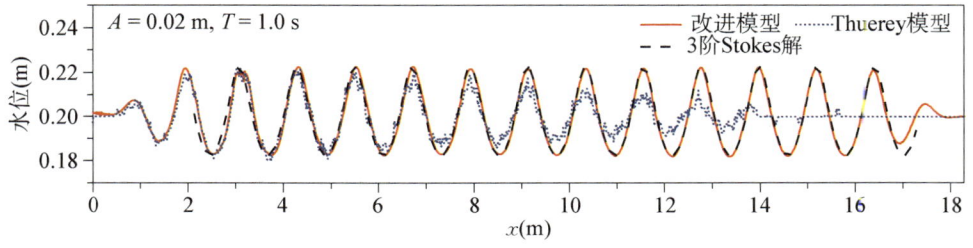

图3-6　模拟终止时刻Thuerey模型和改进模型模拟得到的波面

的模型模拟得到的波面和解析解十分吻合,波浪传播了10个波长的距离后波高衰减非常小。相比之下,使用Thuerey模型模拟得到的波面在经过10个波长的距离后,波高衰减了99%。

LBM-NWT2D模型在模拟波浪运动时,存在两个会导致波能耗散的过程。首先,由于自由表面的非物理流动影响,波能会从谐波转移到杂波;其次,由于杂波波幅很小,模拟所用的网格不足,Thuerey模型无法精确捕捉杂波,导致能量迅速消散。

图3-7分别展示了使用Thuerey模型和改进模型在两个测点模拟得到的水位波幅谱。从图中可以看出,使用Thuerey模型模拟得到的谐波波幅有明显的衰减,而杂波波幅明显超过应有的量级。主谐波波幅从 $x^*=1$ 位置到 $x^*=5$ 位置($x^*=x/L$)减小了36.4%,然而在0~6 Hz范围内杂波依然存在且波幅不小,尤其是在0~2 Hz频率的杂波,波幅约为1.2 mm,与第二谐波波幅(1.6 mm)量级相同。这充分说明了波浪在传播过程中存在能量转移,部分能量由谐波转移到了杂波。由于模型所使用的网格是按照谐波波幅来划分的,垂向上单个网格比谐波波幅还大,这部分杂波在传播过程中会迅速消失。正是由于以上两个过程,导致了波浪在传播过程中出现波能衰减,如图3-6中的波面情况。

如图3-7所示,与Thuerey模型不同,改进模型模拟得到的波幅谱中未见明显的杂波。

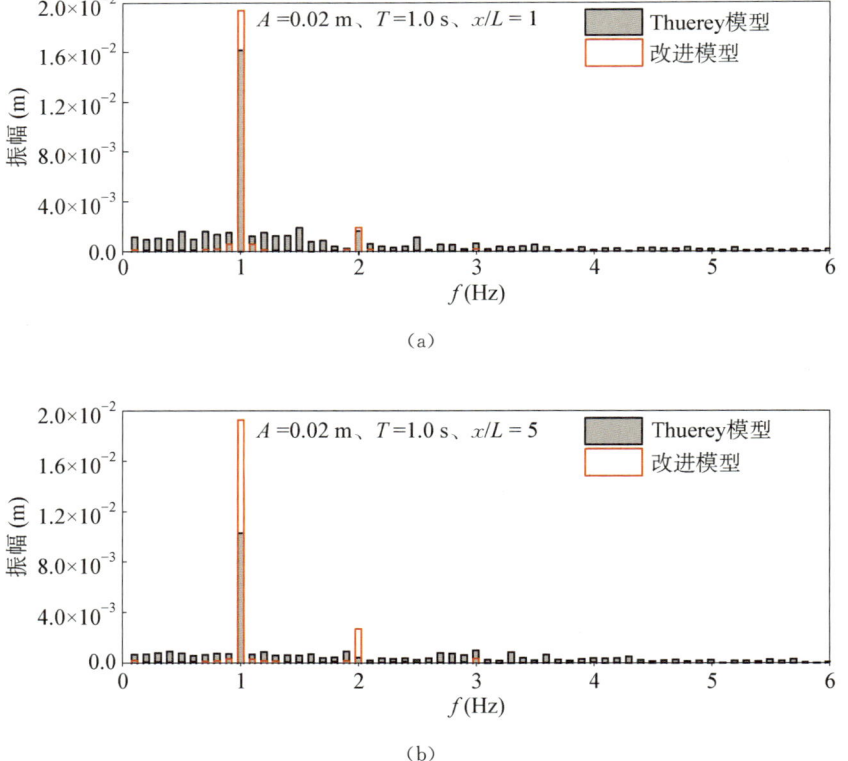

图3-7 使用Thuerey模型和改进模型模拟得到的20~30 s时间段内测点的波幅谱

当波浪从 $x^*=1$ 传播到 $x^*=5$ 时,波幅仅减小了 0.67%,远小于 Thuerey 模型中的 34%。由此可见,在模拟过程中,仅有很小一部分波能从谐波转移到了杂波。这也意味着在改进模型中,自由表面附近几乎不存在非物理流动,并且相比于 Thuerey 模型,改进模型的数值耗散更小,模拟得到的波面更加光滑。

3.3.3 规则波在潜堤上的变形

波浪在潜堤上的非线性变形是海岸工程中的经典问题。然而,由于受到非物理流动和波能衰减的影响,Thuerey 模型模拟得到的波面并不光滑。为降低波能的衰减,通常需要使用较大的网格,但这导致模拟结果与实验测量数据存在一定偏差。本节将使用改进模型来模拟规则波在潜堤上的变形,以考察改进后的模型是否能够解决上述问题,提高数值波浪水槽的精度。

这里分别选取了 $H/4$、$H/8$、$H/16$ 和 $H/32$ 作为格子常数,以观察不同网格大小下波能衰减和波浪非线性变形的情况。表 3-8 给出了 Thuerey 模型和改进模型模拟得到的 10 个水位测点平均波高 H_m 与实验测量数据之间的相对误差 $[(H_m^{sim}-H_m^{exp})/H_m^{exp}]$,其中平均波高采用最后四个时刻的波高平均值。改进模型使用的最小网格模拟得到的平均波高的平均误差为 -8.26%,这比 Thuerey 模型使用的最大网格模拟得到的平均误差还要小。这表明,改进模型使用的最小网格能够获得比 Thuerey 模型使用的最大网格还要好的模拟结果,此时,改进模型使用的网格是 Thuerey 模型使用的网格的 $1/500$。网格敏感性分析表明,使用改进模型在垂直方向上将一个波高范围划分为 16 个网格就足以获得非常好的模拟结果。此时,即使进一步加密网格,所得到的平均波高的平均误差仍保持在 1% 左右。图 3-8 展示了 $H^{LB}=32$ 时,分别使用 Thuerey 模型和改进模型模拟得到的 10 个测点的水位历时变化与实验测量数据的对比。从图中可以看出,改进模型模拟得到的水位历时过程与实验测量数据吻合得非常好。

表 3-8 数值模拟得到的 10 个测点的平均波高的相对误差

模型	$H^{LB}=4$		$H^{LB}=8$		$H^{LB}=16$		$H^{LB}=32$	
	平均值(%)	最大值(%)	平均值(%)	最大值(%)	平均值(%)	最大值(%)	平均值(%)	最大值(%)
Thuerey 模型	-94.16	-100.00	-84.54	-100.00	-45.01	-89.69	-12.17	-22.16
改进模型	-8.26	-20.99	-3.69	-13.87	1.19	6.54	1.42	11.94

在表 3-9 中,可以看到改进模型在 10 个测点模拟得到的波高均有显著改善。例如,在潜堤前方 $4.0\,\mathrm{m}$ 处,Thuerey 模型和改进模型的相对误差分别为 -6.7% 和 -3.6%。在潜堤顶部的 $12.5\,\mathrm{m}$ 处,Thuerey 模型和改进模型的相对误差分别为 -9.7% 和 2.1%。在

表 3-9 $H^{LB}=32$ 时数值水槽模拟结果与实验测量数据对比，包括平均波高和相对误差

测点位置(m)	平均波高(cm)			相对误差(%)	
	实验测量数据	Thuerey 模型	改进模型	Thuerey 模型	改进模型
2.0	4.15	3.92	4.05	−5.54	−2.33
4.0	4.21	3.93	4.06	−6.65	−3.61
10.5	3.99	3.65	4.00	−8.52	0.20
12.5	4.55	4.11	4.64	−9.67	2.06
13.5	4.14	3.79	4.35	−8.45	5.12
14.5	4.40	3.94	4.51	−10.45	2.47
15.7	4.18	3.53	4.19	−15.55	0.30
17.3	4.09	3.27	4.11	−20.05	0.49
19.0	3.82	3.26	4.28	−14.66	11.94
21.0	3.88	3.02	3.79	−22.16	−2.42

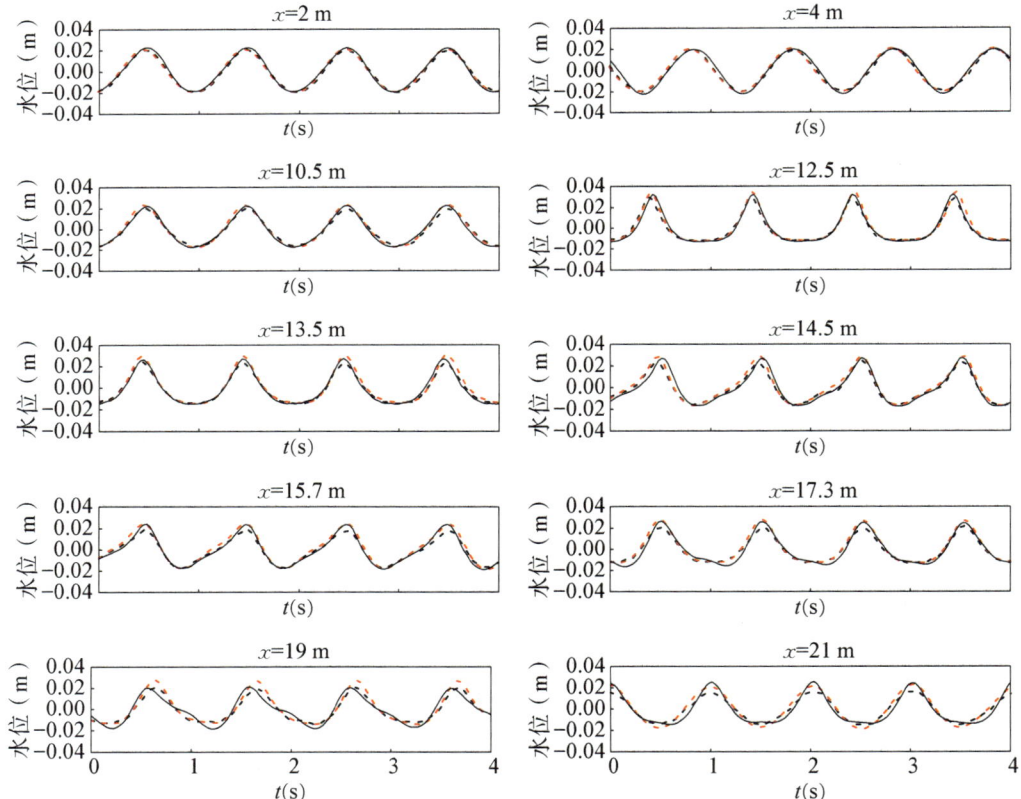

图 3-8 10 个测点水位历时曲线测量数据和 Thuerey 模型以及改进模型模拟结果

黑色实线代表实验测量数据，蓝色虚线代表 Thuerey 模型模拟结果，红色虚线代表改进模型模拟结果。

潜堤后的 19.0 m 处,Thuerey 模型和改进模型的相对误差分别为 -14.7% 和 11.94%。最后,所有测点的平均相对误差在 Thuerey 模型中为 -12.2%,而在改进模型中为 1.4%。这些结果表明,与 Thuerey 模型相比,改进模型可以更好地模拟波浪在潜堤上的非线性变形。

3.4 布拉格反射模拟研究

在现有的二维数值波浪水槽的基础上,通过在水槽底部设置一系列连续的潜堤,研究波浪的布拉格反射,并总结不同波况条件下反射系数的变化规律。

3.4.1 反射系数与透射系数

为了研究系列潜堤对波浪的消波作用,需要对堤前的波浪反射情况及堤后波浪的透射程度进行研究分析。前者可通过计算反射系数 R 来确定,其公式为

$$R = \frac{a_R}{a_I} \tag{3-79}$$

式中,a_R 为反射波波幅;a_I 为反射波波幅。而透射系数 T 计算方式与反射系数 R 类似,同样需要获得潜堤前后的入射波幅。由于入射波与反射波参数无法直接观测获取,因此需要采用一定方式对入射波及反射波进行分离。在此使用 Goda 提出的两点法分离自由波。

以不规则波为例,在水槽内沿波浪传播方向设置两个间距合理的波高测点记录波高值,如图 3-9 所示,通过傅里叶展开方法获得各频率组成波的入射波反射波波幅,并以此推算总体反射系数,这就是两点法基本思路。该方法基于三个假设:①将不规则波视为若干线性波的叠加;②入射波与反射波均沿着水槽方向传播,无横向波;③组成不规则波的各线性波以各自相速度传播。

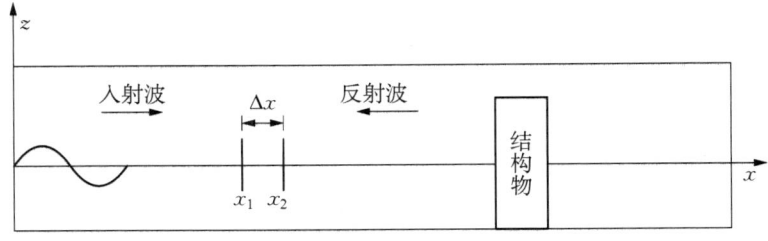

图 3-9 "两点法"示意图

由上述假设,水槽内任一点的波面均可视为入射波列 $\eta_I(x, t)$ 和 $\eta_R(x, t)$ 的叠加:

$$\eta(x, t) = \eta_I(x, t) + \eta_R(x, t) \tag{3-80}$$

$$\begin{cases} \eta_I(x, t) = \sum_{m=1}^{M} a_{I, m} \cos(k_m x - \omega_m t + \varepsilon_{I, m}) \\ \eta_R(x, t) = \sum_{m=1}^{M} a_{R, m} \cos(k_m x + \omega_m t + \varepsilon_{R, m}) \end{cases} \tag{3-81}$$

式中，$k_m = 2\pi/L_m$、$\omega_m = 2\pi/T_m$，代表圆频率为 $2m\pi\Delta f$ 的 m 倍频组成波的波数和角频率；L_m、T_m 为该组成波的波长和频率；$a_{I,m}$、$a_{R,m}$、$\varepsilon_{I,m}$、$\varepsilon_{R,m}$ 分别为入反射波列中该 m 倍频组成波的波幅和初始相位。

由两波高测点同时对波面测样可得

$$\begin{cases} \eta_1(t) = [\eta_I(t) + \eta_R(t)]_{x=x_1} \\ \eta_2(t) = [\eta_I(t) + \eta_R(t)]_{x=x_2} \end{cases} \quad (3-82)$$

对式(3-82)做傅里叶技术展开得到

$$\begin{cases} \eta_1(t) = \sum_{m=1}^{M} (A_{1,m} \cos\omega_m t + B_{1,m} \sin\omega_m t) \\ \eta_2(t) = \sum_{m=1}^{M} (A_{2,m} \cos\omega_m t + B_{2,m} \sin\omega_m t) \end{cases} \quad (3-83)$$

式中，$A_{1,m}$、$A_{2,m}$、$B_{1,m}$、$B_{2,m}$ 分别为 m 倍频组成波的傅里叶系数，根据实测资料求解，当两波高测点为等时距采样时，可由式(3-82)计算获得

$$\begin{cases} A_{1,m} = \dfrac{2}{N} \sum_{i=1}^{M} \eta_1\left(\dfrac{i}{N}T\right) \cos\left(\dfrac{2\pi i m}{N}\right) \\ B_{1,m} = \dfrac{2}{N} \sum_{i=1}^{M} \eta_1\left(\dfrac{i}{N}T\right) \sin\left(\dfrac{2\pi i m}{N}\right) \\ A_{1,m} = \dfrac{2}{N} \sum_{i=1}^{M} \eta_1\left(\dfrac{i}{N}T\right) \cos\left(\dfrac{2\pi i m}{N}\right) \\ A_{1,m} = \dfrac{2}{N} \sum_{i=1}^{M} \eta_1\left(\dfrac{i}{N}T\right) \cos\left(\dfrac{2\pi i m}{N}\right) \end{cases} \quad m = 1, 2, \cdots, M \quad (3-84)$$

式中，N、T 为波高采样的样本总数和总采样时间；$M = \dfrac{N}{2}$ 为组成波总数。式(3-84)可用快速傅里叶方法计算求解。

将以上几式联立可得 m 倍频组成波的入反射波波幅

$$\begin{cases} a_{I,m} = \dfrac{1}{2|\sin k_m \Delta x|} \left[(A_{2,m} - A_{1,m}\cos k_m\Delta x - B_{1,m}\sin k_m\Delta x)^2 \right. \\ \qquad\qquad \left. + (B_{2,m} + A_{1,m}\sin k_m\Delta x - B_{1,m}\cos k_m\Delta x)^2 \right]^{\frac{1}{2}} \\ a_{R,m} = \dfrac{1}{2|\sin k_m \Delta x|} \left[(A_{2,m} - A_{1,m}\cos k_m\Delta x + B_{1,m}\sin k_m\Delta x)^2 \right. \\ \qquad\qquad \left. + (B_{2,m} - A_{1,m}\sin k_m\Delta x - B_{1,m}\cos k_m\Delta x)^2 \right]^{\frac{1}{2}} \end{cases} \quad (3-85)$$

式中，Δx 为两波高测点间距。

则不规则波入反射波的合成波幅 a_I、a_R 及平均反射系数 R 可由上式得到的各组成波波幅计算求解：

$$\begin{cases} a_I = \sqrt{\sum_{m=1}^{M} a_{I,m}^2} \\ a_R = \sqrt{\sum_{m=1}^{M} a_{R,m}^2} \\ R = \dfrac{a_R}{a_I} = \sqrt{\sum_{m=1}^{M} a_{I,m}^2 \Big/ \sum_{m=1}^{M} a_{R,m}^2} \end{cases} \quad (3-86)$$

由式(3-87)可知，当 $\Delta x/L_m = n/2$，$n=0,1,2\cdots$ 时，即两测点间距为半波长的整数倍时，表达式分母为 0，$a_{I,m}$、$a_{R,m}$ 发散无法求解，因此可以得出结论：波高测点距离取值需在一定范围内。设不规则波波谱的有效频率范围为 $f_{\min} \sim f_{\max}$，Goda 等则通过实验确定了间距 $\Delta x/L$ 需在范围 0.05~0.45 内取值，即

$$\frac{\Delta x}{L_{\max}} = 0.05, \quad \frac{\Delta x}{L_{\min}} = 0.45 \quad (3-87)$$

式中，$L_{\max}$、$L_{\min}$ 分别为对应频率 $f_{\min}$，$f_{\max}$ 组成波的波长。

规则波的入反射波分离同样以①选择波高测点间距等时距记录波面，②根据波面时序列计算傅里叶系数 A_1、A_2、B_1、B_2，③代入求解 a_I、a_R，三个步骤计算，在此不进行赘述。

3.4.2 正弦地形上的布拉格反射

为探讨潜堤波长与入射波波长的比例对布拉格反射强度的影响，河海大学的郑金海等(2016)在实验水槽中布置了正弦形状的潜堤结构，以研究在这种地形条件下规则波的布拉格反射现象。

实验水槽如图 3-10 所示，水槽长 58 m，高 1.5 m，水槽左侧为造波边界，右侧则是阻尼消波区。在水槽中部靠后位置设置了 5 个正弦形潜堤结构，潜堤地形波长 0.9 m，波高 0.3 m，最左侧的潜堤距离造波边界 36.75 m。实验中，入射波高统一设为 0.08 m，为了研究不同波浪条件下布拉格反射的变化趋势，以水深及周期为自变量设置了多组实验。为避免波浪破碎，实验水深依次取 0.6 m、0.7 m 及 0.8 m，同时，考虑到入射波波长与正弦地形波长的关系，各水深条件下入射波周期依次取 1.0 s、1.1 s、1.15 s、1.2 s、1.3 s 及 1.4 s，故共计 18 组实验。实验水槽中沿程布置了 16 个波高测点来测量潜堤前后波高变化并用以计算反射系数、透射系数等相关数据，测点位置示意如图 3-10 所示。

图 3-11 显示水深为 0.6 m 时，不同波浪周期条件下在正弦地形上的反射系数，从图可以看出，当入射波的波周期在 1.15~1.2 s 时，触发了较为剧烈的布拉格反射，并引起强

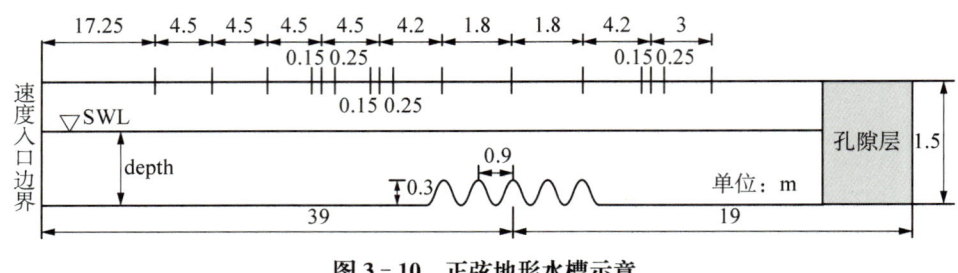

图 3-10 正弦地形水槽示意

烈的波能反射,当无量纲波数为 0.89 时(k_b 为正弦地形的波数,k 为入射波的波数),反射系数最大可达 0.55 左右。但也可发现强布拉格反射仅发生在峰值附近较窄的周期范围区域内,在范围外的反射较小。

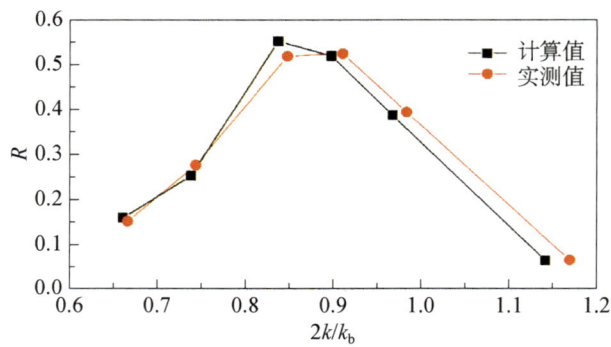

图 3-11 水深 0.6 m 条件下的反射系数

图 3-12 与图 3-13 为水深 0.7 m 与 0.8 m 条件下的反射系数,可以观察到,随着水深的增加,反射系数也呈现出下降趋势。这意味着当自由表面与正弦潜堤距离增加时,布拉格反射现象随之衰弱。水深 0.7 m 时反射系数的峰值仅为 0.35,而在水深为 0.8 m 时,反射系数的最大值仅为 0.20。

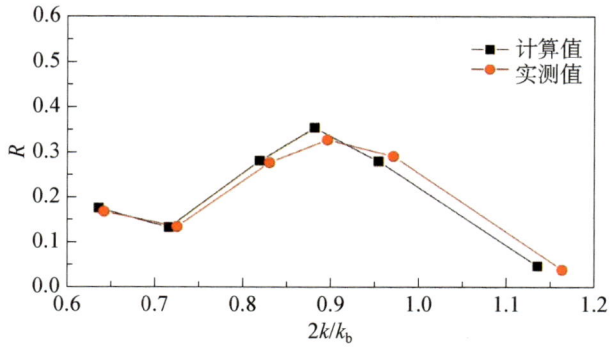

图 3-12 水深 0.7 m 条件下的反射系数

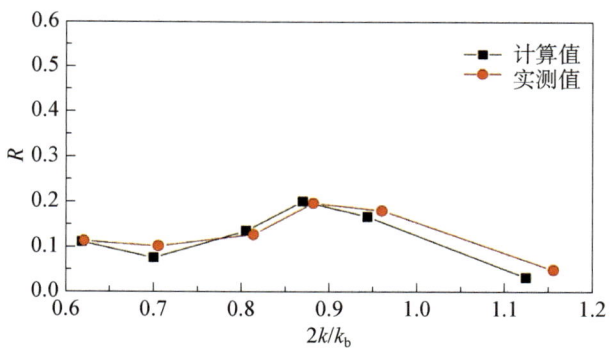

图 3-13 水深 0.8m 条件下的反射系数

同时,通过比较各反射系数的结果图可知,当无量纲波数位于 0.8~1.0,即对应波浪周期为 1.0~1.2s 时,波浪与正弦地形引起的布拉格反射现象最为剧烈。随着水深的减少,反射系数峰值对应的无量纲波数也随之向下偏移。这表明水深的变化不仅影响布拉格反射的强度,还会改变峰值的位置。

为进一步研究正弦地形对经过该区域波浪的削减作用,采用类似于计算反射系数的方法来求解堤后的透射系数。图 3-14~图 3-16 所示为各水深条件下的透射系数

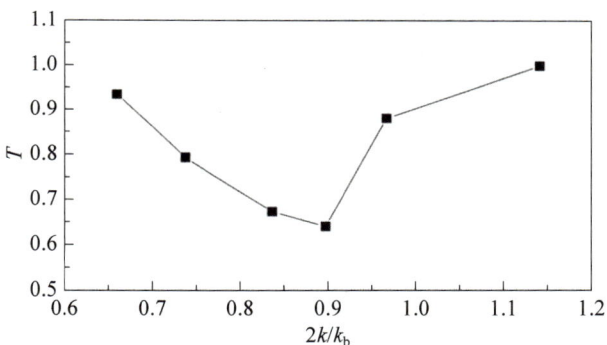

图 3-14 水深 0.6m 条件下的透射系数

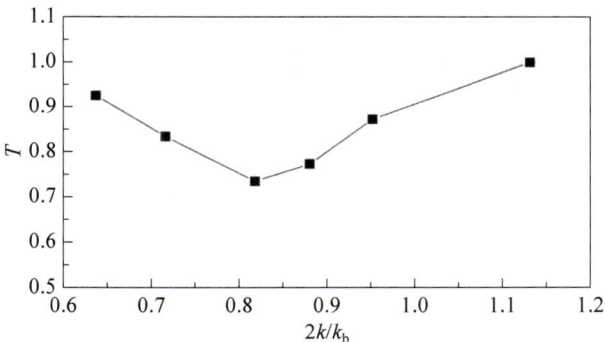

图 3-15 水深 0.7m 条件下的透射系数

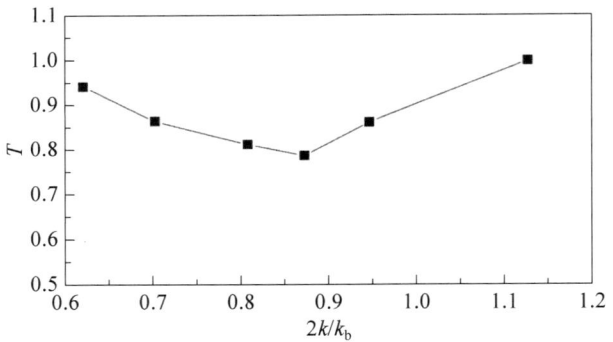

图 3-16 水深 0.8m 条件下的透射系数

比较。

通过图 3-14~图 3-16 透射系数对比图可以发现,在不同水深条件下,透射系数随着无量纲波数的变化趋势与反射系数类似。当反射系数较大时,其对应无量纲波数的透射系数则相应有所减小,这与实际物理规律相符。此外,当水深减小时,透射系数也随之减小。因此,若要使系列潜堤对外海波浪起到较好的消浪效果,系列潜堤的堤高与水深的关系 D/h 至少应为 0.5。

3.4.3 矩形系列潜堤上的布拉格反射

前一小节中数值模拟使用的连续潜堤地形为正弦地形。然而,根据张宪国等(2007)的实验结果,正弦、三角形和矩形这三种结构形式中,矩形结构的布拉格反射最为明显。目前的研究多基于正弦地形条件下的布拉格反射情况。因此,为进一步研究不同潜堤宽度和潜堤数量对布拉格反射强度的影响,本小节基于台湾成功大学柯拓宇的物理模型试验,研究了矩形潜堤地形条件下的布拉格反射。

实验所采用的数值水槽长度为 29m,水槽高度为 0.25m。水槽左侧为造波边界,右侧为阻尼消波区。水槽中部设置了一系列等间距的矩形潜堤结构,第一个潜堤距离造波边界 17m,其余潜堤依次向后排列,潜堤间距均为 0.48m,潜堤高度统一设为 0.1m,不同试验组中潜堤的数量和宽度有所不同,具体配置见表 3-10。在潜堤前后分别设置多个波高测点,以计算波浪在潜堤前的反射情况及堤后波浪的透射情况。根据前一小节的讨论结果,当潜堤高度与水深的比例关系为 0.5 时,布拉格反射强度较大,因此本实验中水深恒定为 2 倍潜堤高度,即 $h=0.2$m。为避免波浪在潜堤上发生破碎,入射波高统一设定为 0.02m,考虑到潜堤间距与入射波波长关系对布拉格反射的影响,入射波周期依次设定为 0.8s、0.9s、1.0s、1.1s、1.2s、1.3s、1.5s 和 1.7s。试验水槽模型示意如图 3-17 所示。

表3-10 模型试验地形配置条件表

潜堤形式	个数 N(m)	间距 S(m)	水深 h(m)	堤高 D(m)	堤宽 B(m)	D/h	B/S
矩形	8	0.48	0.2	0.1	0.12	0.5	0.25
					0.24		0.5
					0.36		0.75
	6				0.12		0.25
					0.24		0.5
					0.36		0.75
	4				0.12		0.25
					0.24		0.5
					0.36		0.75

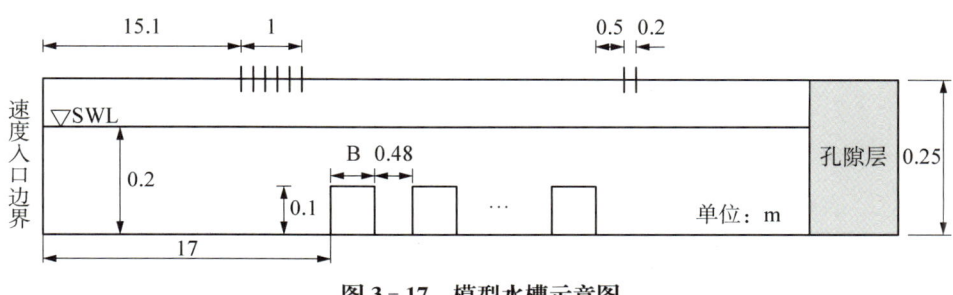

图 3-17 模型水槽示意图

3.4.3.1 潜堤数量的影响

Guazzelli 等(1992)在正弦底床条件下进行试验,得出正弦地形数量越多,波浪布拉格反射的峰值越大的结论。本节在规则波条件下,研究潜堤数量对波浪反射系数与透射系数的影响。图 3-18～图 3-20 分别在潜堤宽度 $B=0.12$ m,$B=0.24$ m 与 $B=0.36$ m 的条件下,不同潜堤个数 $N=4$、6、8 时潜堤前反射系数的变化情况。图中,S 为潜堤间距,

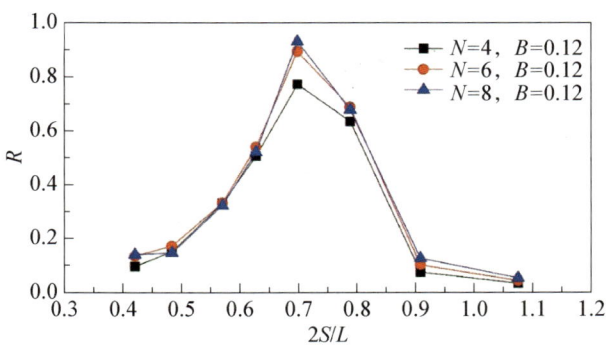

图 3-18 $B=0.12$ m 时不同潜堤数量的反射系数

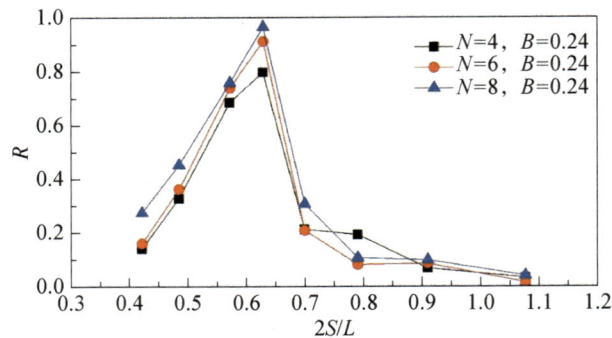

图 3‑19　$B=0.24\,\text{m}$ 时不同潜堤数量的反射系数

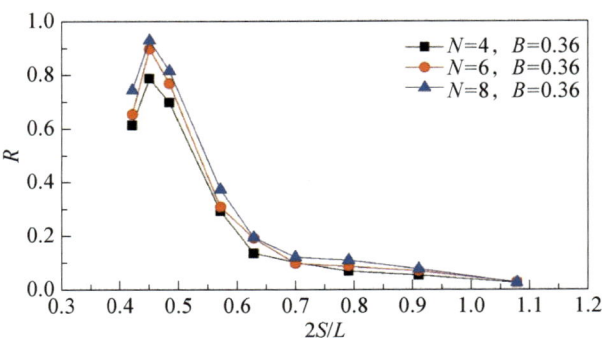

图 3‑20　$B=0.36\,\text{m}$ 时不同潜堤数量的反射系数

L 为入射波波长。可以发现,在相同堤宽条件下,随着入射波周期的改变,设置不同潜堤个数时反射系数的变化趋势大致相同。此外,与 Guazzelli 等(1992)得出的结论相类似,在出现峰值的区域附近,随着潜堤个数的增加反射系数呈现出增大的趋势,而在其余区域随着潜堤个数增加,反射系数的变化并不明显。

图 3‑21～图 3‑23 为在潜堤宽度 $B=0.12\,\text{m}$、$B=0.24\,\text{m}$ 与 $B=0.36\,\text{m}$ 条件下,潜堤后波浪透射的变化情况。由图中可以看出,透射系数与 $2S/L$ 的变化关系与反射系数的

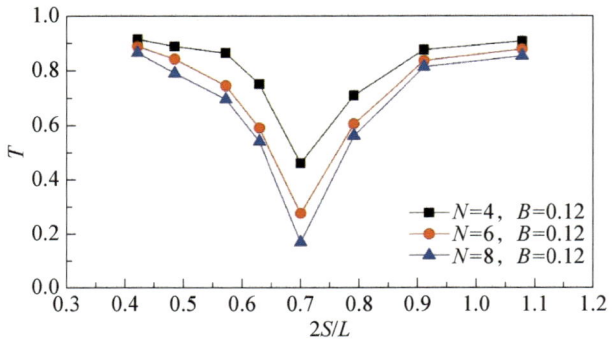

图 3‑21　$B=0.12\,\text{m}$ 时不同潜堤数量的透射系数

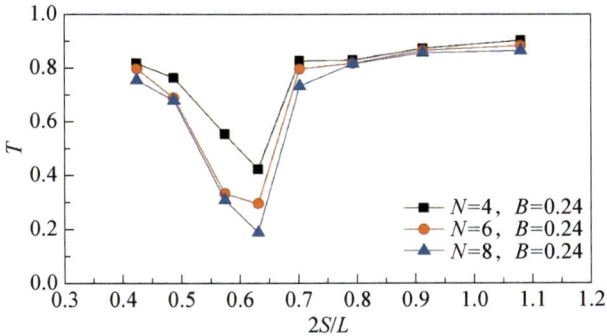

图 3-22　$B=0.24\,\text{m}$ 时不同潜堤数量的透射系数

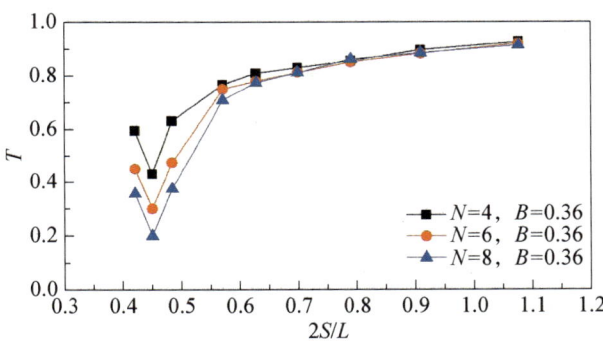

图 3-23　$B=0.36\,\text{m}$ 时不同潜堤数量的透射系数

增减趋势类似,即当反射系数增大时,透射系数会相应减小。随着潜堤数量的变化,透射系数的增减幅度较反射系数更为显著。在透射系数达到最小值的范围附近,当潜堤个数为 $N=4$ 时,其透射系数远大于潜堤个数为 $N=6$、$N=8$ 时的透射系数。这表明,潜堤数量对波浪透射的影响较为显著,通过增加潜堤数量可以有效减少透过潜堤的波浪能量。

3.4.3.2　潜堤宽度的影响

前人的研究表明,改变潜堤的宽度会影响反射峰值的位置。随着堤宽的增加,峰值的位置会向较小的 $2S/L$ 偏移。图 3-24～图 3-26 分别为潜堤数量 $N=4$、6、8 时,在三种不同潜堤宽度条件下反射系数的变化情况。可以发现当潜堤宽度 $B=0.12\,\text{m}$ 时,反射系数峰值出现在 0.7 附近;当潜堤宽度 $B=0.24\,\text{m}$ 时,反射系数峰值出现在 $2S/L=0.63$ 附近;当潜堤宽度 $B=0.36\,\text{m}$ 时,反射系数峰值出现在 $2S/L=0.45$ 附近。这与前人研究结果相似,表明潜堤堤宽的增加会改变反射系数峰值的位置,即通过改变堤宽,布拉格反射较为强烈的入射波范围发生偏移。同时,从图中可以看出,当反射系数不大时,潜堤宽度的改变对反射系数的影响较小。

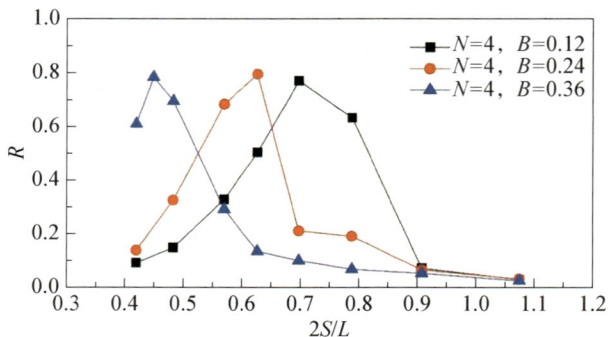

图 3-24　$N=4$ 时不同潜堤数量的反射系数

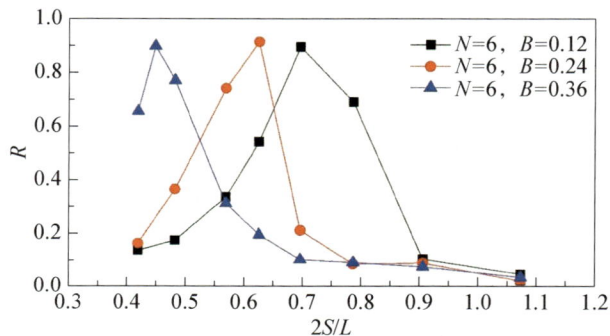

图 3-25　$N=6$ 时不同潜堤数量的反射系数

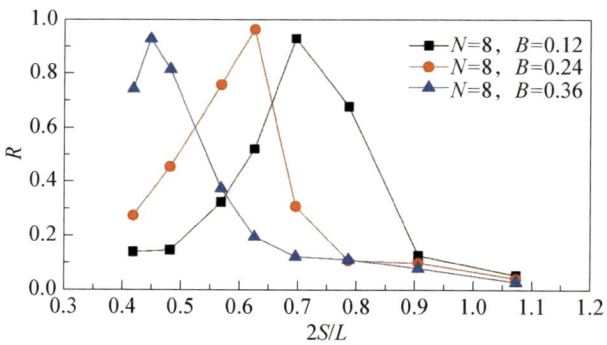

图 3-26　$N=8$ 时不同潜堤数量的反射系数

不同堤宽条件对入射波浪透射系数的改变趋势与其对反射系数的改变趋势相似。图 3-27～图 3-29 即为透射系数的变化情形。从图中可得,当潜堤宽度 $B=0.12\,\mathrm{m}$ 时,透射系数最小值出现在 0.7 附近;当潜堤宽度 $B=0.24\,\mathrm{m}$ 时,波浪透射系数最小值出现在 0.63 附近;当潜堤宽度 $B=0.36\,\mathrm{m}$ 时,波浪透射系数最小值出现在 0.45 附近。在透射系数大于 0.8 的区域里，堤宽的变化对透射系数的改变较小。此外，在不同潜堤数量条件下，不同潜堤宽度得到的透射系数最小值较为接近，这表明不同堤宽条件引起的透射系数变化主要体现在透射系数最小值所在位置的改变。

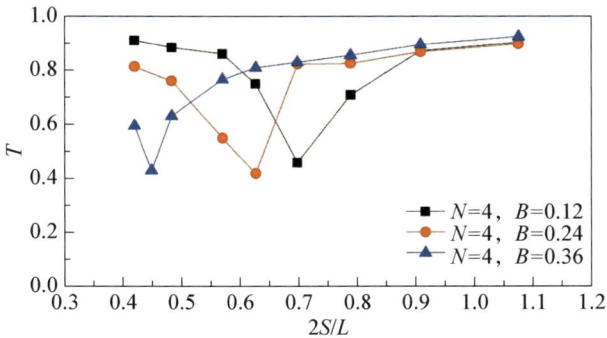

图 3-27　$N=4$ 时不同潜堤数量的透射系数

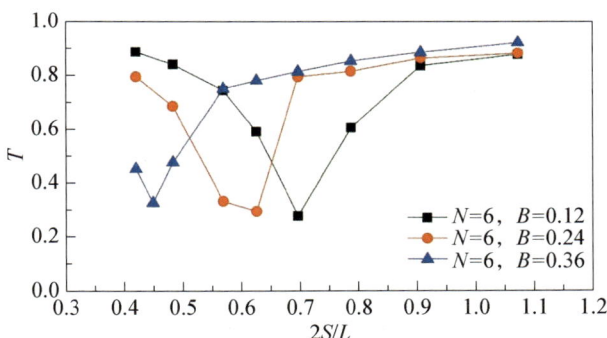

图 3-28　$N=6$ 时不同潜堤数量的透射系数

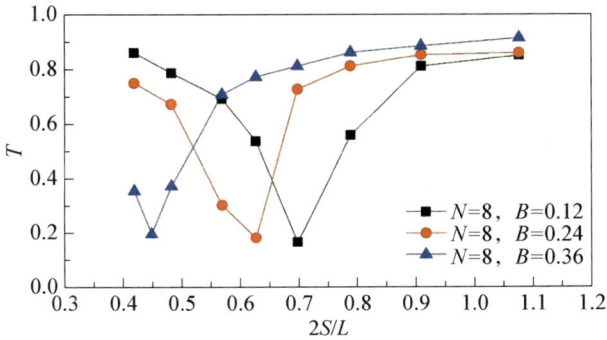

图 3-29　$N=8$ 时不同潜堤数量的透射系数

参考文献

[1] Bogner S, Ammer R, Rüde U. Boundary conditions for free interfaces with the lattice Boltzmann method[J]. Journal of Computational Physics, 2015, 297:1-12.

[2] Buick J M, Greated C A. Gravity in a lattice Boltzmann model[J]. Physical Review E, 2000, 61(5):5307-5320.

[3] Choi J, Yoon S B. Numerical simulations using momentum source wave-maker applied to RANS equation model[J]. Coastal Engineering, 2009, 56(10):1043-1060.

[4] Connington K, Lee T. A review of spurious currents in the lattice Boltzmann method for multiphase flows[J]. Journal of Mechanical Science and Technology, 2012, 26(12):3857-3863.

[5] Frisch U, d'Humieres D, Hasslacher B, et al. Lattice gas hydrodynamics in two and three dimensions[J]. Complex Systems, 1986, 1(4):649-707.

[6] Ginzburg I, d'Humières D. Multireflection boundary conditions for lattice Boltzmann models[J]. Physical Review E, 2003, 68(3):066614.

[7] Ginzburg I, Verhaeghe F, d'Humieres D. Study of simple hydrodynamics solutions with the Two-Relaxation-Times lattice Boltzmann scheme[J]. Communications in Computational Physics, 2008a, 3(3):519-581.

[8] Ginzburg I, Verhaeghe F, d'Humieres D. Two-relaxation-time Lattice Boltzmann scheme: about parametrization, velocity, pressure and mixed boundary conditions[J]. Communications in Computational Physics, 2008b, 3:427-478.

[9] Guo Z, Shi B, Wang N. Lattice BGK Model for Incompressible Navier-Stokes Equation[J]. Journal of Computational Physics, 2000, 165(1):288-306.

[10] Guo Z, Zheng C, Shi B. Discrete lattice effects on the forcing term in the lattice Boltzmann method[J]. Physical Review E, 2002, 65(4):046308.

[11] Guazzelli E, Rey V, Belzons M. Higher-order Bragg reflection of gravity surface waves by periodic beds[J]. Journal of Fluid Mechanics, 1992, 245(245):301-317.

[12] He X, Luo L S. Lattice Boltzmann model for the incompressible Navier-Stokes equation[J]. Journal of Statistical Physics, 1997, 88(3-4):927-944.

[13] Higuera P, Lara J L, Losada I J. Realistic wave generation and active wave absorption for Navier-Stokes models: Application to OpenFOAM® [J]. Coastal Engineering, 2013a, 71:102-118.

[14] Higuera P, Lara J L, Losada I J. Simulating coastal engineering processes with OpenFOAM® [J]. Coastal Engineering, 2013b, 71:119-134.

[15] Higuera P, Losada I J, Lara J L. Three-dimensional numerical wave generation with moving boundaries[J]. Coastal Engineering, 2015, 101:35-47.

[16] Janssen C F, Grilli S T, Krafczyk M. On enhanced non-linear free surface flow simulations with a hybrid LBM-VOF model[J]. Computers & Mathematics with Applications, 2013, 65(2):211-229.

[17] Krüger T, Kusumaatmaja H, Kuzmin A, et al. The Lattice Boltzmann Method-Princeiples and Practice[M]. Switzerland: Springer Nature, 2017.

[18] Lin P, Liu P L F. Internal wave-maker for Navier-Stokes equations models[J]. Journal of waterway, port, coastal, and ocean engineering, 1999, 125(4):207-215.

[19] Liu X, Lin P, Shao S. ISPH wave simulation by using an internal wave maker[J]. Coastal Engineering, 2015, 95:160-170.

[20] Mohamad A A, Kuzmin A. A critical evaluation of force term in lattice Boltzmann method, natural convection problem[J]. International Journal of Heat and Mass Transfer, 2010, 53:990-996.

[21] Ochoa-Tapia J A, Whitaker S. Momentum transfer at the boundary between a porous medium and a homogeneous fluid—I. Theoretical development[J]. International Journal of Heat and Mass Transfer, 1995, 38(14): 2635-2646.

[22] Ren B, Li X L, Wang Y X. An irregular wave maker of active absorption with VOF Method[J]. China Ocean Enginnering, 2008, 22(4): 623-634.

[23] Rusche H. Computational fluid dynamics of dispersed two-phase flows at high phase fractions[D]. Department of Mechanical Engineering, London, the U.K.: Imperial College London (University of London), 2003: 343.

[24] Shan X, Chen H. Lattice Boltzmann model for simulating flows with multiple phases and components[J]. Physical Review E, 1993, 47(3): 1815-1819.

[25] Thorimbert Y, Latt J, Cappietti L, et al. Virtual wave flume and Oscillating Water Column modeled by lattice Boltzmann method and comparison with experimental data[J]. International Journal of Marine Energy, 2016, 14: 41-51.

[26] Thuerey N, Pohl T, Rude U, et al. Optimization and stabilization of LBM free surface flow simulations using adaptive parameterization[J]. Computers & Fluids, 2006, 35(8-9): 934-939.

[27] Ueberrueck M, Janssen C F. On the applicability of lattice Boltzmann single-phase models for the simulation of wave impact in LNG tanks[J]. International Journal of Offshore and Polar Engineering, 2017, 27(4): 390-396.

[28] Wang K, Yu Y, Yang L, et al. Lattice Boltzmann Based Internal Wave-Maker[C]. 27th International Ocean and Polar Engineering Conference, 2017.

[29] Wei G, Kirby J. Time-Dependent Numerical Code for Extended Boussinesq Equations[J]. Journal of Waterway, Port, Coastal, and Ocean Engineering, 1995, 121(5): 251-261.

[30] Wei G, Kirby J T, Sinha A. Generation of waves in Boussinesq models using a source function method[J]. Coastal Engineering, 1999, 36(1): 271-299.

[31] Yong W-A, Zhao W, Luo L-S. Theory of the Lattice Boltzmann method: Derivation of macroscopic equations via the Maxwell iteration[J]. Physical Review E, 2016, 93(3): 033310.

[32] Zhao W, Yong W. Single-node second-order boundary schemes for the lattice Boltzmann method[J]. Journal of Computational Physics, 2017, 329: 1-15.

[33] Zhao Z, Huang P, Li Y, et al. A lattice Boltzmann method for viscous free surface waves in two dimensions[J]. International Journal for Numerical Methods in Fluids, 2013, 71(2): 223-248.

[34] 邹国良. 基于非静压方程的近岸波浪变形数值模拟研究[D]. 天津: 天津大学, 2013: 157.

[35] 张宪国, 许泰文, 李逸信. 波浪通过人工沙洲之实验研究[C]. 第十九届海洋工程研讨会论文集, 2007: 242-249.

[36] 郑金海, 余豪丰, 陶爱峰, 等. 波浪布拉格共振研究进展[J]. 水利水电科技进展, 2016, 36(3): 83-87.

第 4 章

三维 LBM 数值波浪水槽/水池

第 3 章介绍了二维数值波浪水槽的构建,本章开展三维数值波浪水槽/水池的研究,主要分为造波和消波方法、高稳定性的三维 MRT-LBM 数值水槽模型、三维结构网格剖分及模型验证及应用。

4.1 造波和消波方法

4.1.1 速度入口造波法

使用动量源方法在模拟非线性波浪时,需要使用较长的计算域,以便波浪在传播过程中能够变形成目标波形。这会增大计算域,从而浪费计算资源。动边界造波法则需要实现动网格技术,而动网格的处理会大幅增加计算量。相比之下,速度入口造波法(Higuera 等,2013)只需要计算边界位置的水质点运动速度及水位,计算量较小,且能够根据各种波浪理论模拟不同波形。因此,在建立三维数值波浪水槽时,选取速度入口造波法作为造波方法。

首先,根据波浪理论计算边界处的水位 η_T 及水质点运动速度 $\boldsymbol{u}_T$。然后,根据理论水位 η_T 来判断入口边界处各格点的体积分数:

$$\varepsilon = \begin{cases} 0, & y_c - \dfrac{\delta_x}{2} > \eta_T + h \\ r\left(\dfrac{\eta_T - y_c}{\delta_x} + \dfrac{1}{2}\right), & y_c + \dfrac{\delta_x}{2} > \eta_T + h \\ r, & y_c + \dfrac{\delta_x}{2} \leqslant \eta_T + h \end{cases} \quad (4-1)$$

式中,y_c 为格点垂向坐标;r 为缓启动系数,其表达式为

$$r = \max\left[0, \min\left(\dfrac{t}{T_{\text{ramp}}}, 1\right)\right] \quad (4-2)$$

其中,T_{ramp} 为缓启动时间。

根据理论水位和格点垂向坐标,边界格点速度为

$$\boldsymbol{u}_c = (\varepsilon \times r)\boldsymbol{u}_T(y_u, t) \quad (4-3)$$

式中,y_u 为计算流速时的垂向坐标,由格点与理论水位的垂向关系决定。当格点位于理论水位以下时,使用格点坐标 y 代入计算流速;当格点位于理论水位以上,使用静水位 h 代入计算流速。为了避免速度入口处出现大量空泡,边界处的体积分数在波浪向计算域外流动时取内部相邻格点的值,即零梯度边界条件。

速度入口造波完全依赖于波浪理论。准确的波浪理论能够为速度入口造波方法提供高精度的水位和流速表达式,确保数值模拟结果的准确性。接下来简要介绍几种常用的波浪理论。

4.1.1.1 斯托克斯波

斯托克斯波是一种弱非线性波,通常出现在有限水深区域,且波高远小于水深。目前常用的最高阶理论为五阶。在推导过程中,高阶解是基于低阶解求得的,因此根据五阶斯托克斯波的表达式可以得出一到四阶的相应表达式。

五阶斯托克斯波的速度势函数表达式为

$$\Phi = \frac{L}{kT} \begin{bmatrix} (A_{11}\lambda + A_{13}\lambda^3 + A_{15}\lambda^5)\cosh(ks)\sin\theta \\ + (A_{22}\lambda^2 + A_{24}\lambda^4)\cosh(2ks)\sin(2\theta) \\ + (A_{33}\lambda^3 + A_{35}\lambda^5)\cosh(3ks)\sin(3\theta) \\ + A_{44}\lambda^4 \cosh(4ks)\sin(4\theta) \\ + A_{55}\lambda^5 \cosh(5ks)\sin(5\theta) \end{bmatrix} \tag{4-4}$$

式中,$\lambda = ak$,其中 a 为波幅,$k = 2\pi/L$,为波数;L 为波长;T 为周期;$s = y$;$\theta = kx - \omega t$,$\omega = 2\pi/T$,为圆频率;A 的各项系数表达式分别为

$$A_{11} = \frac{1}{sh} \tag{4-5}$$

$$A_{13} = -\frac{ch^2(5ch^2 + 1)}{8sh^5} \tag{4-6}$$

$$A_{15} = -\frac{(1\,184ch^{10} - 1\,440ch^8 - 1\,992ch^6 + 2\,641ch^4 - 249ch^2 + 18)}{1\,536sh^{11}} \tag{4-7}$$

$$A_{22} = \frac{3}{8sh^4} \tag{4-8}$$

$$A_{24} = \frac{192ch^8 - 424ch^6 - 312ch^4 + 480ch^2 - 17}{768sh^{10}} \tag{4-9}$$

$$A_{33} = \frac{13 - 4ch^2}{64sh^7} \tag{4-10}$$

$$A_{35} = \frac{512ch^{12} + 4\,224ch^{10} - 6\,800ch^8 - 12\,808ch^6 + 16\,704ch^4 - 3\,154ch^2 + 107}{4\,096sh^{13}(6ch^2 - 1)} \tag{4-11}$$

$$A_{44} = \frac{80ch^6 - 816ch^4 + 1\,338ch^2 - 197}{1\,536sh^{10}(6ch^2 - 1)} \tag{4-12}$$

$$A_{55}=-\frac{\begin{matrix}2\,880ch^{10}-72\,480ch^{8}+324\,000ch^{6}\\-432\,000ch^{4}+163\,470ch^{2}-16\,245\end{matrix}}{61\,440sh^{10}(6ch^{2}-1)(8ch^{4}-11ch^{2}+3)} \quad (4-13)$$

式中，$sh=\sinh(kh)$；$ch=\cosh(kh)$。

五阶斯托克斯波的水位表达式为

$$\eta=\frac{\begin{bmatrix}\lambda\cos\theta+(B_{22}\lambda^{2}+B_{24}\lambda^{4})\cos(2\theta)+(B_{33}\lambda^{3}+B_{35}\lambda^{5})\cos(3\theta)\\+B_{44}\lambda^{4}\cos(4\theta)+B_{55}\lambda^{5}\cos(5\theta)\end{bmatrix}}{k} \quad (4-14)$$

式中，B 的各项系数表达式为

$$B_{22}=\frac{ch(2ch^{2}+1)}{4sh^{3}} \quad (4-15)$$

$$B_{24}=\frac{(272ch^{8}-504ch^{6}-192ch^{4}+322ch^{2}+21)ch}{384sh^{9}} \quad (4-16)$$

$$B_{33}=\frac{3(8ch^{6}+1)}{64sh^{6}} \quad (4-17)$$

$$B_{35}=\frac{\begin{matrix}88\,128ch^{14}-208\,224ch^{12}+70\,848ch^{10}+54\,000ch^{8}\\-21\,816ch^{6}+6\,264ch^{4}-54ch^{2}-81\end{matrix}}{12\,288sh^{12}(6ch^{2}-1)} \quad (4-18)$$

$$B_{44}=\frac{(768ch^{10}-448ch^{8}-48ch^{6}+48ch^{4}+106ch^{2}-21)ch}{384sh^{9}(6ch^{2}-1)} \quad (4-19)$$

$$B_{55}=\frac{\begin{matrix}192\,000ch^{16}-262\,720ch^{14}+83\,680ch^{12}+20\,160ch^{10}\\-7\,280ch^{8}+7\,160ch^{6}-1\,800ch^{4}-1\,050ch^{2}+225\end{matrix}}{12\,288sh^{10}(6ch^{2}-1)(8ch^{4}-11ch^{2}+3)} \quad (4-20)$$

波幅 a 和波长 L 可以由弥散方程组进行迭代求解，弥散方程组表达式为

$$\begin{cases}gk\tanh(kh)\left\{\begin{matrix}1+\lambda^{2}\dfrac{8(ch^{4}-ch^{2})+9}{8sh^{4}}\\+\lambda^{4}\dfrac{640ch^{10}-576ch^{8}-528ch^{6}-256ch^{4}+948ch^{2}-147}{512sh^{10}}\end{matrix}\right\}=\omega^{2}\\\dfrac{\lambda+B_{33}\lambda^{3}+B_{35}\lambda^{5}+B_{55}\lambda^{5}}{k}=\dfrac{H}{2}\end{cases}$$

$$(4-21)$$

式中，H 为波高。

基于势流理论的流体动压表达式为

$$p_d = -\rho \left(\frac{\partial \boldsymbol{\Phi}}{\partial t} + \frac{1}{2} \boldsymbol{u} \cdot \boldsymbol{u} \right) \quad (4-22)$$

式中，ρ 为流体密度。

4.1.1.2 椭圆余弦波

椭圆余弦波是一种弱非线性波，通常出现在浅水区域，其波长远大于水深，并且波谷较为平坦。基于 KdV 方程，椭圆余弦波的水位表达式为

$$\eta = \frac{H}{m}\left(1 - m - \frac{E(m)}{K(m)}\right) + H cn^2 \left(\frac{ct-x}{\Delta} \bigg| m\right) \quad (4-23)$$

式中，$m = k^2$，k 为雅可比椭圆函数的模，$k' = \sqrt{1-k^2}$ 为雅可比椭圆函数的补模；H 为椭圆余弦波的波高；$K(m)$ 和 $E(m)$ 分别为模数为 k 的第一类和第二类完全椭圆积分；cn 为雅可比椭圆函数，c 为波速，$\Delta = h\sqrt{4mh/3H}$ 为宽度系数。椭圆余弦波的波速为

$$c = \sqrt{gh\left\{1 + \frac{H}{mh}\left[2 - m - 3\frac{E(m)}{K(m)}\right]\right\}} \quad (4-24)$$

波长 L 的表达式为

$$L = h\sqrt{\frac{16mh}{3H}} K(m) \quad (4-25)$$

当已知波高、周期和水深时，模数 m 可以由波速和波长、周期的关系计算得到

$$T = \frac{L}{c} = h\sqrt{\frac{16}{3gH}} \frac{\sqrt{m} K(m)}{\sqrt{1 + \frac{H}{mh}\left[2 - m - 3\frac{E(m)}{K(m)}\right]}} \quad (4-26)$$

将周期、波高和水深代入式(4-26)，迭代求解出 m 即可。

椭圆余弦波的水质点运动速度表达式（邱大洪，1982）为

$$\begin{aligned}\frac{u(y,t)}{\sqrt{gh}} =& -\frac{5}{4} + \frac{3y_t}{2h} - \frac{y_t^2}{4h^2} + \frac{3H}{2h}\left(1 - \frac{1}{3}\frac{y_t}{h}\right)cn^2 - \frac{H^2}{4h^2}cn^4 \\ & -\frac{1}{2m}\left(\frac{H}{h}\right)^2 \left(1 - \frac{3}{2}\frac{y_t^2}{h^2}\right)(-msn^2cn^2 + cn^2dn^2 - sn^2dn^2)\end{aligned} \quad (4-27)$$

$$\frac{v(y,t)}{\sqrt{gh}} = \frac{\sqrt{3}}{2}\frac{y}{h}\left(\frac{H}{h}\right)^{3/2} \left[\begin{array}{l} 3 - \frac{y_t}{h} - \frac{H}{h}cn^2 \\ + \frac{2}{m}\frac{H}{h}\left(1 - \frac{y^2}{2h^2}\right)(msn^2 - mcn^2 - dn^2)\end{array}\right] sn \cdot cn \cdot dn$$

$$(4-28)$$

其中，$cn=cn\left(\dfrac{ct-x}{\Delta}\bigg|m\right)$，$sn=sn\left(\dfrac{ct-x}{\Delta}\bigg|m\right)$，$dn^2=1-m(1-cn^2)$，$sn^2+cn^2=1$，$y_t$ 为波谷处的高程，其表达式为

$$y_t = h - H\left[1 - \frac{1}{m}\left(1 - \frac{E(m)}{K(m)}\right)\right] \tag{4-29}$$

使用 Svendsen 等（2005）提出的简化后的水质点速度表达式：

$$u(y,t) = c\left[\frac{\eta}{h} - \frac{\eta^2 + \overline{\eta^2}}{h^2} + \frac{1}{2}\left(\frac{h}{3} - \frac{y^2}{h}\right)\frac{\partial^2 \eta}{\partial x^2}\right] \tag{4-30}$$

$$v(y,t) = -c\frac{y}{h}\frac{\partial \eta}{\partial x} \tag{4-31}$$

式中，$\overline{\eta^2}$ 为水位的平方在一个周期内的平均值，

$$\overline{\eta^2} = H^2\frac{2(2m-1)E + (m-1)(3m-2)K}{3Km^2} - (y_t - h)^2 \tag{4-32}$$

水位导数的表达式为

$$\frac{\partial \eta}{\partial x} = 2\frac{H}{\Delta}cn \cdot sn \cdot dn \tag{4-33}$$

$$\frac{\partial^2 \eta}{\partial x^2} = 2\frac{H}{\Delta^2}(-sn^2 \cdot dn^2 + cn^2 \cdot dn^2 - msn^2 \cdot cn^2) \tag{4-34}$$

4.1.1.3 孤立波

孤立波的波高和波速在平底水槽中的传播过程中不发生变化。因此，如果数值模型存在问题，将显著影响孤立波的传播过程。基于 KdV 方程的孤立波理论实际上是椭圆余弦波理论中模数 m 取 1.0 的特殊情况，孤立波的波面位于静水面上方，波长无限长，其水位表达式为

$$\eta = H\,\text{sech}^2\theta \tag{4-35}$$

其中，H 为波高，$\theta = (x + x_s - Ct)/\Delta$，$C = \sqrt{gh(1+H/h)}$ 为波速，x_s 为孤立波传播起点位置，h 为静水位，$\Delta = h\sqrt{4h/3H}$ 为 KdV 方程的宽度系数。由于孤立波波长无限长，然而数值模拟区域是有限的，因而需要截断孤立波的前锋面，Lin 等（1999）建议选取 $x_s = 4h/\sqrt{H/h}$ 作为截断位置，能够保证 99% 的波能输入。

孤立波的水质点速度表达式为

$$\frac{u(y,t)}{\sqrt{gh}} = \frac{\eta}{h} - \frac{\eta^2}{4h^2} - \frac{1}{2}\left(\frac{H}{h}\right)^2\left(1 - \frac{3}{2}\frac{y^2}{h^2}\right)(-2\text{sch}^2 + 3\text{sch}^4) \tag{4-36}$$

$$\frac{v(y,t)}{\sqrt{gh}} = -\frac{y}{h}\frac{2H}{\Delta}\left[1 - \frac{\eta}{2h} + \frac{H}{h}\left(1 - \frac{y^2}{2h^2}\right)(1 - 3\text{sch}^2)\right]\text{th} \cdot \text{sch}^2 \tag{4-37}$$

其中，$u(y,t)$为水质点水平速度；$v(y,t)$为水质点垂向速度；$\text{sch}=\text{sech}\theta$，$\text{th}=\tanh\theta$。

4.1.2 出流边界消波法

常用的消波方法有海绵层消波、出流边界消波及缓坡消波等。由于采用速度入口造波方式，选用海绵层消波会导致水位上升（Higuera 等，2013），并且会增加计算域长度增大计算量（Wei 和 Kirby，1995）。因此，采用出流边界消波法（Kleefsman，2005），边界处的水平平均流速由浅水波理论计算得到：

$$\bar{U}_c = \frac{c}{h+\eta_M}\eta_R \tag{4-38}$$

式中，$\bar{U}_c$为出流边界的x方向平均流速；c为波速，若波速未知可使用$c=\sqrt{g(h+\eta_M)}$计算，$\eta_R=\eta_M$为内侧水位与静水位之差。垂向流速采用零梯度边界条件，即由内部相邻格点垂向流速决定。出流边界处的体积分数也采用零梯度边界条件，即采用内部相邻格点的体积分数。

出流边界格点上的水平速度在使用平均流速$\bar{U}_c$时，对斯托克斯波等深水波的消波效果较差，这将在 4.4 节中展示。这是因为斯托克斯波浪理论中的水平流速在垂向上有差异，表面流速大，底部流速小。因此，本书采用具有垂向分布的出流流速：

$$U_c = \frac{kh}{\sinh(kh)}\cosh(ky)\bar{U}_c \tag{4-39}$$

出流边界消波方法还可用于速度入口边界，达到吸收反射波的效果，此时$\eta_R=\eta_T-\eta_M$。主动吸收速度入口造波边界上格点流速为

$$u_{cx} = \begin{cases} (\varepsilon \times r)u_{Tx}(y_u,t)+U_c, & y_c \leqslant \eta_M + \dfrac{\delta_x}{2} \\ (\varepsilon \times r)u_{Tx}(y_u,t), & y_c > \eta_M + \dfrac{\delta_x}{2} \end{cases} \tag{4-40}$$

4.2 高稳定性的三维 MRT-LBM 模型

4.2.1 速度边界格式及其稳定性

前人在研究三维自由表面 LBM 模型时，使用了两类数值格式作为速度边界条件：反弹格式（Janßen 等，2013；Janßen 等，2015）和非平衡态外推格式（Zhao 等，2013；赵庄明等，2013）。Guo 等（2002）通过数值试验认为非平衡态外推格式相比于曲面反弹格式（Bouzidi 等，2001；Mei 等，1999）具有更高的数值稳定性。然而，这个结论是基于泊肃叶流和库特流等恒定流动条件下得出的，而波浪运动是非恒定周期性运动。因此，本小节主要对比 BFL 反弹格式和非平衡态外推格式在不同松弛时间条件下模拟孤立波传播的数值

稳定性。表 4-1 给出了算例参数，其中算例 5 的松弛时间最小，马赫数 $Ma=C/C_{\text{vel}}$ 是根据孤立波的波速换算至 LB 单位得到。

表 4-1 边界条件稳定性讨论算例参数

算例	波高	水深	网格步长	时间步长	松弛时间	马赫数	模拟时间
1				1.20×10^{-2} s	0.500 01	0.639	
2				0.60×10^{-2} s	0.500 005	0.319	
3	0.24 m	0.80 m	0.06 m	0.24×10^{-2} s	0.500 002	0.128	8.0 s
4				1.20×10^{-3} s	0.500 001	0.064	
5				0.60×10^{-3} s	0.500 000 5	0.032	

图 4-1 给出了在 8.0 s 时沿波浪传播方向的波面结果使用两种数值格式进行模拟。对比算例 1～5 的水位结果可以发现，随着松弛时间的减小，模拟结果趋于收敛。算例 3 的模拟结果与算例 4 非常接近，而算例 4 和算例 5 的模拟结果几乎重叠。这是因为自由表面追踪模型的数值精度与流体运动速度的量级相关。当网格步长固定时，减小松弛时间会降低，模拟得到的流体运动速度（即马赫数），从而降低模型的数值误差并逐渐收敛（Janßen 等，2013）。然而，随着松弛时间的减小，模型的稳定性也会逐渐降低。对比算例 5 中两种格式的模拟结果可以发现，NEM 格式模拟得到的水位结果更加平滑，特别是在水平位置 30～40 区间。这说明 NEM 格式的数值稳定性优于 BFL 格式。因此，为了保证数值模拟的稳定性，需要采用 NEM 格式作为速度边界条件，并确保马赫数小于 0.128，且松弛时间不低于 0.500 001。最后，转换得到网格步长必须小于 $0.384/u_{\text{max}}$ 的结论。

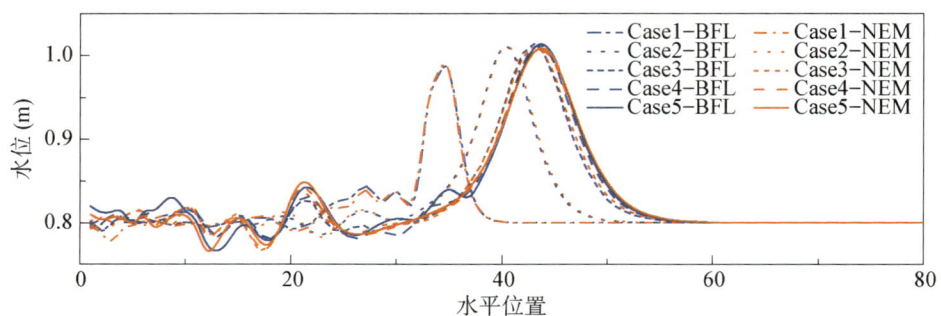

图 4-1 两种数值格式波面模拟结果

4.2.2 网格敏感性分析

在确定了 LBM-NWT3D 模型参数的最合适取值范围及边界数值格式后，进一步分析了网格步长对模拟结果的影响。为了比较不同网格步长对波高衰减的影响，数值水槽的长度设为 45 m，宽度设为 2.65 m，模拟时间取为 12.0 s，以确保孤立波能够从水槽入口传播到水槽末端。表4-2给出了网格敏感性分析算例的参数,其中所有算例马赫数保持在0.128。

表4-2 网格敏感性分析算例参数

算例	波高	水深	网格步长	时间步长	松弛时间	马赫数	模拟时间
1	0.24 m	0.80 m	0.06 m	2.4×10^{-3} s	0.500002	0.128	12.0 s
2			0.03 m	1.2×10^{-3} s	0.500004		
3			0.02 m	0.8×10^{-3} s	0.500006		
4			0.015 m	0.6×10^{-3} s	0.500008		

图4-2分别给出了算例1~4在时刻4.0 s、8.0 s和12.0 s内沿波浪传播方向的波面模拟结果。从图中可以看出,当网格步长为$H/4$时,模拟结果与解析解偏差较大,并且由于波高衰减产生了相位差。当网格步长为$H/8$和$H/12$时,模拟结果几乎一致,并且与解析解吻合较好。当网格步长为$H/16$时,模拟结果与解析解吻合最好。由于孤立波的波速与波高成正比,随着网格步长的减小,波高衰减降低,模拟结果与解析解的相位差也逐渐缩小,这一点在图中得到了验证。表4-3展示了四组算例沿程的波高衰减情况,其中算例3与4的平均衰减率一致,而算例2的平均衰减率比算例3和4高12.2%。这表明随着网格步长的减小,模拟结果趋于一致,网格步长取到$H/12$时,已经能够获得很好的模拟结果。当然,若计算资源有限,网格步长取$H/8$时,模拟得到的结果误差也能控制在10%左右。

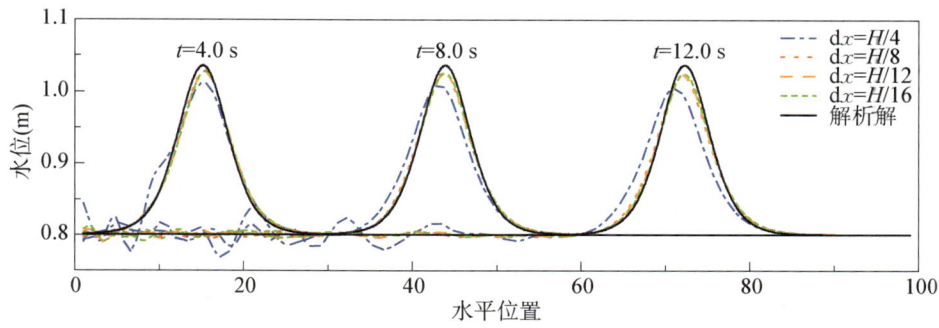

图4-2 三个时刻不同网格步长波面模拟结果

表4-3 波高沿程衰减结果

时段	波高衰减率 dH/dt ($\times 10^{-4}$ m/s)			
	算例1	算例2	算例3	算例4
2.0~3.0 s	−207.0	−57.0	−63.1	−68.8
3.0~4.0 s	48.2	−3.9	1.3	2.7
4.0~5.0 s	13.6	−16.9	−14.5	−13.7
5.0~6.0 s	−22.3	−17.2	−4.8	2.3

(续表)

时段	波高衰减率 dH/dt ($\times 10^{-4}$ m/s)			
	算例 1	算例 2	算例 3	算例 4
6.0~7.0 s	−8.9	3.3	4.7	5.6
7.0~8.0 s	−8.1	2.3	1.8	2.1
8.0~9.0 s	−16.5	−1.4	−0.2	−0.8
9.0~10.0 s	−4.9	−1.8	−3.1	−4.2
10.0~11.0 s	−13.5	−4.9	−6.6	−7.7
11.0~12.0 s	−7.1	−4.8	−5.6	−7.3
平均值	−22.7	−10.2	−9.0	−9.0

4.2.3 参数优化

4.2.3.1 多松弛模型格式的确定

常用的三维 MRT-LB 模型包括 D3Q15、D3Q19 和 D3Q27。其中，D3Q15 模型的适用范围较小(He 等，2004)，在大雷诺数或复杂流动中使用时误差较大(Safi，2016；Suga 等，2015)；D3Q19 模型则被广泛应用于模拟各种复杂流动，但最近有学者指出(Suga 等，2015)，D3Q19 模型在模拟圆管内的紊流时会产生非物理流动，而使用 D3Q27 模型可以有效解决这一问题。然而，D3Q27 模型的计算量是 D3Q19 模型的 1.33 倍(Peng 等，2018)，这会降低模型的计算效率。这些模型都是基于 He 和 Luo 提出的不可压 LB 模型推导得到，而 Guo 等认为完全不可压模型的误差要小于该模型。基于 Guo 等提出的完全不可压模型，Du 和 Shi(2010)提出了 D3Q19-IMRT 模型，Zhang 等(2015)提出了 D3Q18-IMRT 模型。

下面通过将上述五个 MRT-LB 不可压模型用于模拟孤立波的传播过程来优选最合适的格式。选取数值计算最稳定，模拟结果与解析解最接近的模型作为最优模型。数值水槽尺寸和波浪参数与 4.2.2 小节相同。表 4-4 给出了五个 MRT 模型的松弛参数，其中除了 EMRT 模型之外，其他模型的 s_v 和 s_p 均取 $1/\tau$，$\tau = 0.500004$。

表 4-4 不可压 MRT-LB 模型松弛参数

模型	松弛参数
D3Q19-MRT(D'Humières 等，2002；Janssen 和 Krafczyk，2010)	$s_\alpha = 1$
D3Q19-EMRT(Peng 等，2018)	$s_e = 1.0, s_p = s_v = s_q = 1.8, s_\varepsilon = s_{\pi xx} = s_m = 1.5$
D3Q19-IMRT(Du 和 Shi，2010)	$s_e = 1.19, s_\varepsilon = s_{\pi xx} = 1.0, s_q = 1.2, s_m = 0.98$
D3Q18-IMRT(Zhang 等，2015)	$s_e = 1.19, s_{\pi xx} = 1.0, s_q = 1.2, s_m = 0.98$

(续表)

模型	松弛参数
D3Q27 - MRT(Suga 等,2015)	$s_e = 1.5, s_\varepsilon = 1.4, s_q = 1.5, s_{q\varepsilon} = 1.83, s_{e3} = 1.61,$ $s_{\pi xx} = s_\pi = 1.98, s_m = 1.74$

图 4-3 和图 4-4 给出了 $t=3.0\,\text{s}$ 时刻四个模型模拟得到的水槽左端的 x-y 中心截面和 x-z 截面流场分布图。由于 D3Q19-IMRT 模型在模拟进行到 0.1 s 时刻开始发散,因此没有给出流场分布结果。从 x-y 截面图中可以看到,D3Q18-IMRT 模拟的流场在 3.0 s 时刻已经出现振荡,而其他三个模型的模拟流场结构相似且无明显振荡。从 x-z 截面图中可以看到,D3Q18-IMRT 和 D3Q19-EMRT 模拟的流场均存在振荡,而其他两个模型则更为稳定。流场的横向振荡导致了 D3Q19-EMRT 模型在模拟进行到 4.0 s 时刻后发散,未能获得最终的波面结果。

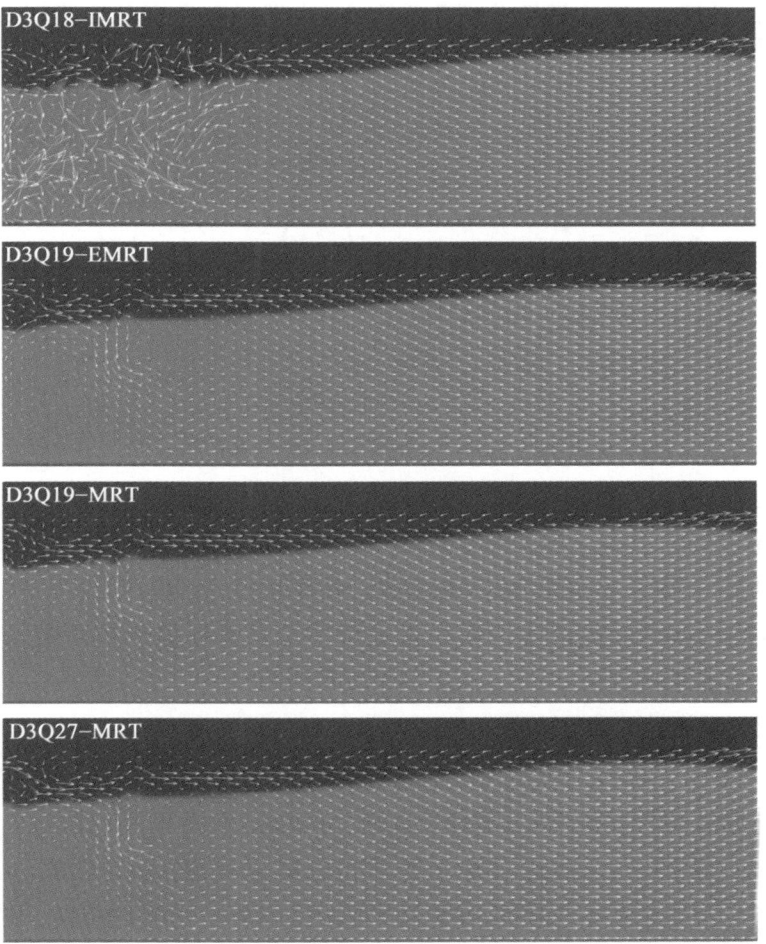

图 4-3　3.0 s 时刻 x-y 截面流场分布

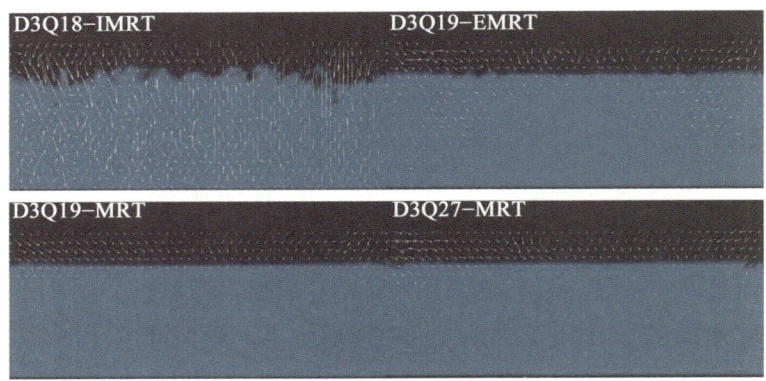

图 4-4　3.0 s 时刻 x-z 截面流场分布($x=0.32$ m)

图 4-5 给出了 $t=8.0$ s 时刻,D3Q19 和 D3Q27 模型模拟得到的波面轮廓。相比于解析解,模拟得到的波高略小,这与网格敏感性分析的结论一致。比较两个模型的模拟结果可以发现,二者的模拟波面几乎重叠,这说明两个模型均能较好地模拟波浪运动。

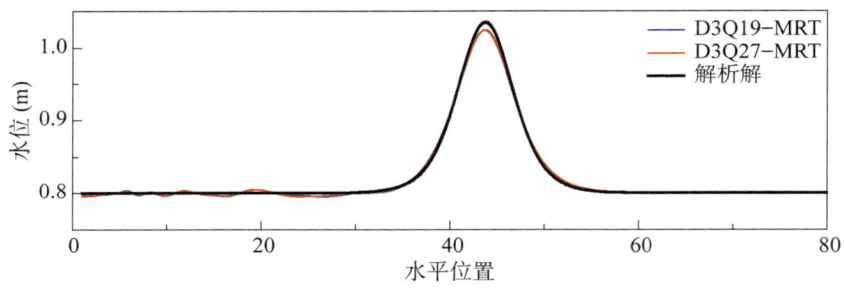

图 4-5　8.0 s 时刻模拟波面与解析解

总的来说,完全不可压 MRT 模型不能用于模拟三维波浪运动,这可能是由于其数值稳定性较差所致。相反,不可压 MRT 模型更适用于模拟三维波浪运动。然而,EMRT 模型的稳定性稍差,这可能是因为该模型被设计用于直接数值模拟紊流运动(Peng 等,2018),需要非常精细的网格,因此不太适用于较粗的网格。

4.2.3.2　最优松弛参数选取

MRT 模型的松弛参数对模拟的稳定性和精确程度有很大影响。Safi(2016)在论文中比较了 s_e、s_ε 和 s_q 对单相流 LB 模型模拟气泡上浮的影响,发现当 s_e 取 0.3,s_ε 取 1.0,s_q 取 0.7 时模拟过程最稳定。因此,本节主要讨论 s_e 和 s_q 对模拟稳定性的影响。数值水槽尺寸和波浪参数与 4.2.2 小节相同,碰撞模型采用 D3Q19-MRT 模型。表 4-5 给出了 MRT 模型的松弛参数,其他松弛参数取 1.0,除了 s_v 和 s_p 取 $1/\tau$,$\tau=0.500004$。

表 4-5 MRT 模型松弛参数

组 次	s_e	s_q
1	1.0	1.0
2	0.7	1.0
3	0.3	1.0
4	1.0	0.7
5	1.0	0.3

图 4-6 给出了所有组次模拟得到的水槽中间区域($0.66/\mathrm{d}x \leqslant z \leqslant 1.99/\mathrm{d}x$)最大动能 $K_{\max} = \max(|\boldsymbol{u}|^2/2)$ 随时间的变化过程,其中图 4-6a 时间段为 0~3s,图 4-6b 时间段为 3~6s。从图中可以看到,随着 s_e 的减小,前期最大动能的波动幅度略有减小,而稳定传播过程中的最大动能逐渐缩小;而随着 s_q 的减小,前期最大动能的波动幅度无明显变化,而稳定传播过程中的最大动能逐渐增大。由孤立波的解析解计算得到的格子单位最大动能为 3.7×10^{-4}。这说明减小 s_e 能够提高数值稳定性和精度。图 4-7 所示为水槽侧壁面附近的最大动能 $K_{\max} = \max(|\boldsymbol{u}|^2/2)$ 随时间的变化过程,其中图 4-7a 时间段为 0~3s,图 4-7b 时间段为 3~6s。受水槽侧壁面边界条件影响,侧壁面附近的最大动能明显高于中间区域,且随着 s_e 的减小,前期最大动能的波动幅度显著减小,稳定传播过程中的最大动能逐渐缩小;而随着 s_q 的减小,前期最大动能的波动幅度显著增加,稳定传播过程中的最大动能逐渐增大。这说明,减小 s_q 会显著降低壁面附近的数值稳定性和精度。图 4-8 给出了所有组次模拟得到的 6.0s 时刻的波面结果。从图中可以看出,虽然不同松弛参数模拟得到的最大动能有显著差异,但模拟得到的波面结果并没有显著差异。

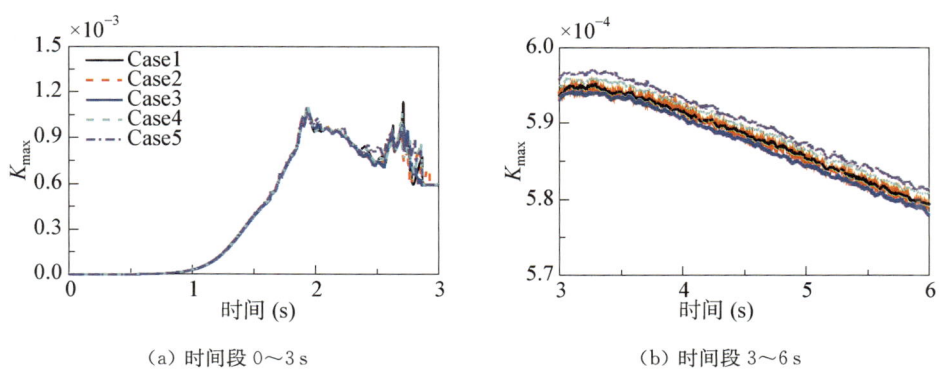

(a) 时间段 0~3 s　　　　(b) 时间段 3~6 s

图 4-6　水槽中间区域最大动能历时过程

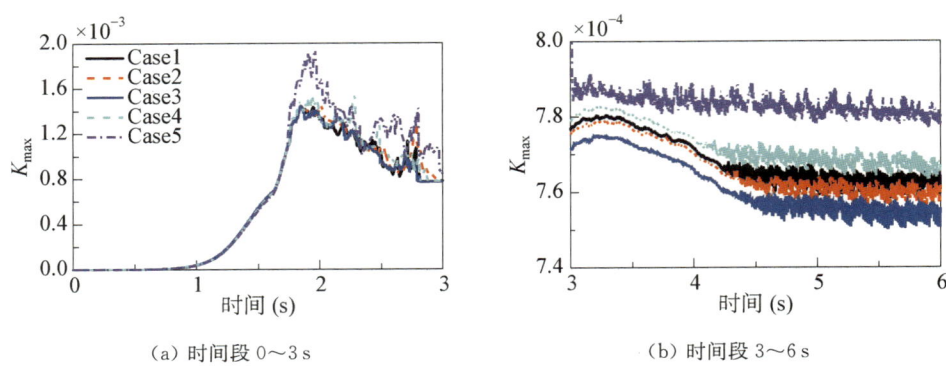

(a) 时间段 0～3 s (b) 时间段 3～6 s

图 4-7　水槽侧壁面附近区域最大动能历时过程

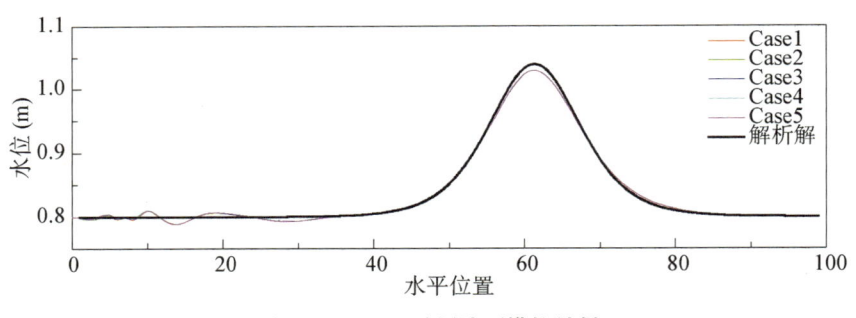

图 4-8　6.0 s 时刻波面模拟结果

总的来说，根据以上模拟结果，可以认为 D3Q19-MRT 模型的最优松弛参数为

$$s_e = 0.3, \ s_\alpha = 1.0, \ s_v = s_p = 1/\tau \tag{4-41}$$

参照 Janssen 等(2010)对 D3Q27-MRT 模型的平衡态矩进行调整。将此松弛参数推广到 D3Q27-MRT 模型，并对孤立波算例进行模拟。图 4-9 对比了 D3Q27 模型和 D3Q19 模型模拟得到的最大动能历时曲线。从图中可以看出，D3Q27 模型在水槽中部区

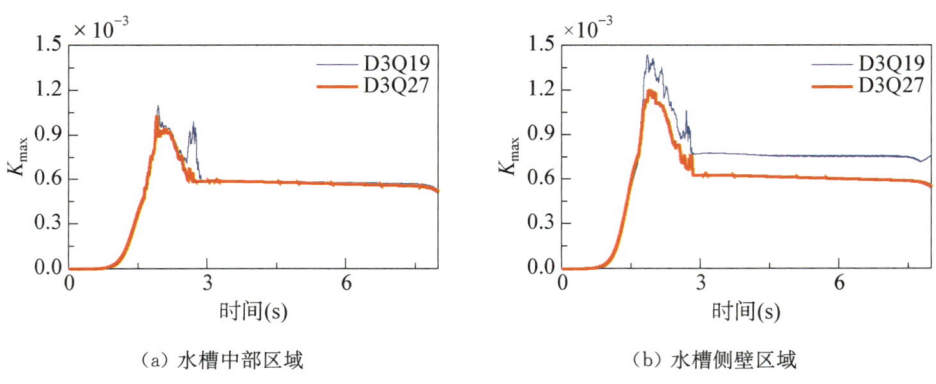

(a) 水槽中部区域 (b) 水槽侧壁区域

图 4-9　D3Q19 和 D3Q27 模型最大动能历时曲线

域的模拟更加稳定,最大动能波动较小;而在水槽侧壁区域 D3Q27 模型的模拟更加精确,并且在稳定传播过程中最大动能没有明显的波动。这表明 D3Q27 模型的数值稳定性和精度优于 D3Q19 模型。在使用 MRT 模型进行模拟时,可以先选用 D3Q19 模型;如果模拟结果出现振荡或误差较大,则可以改用 D3Q27 模型进行模拟。

4.3 三维精细结构物网格划分方法

为了在三维数值波浪水槽中实现波浪与任意结构物相互作用的数值模拟,包括与复杂结构物的相互作用,需要在现有的三维数值波浪水槽的基础上添加两个模块。首先,需要添加一个读取 STL 文件的模块。为了要模拟波浪与结构物的相互作用,必须先在 AutoCAD 等三维 CAD 绘图软件中绘制出结构物的三维虚拟图形,然后生成包含结构物空间信息的 STL 文件,作为数值模型的输入文件。因此,需编写用于读取 STL 文件的相关模块。然后是网格生成器的编写。目前,LB 模型使用的是均匀立方体网格,因此难点不在于生成网格,而在于判断网格点类型,即判断网格点是流体格点还是结构物内的格点。如果是不透水的结构物,则结构物内的格点将不参与计算;如果是可渗结构物,则在计算时需要额外考虑结构物内格点对多孔介质的影响。

4.3.1 结构物空间信息读取与存储

本书采用在 AutoCAD 中绘制结构物的三维图形,然后导出为 STL 文件。LB 数值波浪水槽模型通过读取 STL 文件的模块,处理并存储必要的结构物空间信息,以记录结构物的形状,用于网格刻画的需要。当然,也可以使用其他三维 CAD 绘图软件,如 SolidWorks、CADKey、Inventor、IronCAD、SolidEdge、Think3、Unigraphics 等,只要能够将绘制的结构物信息导出生成 STL 文件即可。

4.3.1.1 STL 文件格式介绍

STL 文件格式是由 3D Systems 公司提出的三维实体造型系统的接口协议,是一种用于计算机图形应用系统中表示三角形网格的文件格式。该格式规范简单,应用广泛。它采用三角形面片离散的方式近似表示三维模型,如图 4-10 所示,目前已被工业界认为是快速成型领域的标准描述文件格式。

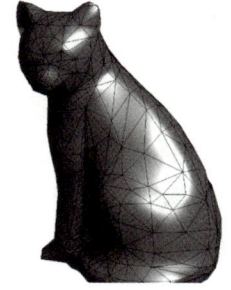
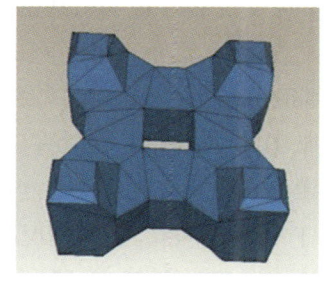

图 4-10　STL 文件近似表示三维模型

STL 文件使用三维笛卡尔坐标系,通过给出组成三角形法向量的三个分量(用于确定三角面片的正反方向)及三角形的三个顶点坐标来实现。一个完整的 STL 文件记录了组成实体模型的所有三角形面片的法向量数据和顶点坐标数据信息。目前的 STL 文件格式包括二进制（BINARY）文件和文本（ASCII）文件两种。

4.3.1.2 STL 文件读取与数据储存

如图 4-11 所示，首先通过 isAsciiSTL 函数判断读取的 STL 文件是哪种类型。如果是 ASCII 文件，则通过 readAsciiSTL 函数来读取；如果不是，则通过 readBinarySTL 函数读取，并将读入的三角形面片数据存储到成员为 Triangle 数据类型的容器中。同时，为了与 TLBE 中原有代码兼容，所有代码均使用 C++语言编写。

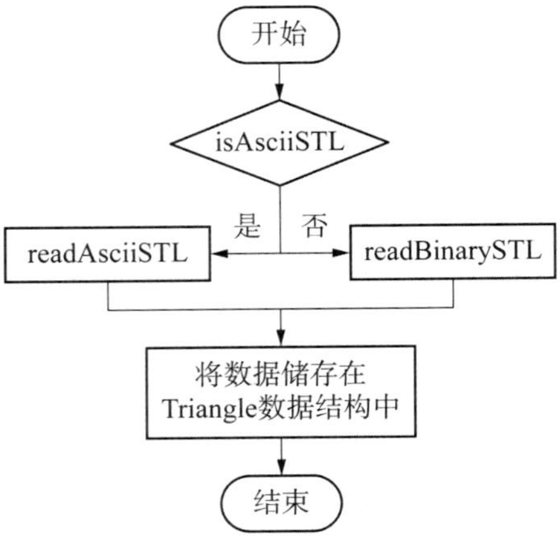

图 4-11 STL 文件的读取与信息存储

4.3.2 网格点类型的判断

本书使用的 LB 模型生成的是统一均匀的立方体网格。网格生成简单，易于实现，难点在于网格点类型的判断，即判断网格点是流体网格还是结构物内部的格点。三维结构物生成 STL 文件后，会被离散成一个由三角面片组成的封闭多面体，因此问题转化为判断一个点是否在多面体内部。可以使用射线法，即从待检测点发出一条射线，根据射线与多面体表面交点个数的奇偶性来进行判定。

由于射线法相对简单且易于实施，本书选择使用射线法来实现 LB 中的三维网格生成工作。尽管结构物形式较为复杂且数值波浪水槽中待检测的网格单元数量非常多，但在目前研究的问题中，结构物都是静止不动的，因此只需生成一次网格，后续不需要再次生成。因此，即便网格生成过程较慢，对整体计算速度的影响也不大。然而，若将来在模拟研究的波浪问题中，结构物需要运动，那么此方法可能会拖慢计算速度，不适用于实时更新网格。届时，需要考虑网格生成速度的问题，对算法进行优化，或者采用其他方法。

为了便于说明射线法的原理，以二维情况为例。如右图所示，黑色叉号为测试点，沿水平向发射一条射线，如图中虚线所示，射线与多边形的交点用红色圆圈表示。从图中可以看出，当射线与多边形的交点个数为奇数时，测试点位于多边形内部；当交点个数为偶数时，测试点位于多边形外部。三维情况与二维情况相类似。

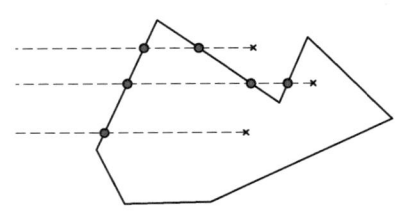

图 4-12 点是否在多边形内部检测

一般情况下，射线与多面体交点的个数等于射线与组成多面体的所有三角形面片交点的总数。然而，当射线与三角形面片的交点位于三角形的顶点或边上时，这种统计方法会产生问题。因为三角形的顶点和边通常被两个或多个三角形共享，因此交点的数量可能被重复计算，导致射线法失效。以图 4-13 为例，若从正方体内部一点发出的射线与正方体的交点恰好位于三角形面片的边上或顶点上时，统计的交点个数分别为 2 和 4，为偶数，可能错误地判断点位于多面体外部。

为了解决这些奇异点，Linhart(1990)提出了一种方法，适用于各种由平面组成的多面体，包括具有凹面、带孔及多个连通组件构成的多面体。该方法为每一个交点分配一个确定的正值或负值，最后根据所有交点值的代数和来进行判定。

4.3.2.1 Linhart 算法

为了便于理解，可以将射线想象成一个细圆柱。对

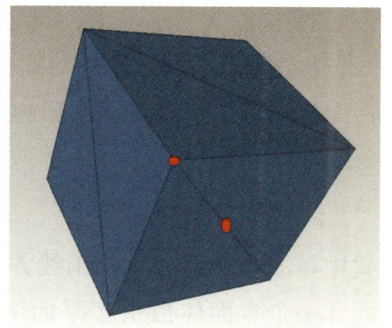

图 4-13 射线法的奇异点情况

于每个与射线相交的平面 F，指定一个数字 s，表示射线通过这个面进入多面体($s<0$)或离开多面体($s>0$)的程度。(s 代表进入或离开多面体的细圆柱体与面 F 相交部分在圆柱圆形底面上的投影面积占圆形底面面积的面积分数)。对这些数字(s 值)求和，如果 P 点在多面体 R 中，则求和的值应为 1；如果 P 点在多面体外，则求和的值应为 0。

s 的数学定义如下：$\boldsymbol{d}$ 为射线 H 的单位方向向量；F 为构成多面体 R 表面的一个面，并与射线 H 相交于 X 点；$\boldsymbol{n}$ 为面 F 的外法向量，则交点的位置共有以下三种情况。图 4-14～图 4-16 为对应的情况说明，其中红色圆形为射线圆柱的与多面体相交部分在圆柱圆形底面上的投影。

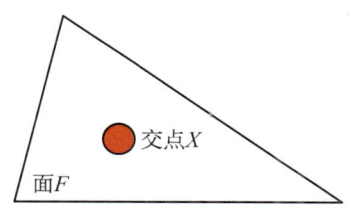

图 4-14 交点 X 位于面 F 内部

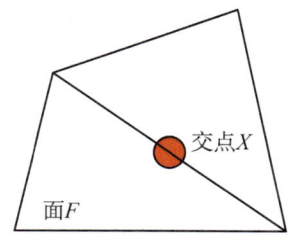

图 4-15 交点 X 位于面 F 一条边上

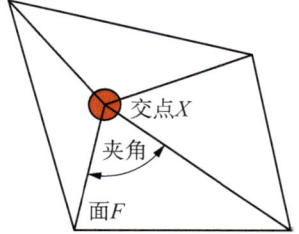

图 4-16 交点 X 与面 F 的一个顶点重合

1) 交点 X 位于面 F 的相对内部

在这种情况下，s 的值为 1 或 −1，表达式如下：

$$s_i = sign(\boldsymbol{d} \cdot \boldsymbol{n}) \tag{4-42}$$

2) 交点 X 位于面 F 的一条边上

在这种情况下，面 F 与圆柱射线的相交部分在圆柱圆形底面上的投影面积占圆形面积的一半，则 s 的值为 0.5 或 −0.5，表达式如下：

$$s_i = \frac{1}{2} sign(\boldsymbol{d} \cdot \boldsymbol{n}) \tag{4-43}$$

3) 交点 X 与面 F 的一个顶点重合

在这种情况下，面 F 与圆柱射线的相交部分在圆柱圆形底面上的投影面积即沿射线法向投影后位于面 F 内扇形的面积，表达式如下：

$$s_i = \frac{\alpha}{2\pi} sign(\boldsymbol{d} \cdot \boldsymbol{n}) \qquad (4-44)$$

式中，α 为在该顶点的沿射线方向的面 F 的法向投影的内部夹角值，其中 $0 < \alpha < 2\pi$。

一个多面体由很多平面 F 组成，对所有面进行循环即可完成判别，具体算法如图 4-17 所示。

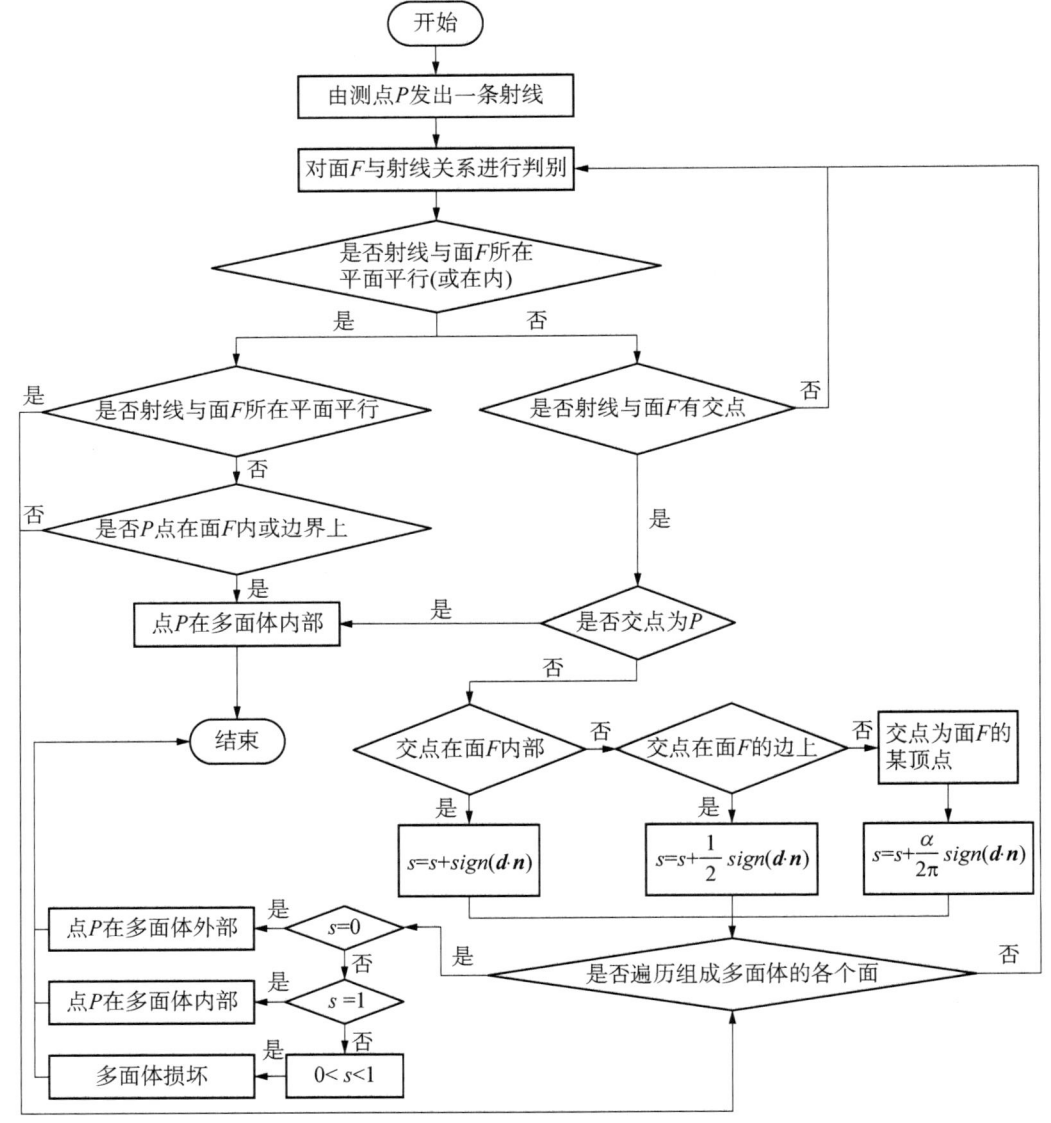

图 4-17 判断一点是否位于多面体内部

如果需要对同一多面体测试多个点,可以通过预先计算每个面 F 的三个顶点的最小和最大坐标值(作为预处理),以便对点与面 F 的相对位置做出初步判断。只有在点与面 F 存在相交可能性的情况下,才进行上述步骤的详细判别,从而缩短计算时间。

4.3.2.2 射线与三角形相交检测的 Möller 算法

本书采用的射线法与 Linhart(1990)算法基本相同,但具体实现略有不同。在检测射线与三角形是否相交时,采用了 Möller(1997)提出的方法。如图 4-18 所示,Möller 算法不仅能够判断射线是否与三角形相交,还能简单地判别交点的类型(交点位于三角形内、三角形的边上,还是与三角形的某个顶点重合),这便于后续步骤中对 s 值的计算。本节将对该算法进行简单介绍。

射线的参数方程如下:

$$R(t) = O + t\boldsymbol{D} \tag{4-45}$$

式中,O 为起点;$\boldsymbol{D}$ 为射线的方向向量;t 为参数,表示从 O 点出发的、沿着 $\boldsymbol{D}$ 方向的射线。一个三角形通过三个顶点 V_0、V_1、V_2 来确定,所以三角形内(包含边界)的任意一个点 $X(u, v)$ 可用式(4-46)表示。其中 u、v 分别为 V_1 和 V_2 点的权重参数,$1-u-v$ 是 V_0 的权重参数,同时必须满足 $u \geqslant 0$、$v \geqslant 0$ 和 $u+v \leqslant 1$。

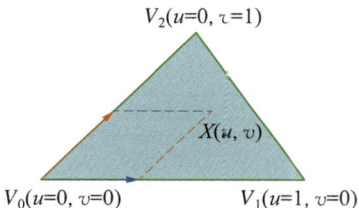

图 4-18 三角形参数方程示意图

$$X(u, v) = (1-u-v)V_0 + uV_1 + vV_2 \tag{4-46}$$

于是,求解射线与三角形相交转变为求解下面的方程式:

$$O + t\boldsymbol{D} = (1-u-v)V_0 + V_1 + vV_2 \tag{4-47}$$

移项并整理,将 t、u、v 提取出来作为未知数,得到下面的线性方程组

$$[-\boldsymbol{D}, V_1-V_0, V_2-V_0]\begin{bmatrix} t \\ u \\ v \end{bmatrix} = O - V_0 \tag{4-48}$$

另,$E_1 = V_1 - V_0$、$E_2 = V_2 - V_0$、$T = O - V_0$,根据克莱姆法则,方程组的解为

$$\begin{bmatrix} t \\ u \\ v \end{bmatrix} = \frac{1}{|-\boldsymbol{D}, E_1, E_2|}\begin{bmatrix} |T, E_1, E_2| \\ |-\boldsymbol{D}, T, E_2| \\ |-\boldsymbol{D}, E_1, T| \end{bmatrix} \tag{4-49}$$

根据线性代数的混合积公式,上式可以改写成如下形式:

$$\begin{bmatrix} t \\ u \\ v \end{bmatrix} = \frac{1}{(D \times E_2) \cdot E_1} \begin{bmatrix} (T \times E_1) \cdot E_2 \\ (D \times E_2) \cdot T \\ (T \times E_1) \cdot D \end{bmatrix} \qquad (4-50)$$

另, $P = (D \times E_2)$ 和 $Q = T \times E_1$, 得到最终的参数方程的解:

$$\begin{bmatrix} t \\ u \\ v \end{bmatrix} = \frac{1}{P \cdot E_1} \begin{bmatrix} Q \cdot E_2 \\ P \cdot T \\ Q \cdot D \end{bmatrix} \qquad (4-51)$$

使用此方法的前提条件是:分母 $(D \times E_2) \cdot E_1$ 不能为零,即射线不能与三角形所在平面平行或共面的情况下使用。将此算法应用到射线法中,如图4-19所示。

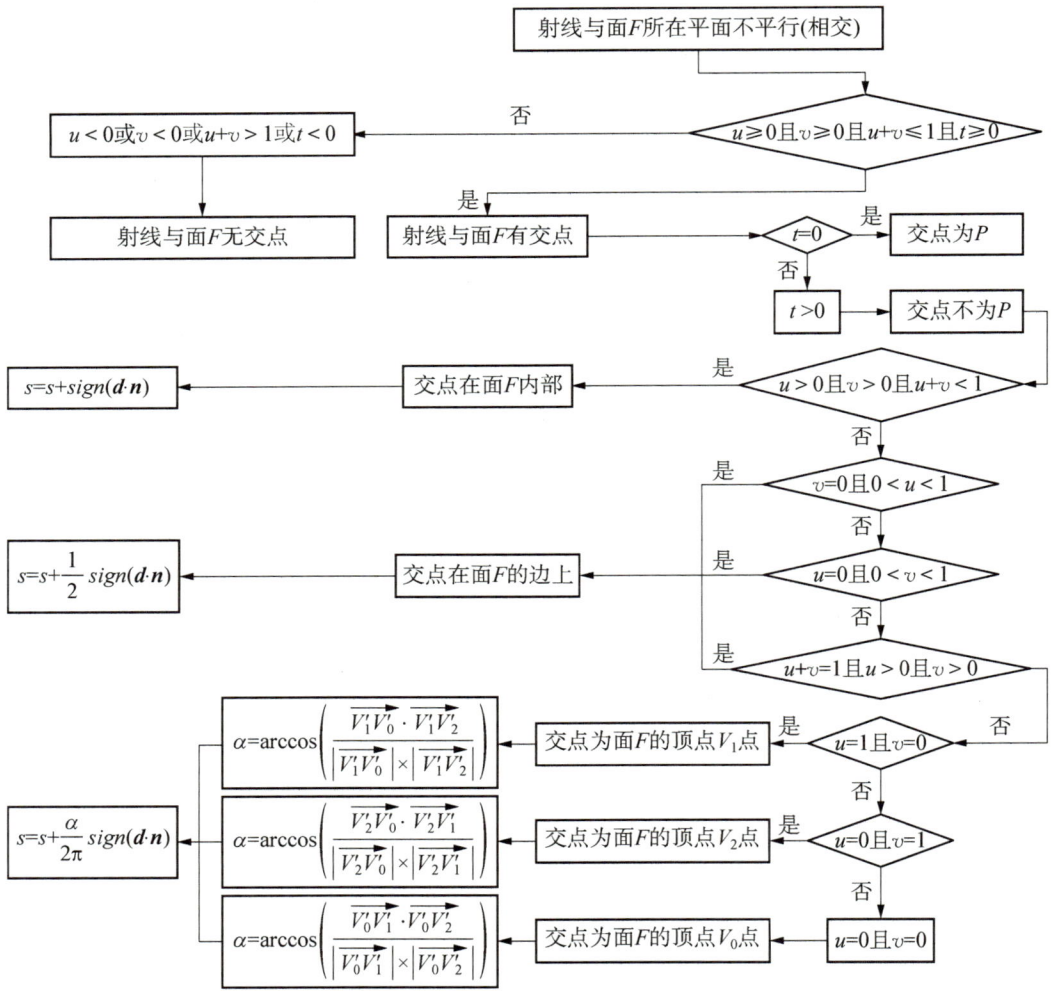

图4-19 射线与三角形相交检测算法应用于射线法

其中,向量 $V_1'V_0'$ 为向量 V_1V_0 沿射线方向的法向投影,其余情况相同。

4.3.2.3 程序实现思路

射线用沿 x 轴足够长的线段代替,根据给定的测点 P 构造一个沿 x 轴正向的线段。线段的长度为计算域在 x 轴方向上的长度,用于检测是否已经足够。

(1) 定义一个名为 Triangle 的类,包含存储三角形面片信息的成员变量和对其进行操作的成员函数。其中,包含一个用于判断射线与三角形面片是否相交的成员函数,函数名定义为 calSV,用于计算或指定相应的 s 值,并返回该 s 值。函数的实现思路如图 4-20 所示。

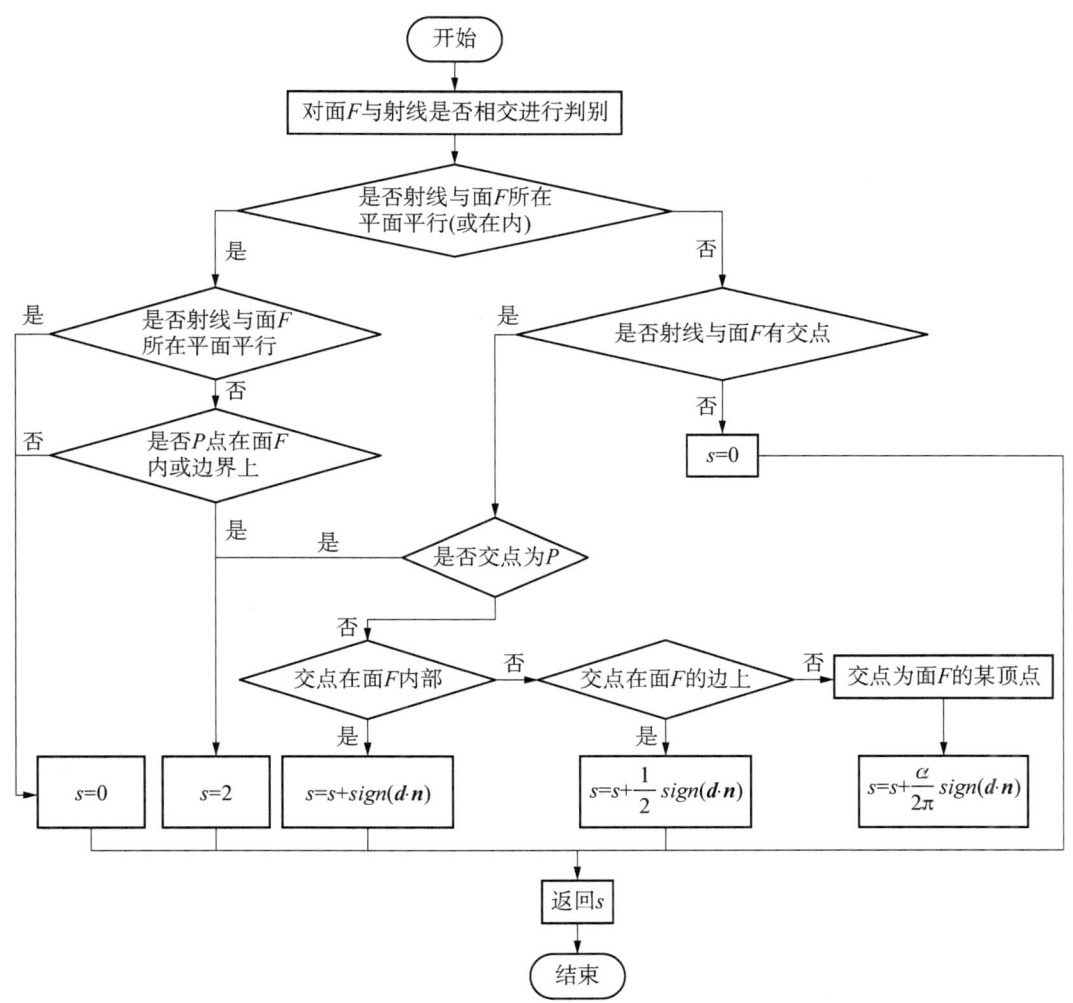

图 4-20 成员函数 calSV 的实现思路

(2) 定义一个函数 Raymethod,用于判断点是否位于多面体内部。该函数通过循环调用 Raymethod 函数,判断组成多面体的各个面。首先,对由测点发出的沿 x 轴正向的线段与多面体的三角形面片是否相交进行初步判别。若有可能相交则调用 Triangle 类的成员函数 calSV，对返回的 s 值进行处理和判断，以返回测点与结构物的关系信息（On、Inside、Off）。具体的函数实现思路如图 4-21 所示。

在图 4-21 中，n 为组成多面体的三角面片的数量，在对 s 值进行判定的过程中，留有一定的容忍误差，当 $s>0.8$ 时，即认为 $s=1$；当 $s<0.2$ 时，即认为 $s=0$。

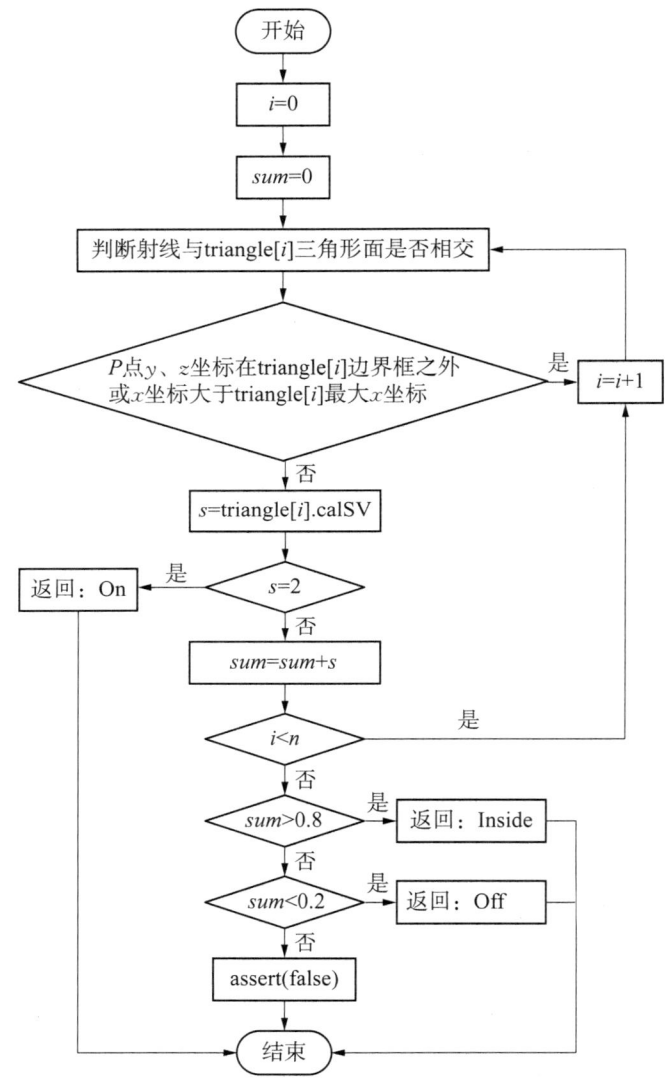

图 4-21　函数 Raymethod 的实现思路

4.3.2.4　网格生成结果

通过编写的三维网格生成器，对球体、四脚空心方块、扭王块体的 STL 文件进行测试，生成的网格如图 4-22～图 4-24 所示。

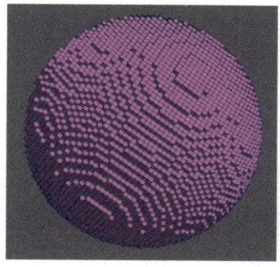 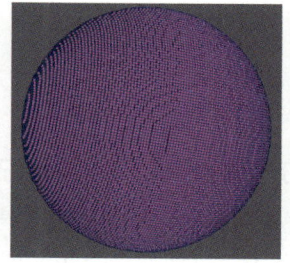 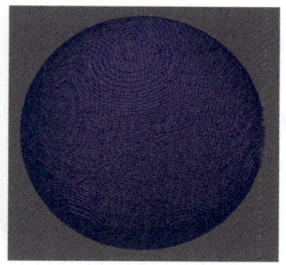

图 4-22　球体的网格生成结果

 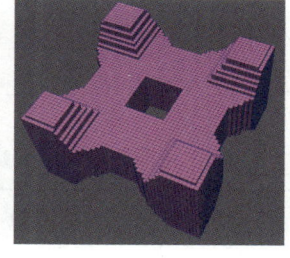 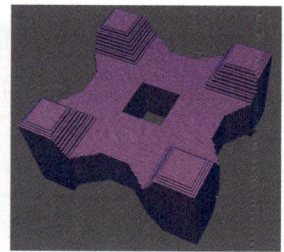

图 4-23　四脚空心方块的网格生成结果

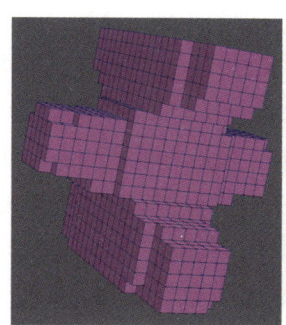 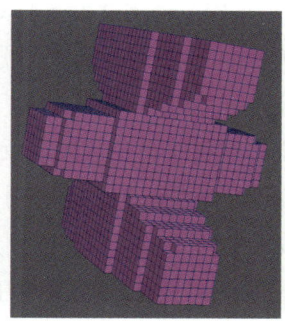 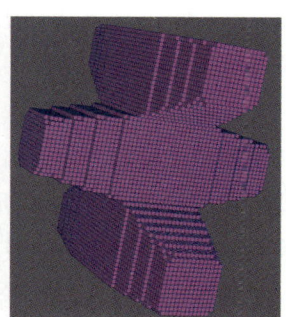

图 4-24　扭王块体的网格生成结果

生成的网格为立方体网格,因此不需要进行贴体处理。因为格点上存储有距离实际物理边界的距离信息,在进行碰撞迁移计算时,使用的是格点上存储的距离真实物理边界的信息。这个信息是根据实际的边界位置计算得出的,因此不需要进一步进行贴体处理。这种方法在网格生成上节省了大量时间,使得 LBM 更易于处理各种复杂的边界。

当然,如果有足够的计算资源,可以增加网格数量,这样计算结果会更为精确。通常情况下,计算只要求网格精度能够准确刻画出结构物即可。以扭王块体为例,网格数量依次为:一个方向上 20 个网格、30 个网格、60 个网格。随着网格数量的增加,结构物的刻画精度也越来越高,生成的立方体网格逐渐逼近真实的结构物。在本书的计算中,由于计算量的限制,扭王块体在单个方向上选用了 12 个网格。

4.4 典型算例验证

4.4.1 斯托克斯波

斯托克斯波理论是一种适用于有限水深和深水条件下的弱非线性小振幅波理论。一般来说，在水深较深的海洋石油平台及人工岛附近出现的短周期波浪符合斯托克斯波理论。基于 4.1.1.1 节中的斯托克斯波理论，使用 D3Q27-MRT 模型模拟了斯托克斯波在数值水槽中的传播过程。水槽长 210.0 m、高 34.0 m、宽 0.8 m、水深 30.0 m。水槽侧壁采用周期性边界条件，目标波高为 3.6 m，周期为 5.0 s，符合三阶斯托克斯波理论。详细模拟参数见表 4-6。模拟过程中，对比了无垂向分布的出流边界条件、有垂向分布的出流边界条件，以及有垂向分布的出流边界条件结合主动吸收入流边界条件三种消波方法对模拟波面的影响。

表 4-6 斯托克斯波算例详细参数

参数	波长	格子常数	时间步长	马赫数	松弛时间	模拟时间
数值	41.7 m	0.4 m	3.0×10^{-3} s	0.064	$0.5+5.7e-8$	150.0 s

图 4-25～图 4-27 分别给出了采用三种消波方法模拟得到的距离入流边界 3.5 倍波长处的水位与解析解的对比结果。从图中可以看出，无垂向分布的出流边界条件模拟得到的测点水位与解析解存在较大偏差。经过测算，该点的反射率（表 4-7）为 0.24，这说明在模拟斯托克斯波时使用无垂向分布的出流边界条件会导致波浪反射。采用有垂向分布的出流边界条件模拟得到的测点水位与解析解吻合较好，但波高略小于目标波高，经过测算反射率为 0.07。采用出流边界结合主动吸收入流边界模拟得到的测点水位与解析解吻合得最好，经过测算反射率为 0.05。图 4-28 给出了此时模拟得到的总压垂向分布与解析解的对比结果。从图中可以看出，波峰与波谷位置处模拟得到的总压分布趋势及量级均与解析解吻合较好。LBM-NWT3D 模拟得到波峰位置处的最大压强为 295.5 kPa，与解析解的相对误差为 0.3%；模拟得到的波谷位置处的最大压强为 295.3 kPa，与解析解的相对误差为 0.5%。

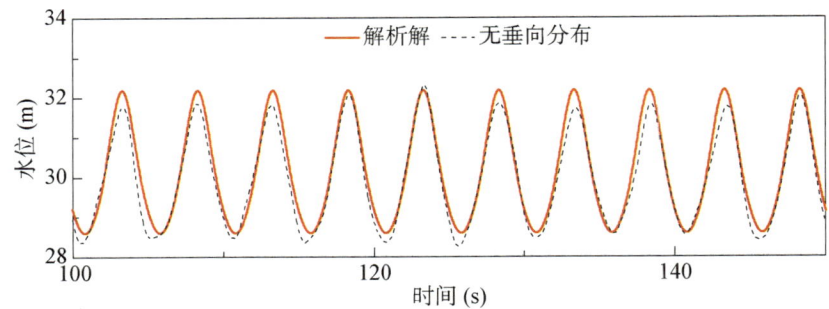

图 4-25 采用无垂向分布的出流边界条件模拟得到的测点水位结果

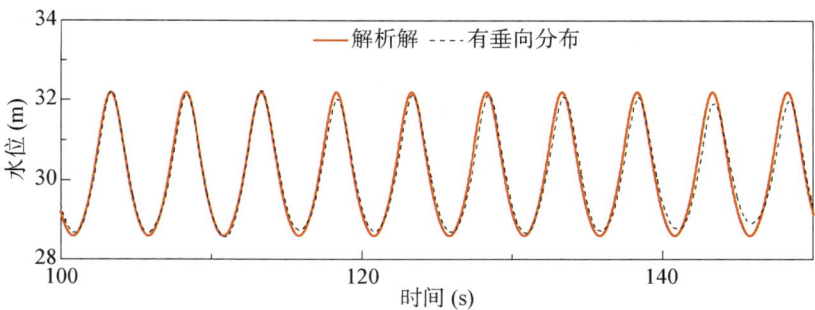

图4-26 采用有垂向分布的出流边界条件模拟得到的测点水位结果

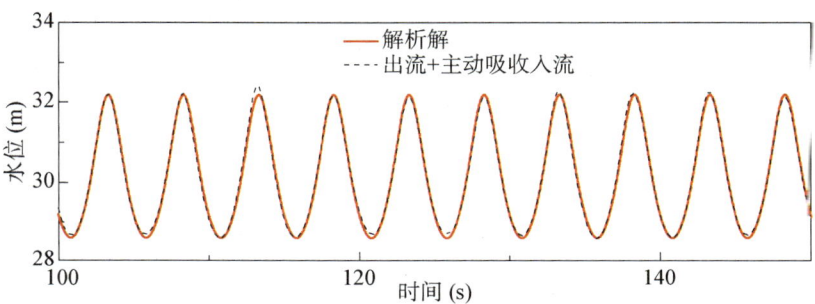

图4-27 采用有垂向分布的出流边界条件和主动吸收入流边界条件模拟得到的测点水位结果

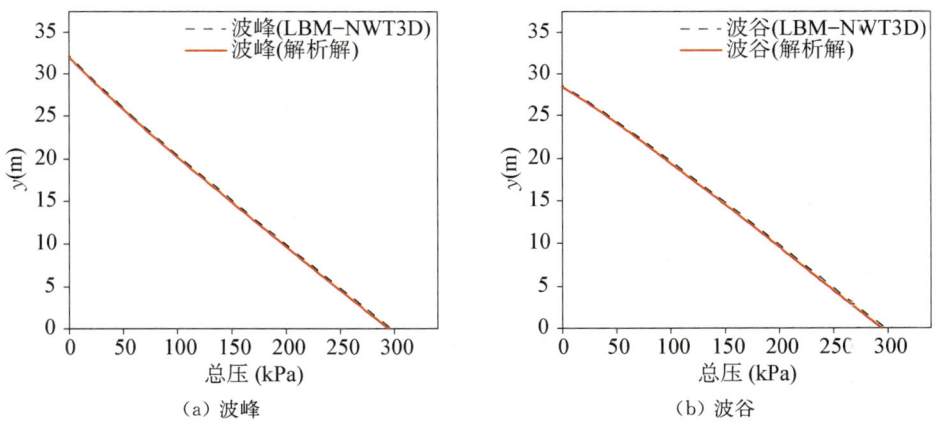

(a) 波峰　　　　　　　　　　　　(b) 波谷

图4-28 采用有垂向分布的出流边界条件结合主动吸收入流边界条件模拟得到的波峰和波谷位置处总压垂向分布结果

表4-7 数值模拟得到的测点波浪结果

消波方法	入射波高(m)	反射率
无垂向分布的出流边界条件	3.6	0.24
有垂向分布的出流边界条件	3.5	0.07
出流边界+主动吸收入流	3.6	0.05

结果表明,LBM-NWT3D 使用有垂向分布的出流边界结合主动吸收入流边界,能够精确模拟斯托克斯波运动。

4.4.2 椭圆余弦波

椭圆余弦波理论是一种适用于浅水条件下的弱非线性长波理论。通常,在近岸开放区域的海上构筑物及海中的珊瑚岛礁附近出现的长周期波浪符合椭圆余弦波理论。基于 4.1.1.2 节中的椭圆余弦波理论,使用 D3Q27-MRT 模型模拟了椭圆余弦波在数值水槽中的传播和消波过程。水槽长 350 m、高 6.2 m,水槽两侧采用周期性边界条件,其他模拟参数见表 4-8:

表 4-8 椭圆余弦波算例详细参数

参数	波高	周期	水深	波长	格子常数	时间步长	马赫数	松弛时间	模拟时间
数值	1.2 m	10.0 s	5.0 m	70.0 m	0.12 m	1.1×10^{-3} s	0.064	0.5+2.3e-7	300.0 s

图 4-29 给出了采用出流边界条件与主动吸收入流边界条件模拟得到的水位与解析解的对比结果。从图中可以看出,使用出流边界结合主动吸收入流边界进行模拟的测点水位与解析解非常吻合,经测算反射率为 0.02。

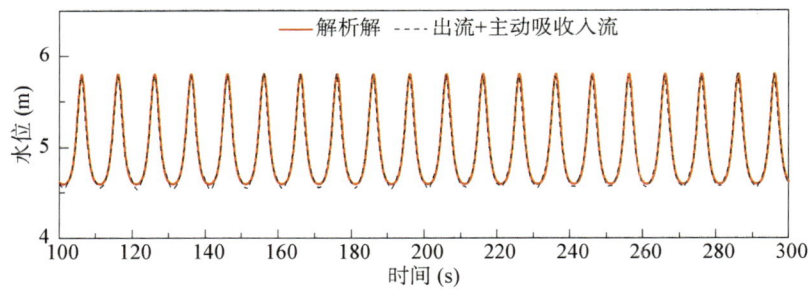

图 4-29 采用出流边界条件结合主动吸收入流边界条件模拟得到的测点水位结果

结果表明,在 LBM-NWT3D 模型中,结合垂向分布的出流边界与主动吸收入流边界,可以精确地模拟椭圆余弦波的运动。

4.4.3 波浪与圆柱相互作用

波浪与码头桩基或风电基础的相互作用是一种常见现象,而模拟波浪作用在圆柱上的波浪力则是研究的热点问题。本节将模拟直立圆柱与斯托克斯波的相互作用,并与解析解及实验数据(Kriebel,1998)进行对比,以此来验证 LBM-NWT3D 模拟结构物受波浪力荷载的精度。数值水槽长 7.0 m、宽 2.6 m、高 0.7 m,静水位 0.45 m。表 4-9 给出了圆柱直径及波浪要素,目标波浪符合二阶斯托克斯波理论,圆柱放置在距离入口 3.5 m 处。表 4-10 给出了数值实验所使用的模拟参数。数值模拟采用 D3Q27 不可压 MRT 模型,结合静态 Smagorinsky 大涡模拟模型。圆柱表面采用无滑移边界条件,数值格式选取插值 NEM 格式,其他边界条件与前一节相同。

表 4-9 波浪与圆柱相互作用数值实验波浪条件

参数	直径 D	波数 k	散射系数($kD/2$)	波高 H	周期
数值	0.325 m	1.896	0.308	0.096 m	1.75 s

表 4-10 波浪与圆柱相互作用数值实验模拟参数

参数	格子常数	时间步长	马赫数	松弛时间	网格数	模拟时间
数值	0.01 m	1.7×10^{-4} s	0.032	0.5+5.1e-6	13.7 M	24.0 s

图 4-30 对比了在无圆柱情况下,距离入口 3.5 m 位置处数值模拟与二阶斯托克斯波理论得到的水位。可以看到,LBM-NWT3D 模拟得到的水位与解析解一致,模拟得到的水位与解析解的平均相对误差为 3.3%。图 4-31 展示了 LBM-NWT3D 模拟得到的圆柱上所受的 x 方向的波浪力。从图中可以看出,圆柱所受的波浪力随时间变化不大,最大波浪力维持在约 60 N,说明模型模拟已达到稳定状态,LBM-NWT3D 能够吸收因结构物扰动而产生的波浪场。图 4-32 对比了数值模拟与解析解计算得到的圆柱所受无量纲波浪力 F_x/F_0 在 10 个周期内的相位平均结果,其中 F_0 的表达式为

$$F_0 = \rho g r H h \tanh(kh)/kh \tag{4-52}$$

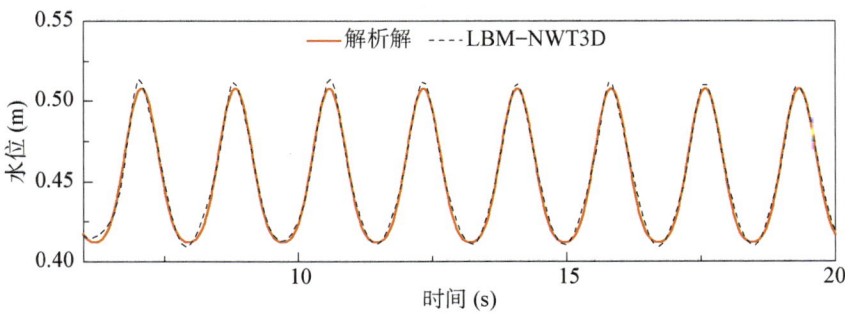

图 4-30 无圆柱时距离入口 3.5 m 位置处数值模拟得到的测点水位结果

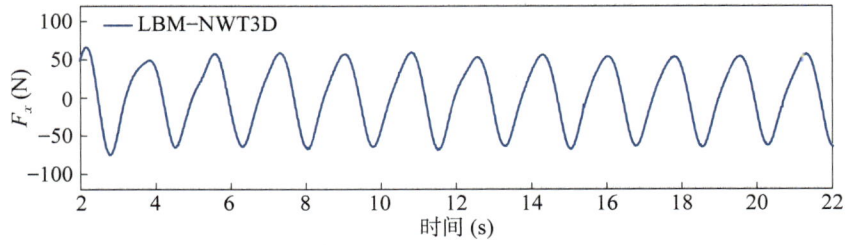

图 4-31 数值模拟得到的圆柱上 x 方向的波浪力

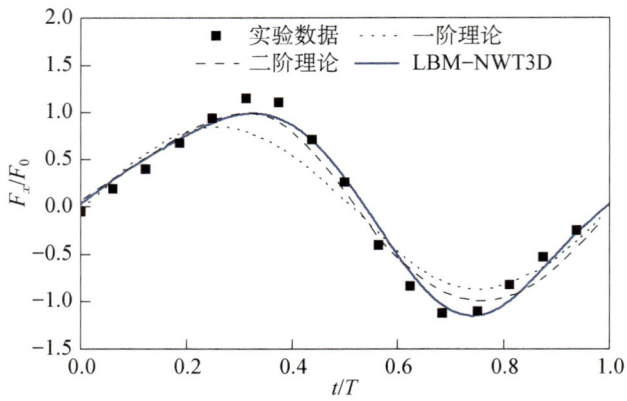

图 4‑32　圆柱所受波浪力在 10 个周期内相位平均结果

从图中可以看出,与一阶和二阶理论计算得到的波浪力相比,LBM‑NWT3D 模拟得到的波浪力在相位平均值上与 Kriebel(1998)测量得到的实验数据吻合程度更高。使用一阶理论计算得到的正向和反向相对波浪力最大值分别为 0.85 和 −0.85,与实验测量得到的波浪力的相对误差分别为 −26.4% 和 −24.4%;使用二阶理论计算得到的正向和反向相对波浪力最大值分别为 1.00 和 −0.99,与实验测量得到的波浪力的相对误差分别为 −13.1% 和 −12.1%;使用 LBM‑NWT3D 模拟得到的正向和反向相对波浪力最大值分别为 0.99 和 −1.15,与实验测量得到的波浪力的相对误差分别为 −13.9% 和 2.3%。图 4‑33 所示为在一个周期内波浪与圆柱相互作用的过程,由于圆柱直径相对波长较小,因此没有明显的反射和绕射现象。此次数值实验是在"天河‑1A"上进行的,使用了 60 个核,计算时间为 4.25 h。

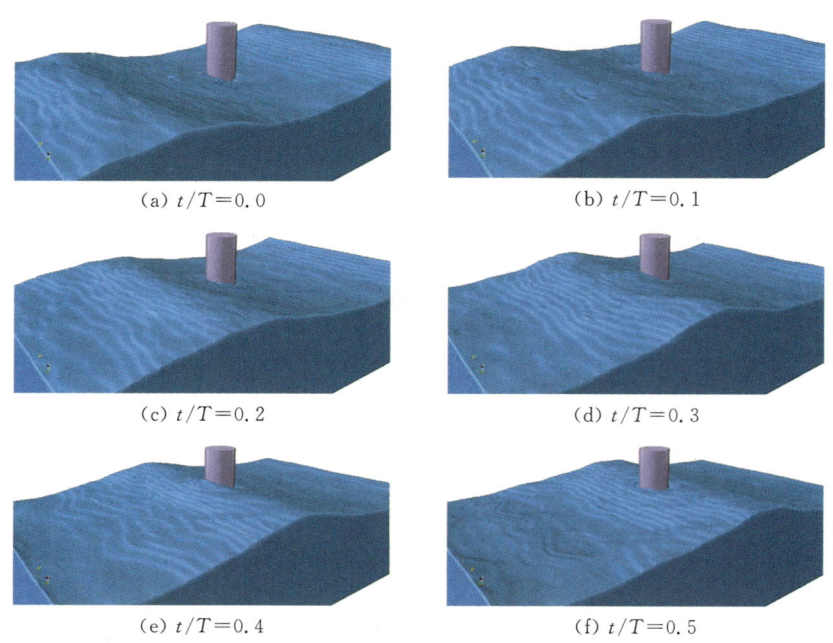

(a) $t/T=0.0$　　(b) $t/T=0.1$
(c) $t/T=0.2$　　(d) $t/T=0.3$
(e) $t/T=0.4$　　(f) $t/T=0.5$

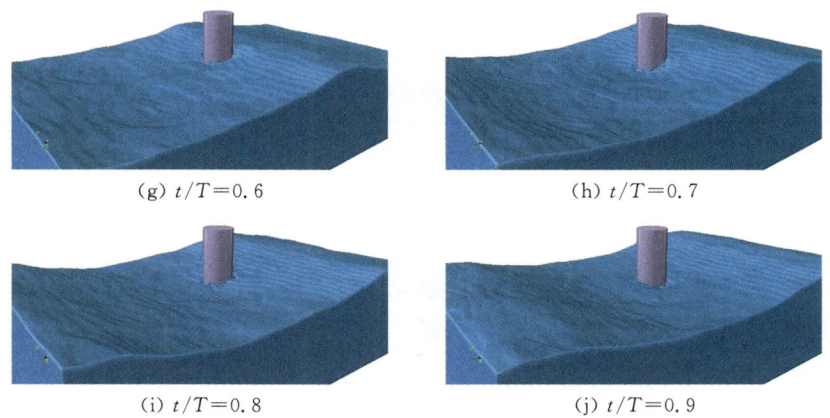

(g) $t/T=0.6$　　(h) $t/T=0.7$

(i) $t/T=0.8$　　(j) $t/T=0.9$

图 4-33　LBM-NWT3D 模拟得到的一个波周期内波面运动过程示意图

结果表明，LBM-NWT3D 能够精确模拟波浪与圆柱的相互作用及圆柱所受的波浪荷载。

4.5　三维波浪爬坡破碎研究

4.5.1　孤立波在缓坡上的爬坡破碎

波浪破碎是一种常见的近岸水动力过程，破碎过程是一种三维的复杂流动，研究波浪破碎对于近岸泥沙运动以及海岸防护具有重要的意义。目前已有大量关于孤立波在缓坡上破碎的实验研究（Chella 等，2017；Huang 和 Hwang，2015；Pringle 等，2016；Swigler，2009），这里选取 Mo 等（2013）在实验水槽中进行的孤立波在缓坡爬坡破碎的实验来检验本书所建立的数值波浪水槽在模拟波浪破碎时的计算精度。

Mo 等的实验是在挪威奥斯陆大学的水动力实验水槽中进行的。该水槽长度为 25.0 m，宽度为 0.5 m，高度为 1.0 m，采用推波板造波。在距离推波板 5.177 m 位置放置倾斜角度为 5.1°的缓坡，实验中静水深保持在 0.205 m。图 4-34 所示为实验布置示意图。Mo 等（2013）使用 PIV 测量了 4.84～5.04 m 范围内的流场，表 4-11 给出了六条垂线的横坐标，其中实验测量了前三条垂线在无量纲时间 ($t^* = t\sqrt{g/h}$) 为 31.35、31.63 和

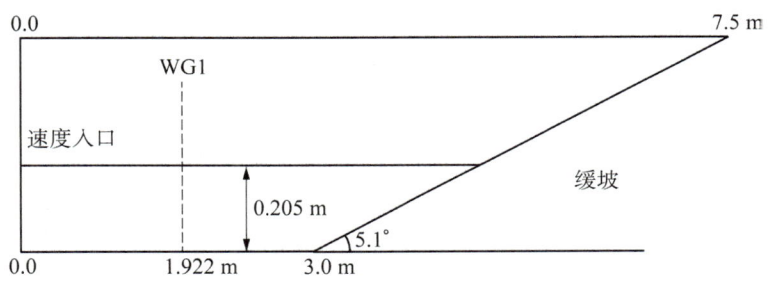

图 4-34　孤立波在缓坡上爬坡实验布置示意图

31.77时刻的水平流速,测量了后三条垂线在无量纲时间32.18时刻的水平流速。

表4-11 实验中测量流速垂向分布位置的横坐标

垂线	1#	2#	3#	4#	5#	6#
x 坐标(m)	4.977	4.937	4.887	5.085	5.065	5.041

数值水槽采用速度边界造波,具体参数见表4-12,造波边界到坡脚的距离缩减为3.0 m。数值实验选取了波高6.8 cm,作为输入波浪条件,在该波浪条件下Mo实验测量了1个位置的水位。数值实验在对应位置测量了水位,测量频率为100 Hz,测点位于$x=$1.922 m位置处。

表4-12 孤立波在缓坡上爬坡数值模型参数

参数	长度	宽度	高度	空间步长	时间步长	松弛时间	格点数量	模拟时长
数值	7.5 m	0.25 m	0.44 m	2.83×10^{-3} m	5.54×10^{-5} m	0.500021	26.3 M	5.0 s

考虑到水槽侧壁面较为光滑,因此采用滑移边界条件,数值格式选用非平衡态外推格式。造波边界采用速度入口边界条件,数值格式同样选用非平衡态外推格式,边界速度是根据4.1.1.3节的波浪理论计算得到。水槽底面和缓坡表面采用无滑移边界条件,数值格式仍选用非平衡态外推格式。采用静态Smagorinsky紊流模型来模拟紊流流场,其中Smagorinsky常数设定为0.15(Mo等,2013)。

图4-35展示了测点位置LBM-NWT3D模拟得到的水位与实验测量数据的对比,图中横坐标表示无量纲时间,后续的模拟结果时间均以此方式呈现。从图中可以看出,LBM-NWT3D模拟结果与测量结果非常接近。

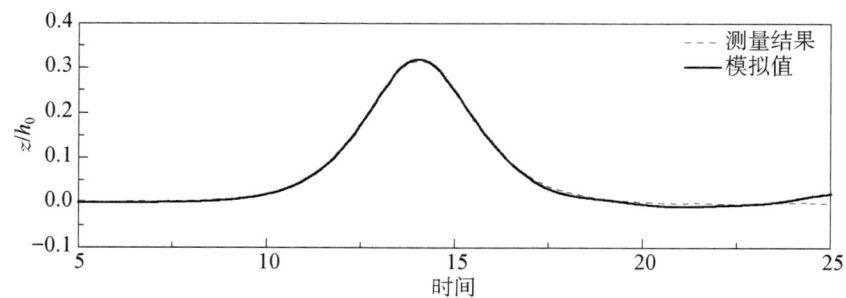

图4-35 测点模拟水位与实验测量数据对比

图4-36~图4-39展示了六条垂线在四个时刻下模拟得到的水平流速垂向分布与实验测量数据的对比。图中横坐标为使用平均流速进行无量纲化后的水平流速,

无量纲流速见表4-13,从表中可以看出,数值模拟结果的平均流速与实验数据接近,误差不超过2%,该误差低于Mo等(2013)的数值模拟结果的误差。无量纲化水平流速的目的是对比数值模型在模拟波浪破碎过程中流场结构是否与物理模型实验一致。从图中可以看到,模拟结果的垂向分布趋势与测量结果一致,说明数值模型模拟得到的流场结构能够反映实际波浪破碎的过程。然而,数值模拟得到的底部流速偏大,这可能是由于在接近底部位置网格不够精细所致。在底部加密网格应该能够改善模拟结果。图4-40所示为三个时刻的波面前锋轮廓线,图4-41所示为LBM-NWT3D模拟得到的三维波面变形示意图。从图中可以看出波浪从爬坡、变形再到破碎的过程,前两个时刻模拟结果与实验测量数据吻合较好,而最后一个时刻模拟结果与测量数据存在偏差,波面形变不如物模实验,这可能是由于Thuerey模型捕捉自由界面精度不够所致。此次数值实验是在"天河-1A"上进行的,使用了60个核,计算时间为17 h。

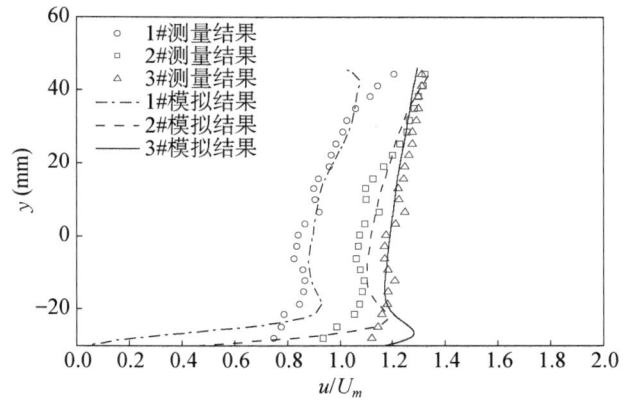

图4-36 $t^*=31.35$ 时刻数值模拟得到水平流速垂向分布结果与实验测量数据的对比

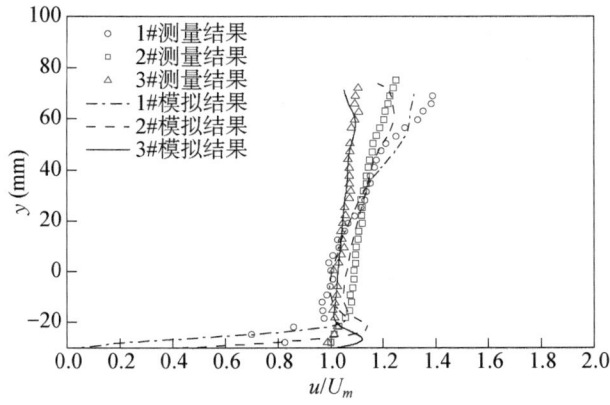

图4-37 $t^*=31.63$ 时刻数值模拟得到水平流速垂向分布结果与实验测量数据的对比

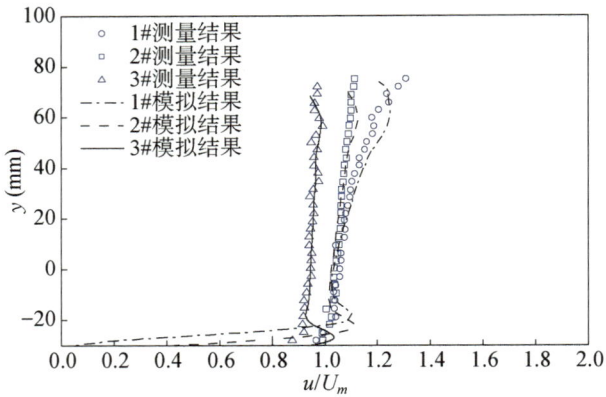

图 4-38　$t^* = 31.77$ 时刻数值模拟得到水平流速垂向分布结果与实验测量数据的对比

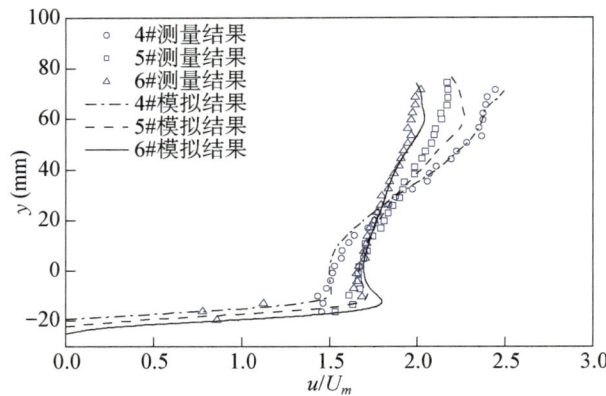

图 4-39　$t^* = 32.18$ 时刻数值模拟得到水平流速垂向分布结果与实验测量数据的对比

表 4-13　各时刻无量纲化使用的平均流速　　　　　　　　　　　　　　　　　（mm/s）

参数	U_m	t^*	U_m	t^*	U_m	t^*	U_m	t^*
实验数据	641	31.35	753	31.63	791	31.77	510	32.18
数模结果	654		756		797		511	

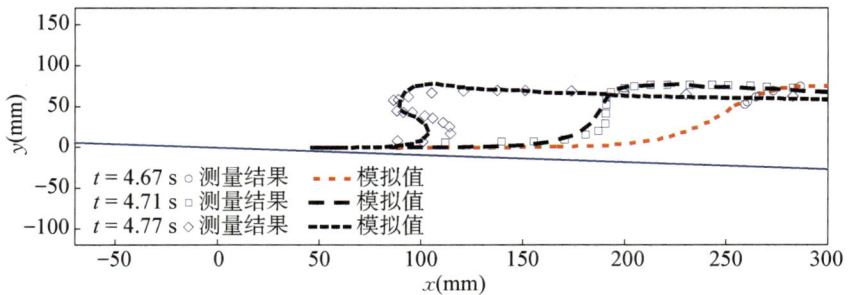

图 4-40　波浪爬坡变形翻转过程数值模拟结果与实验测量数据对比

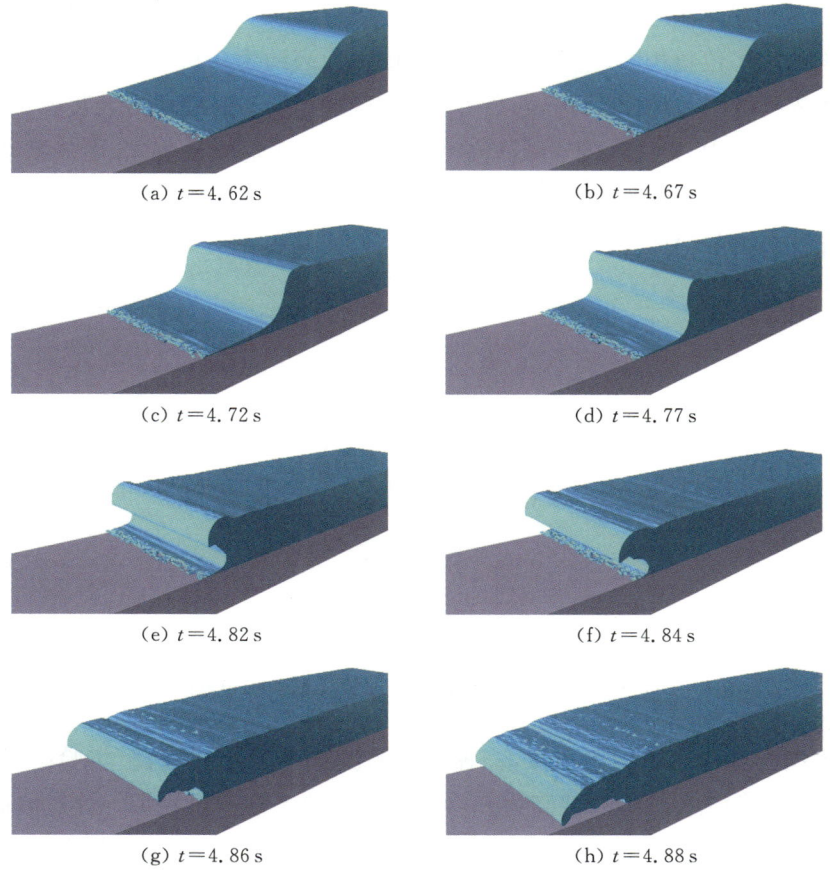

(a) $t=4.62\,\text{s}$　　(b) $t=4.67\,\text{s}$
(c) $t=4.72\,\text{s}$　　(d) $t=4.77\,\text{s}$
(e) $t=4.82\,\text{s}$　　(f) $t=4.84\,\text{s}$
(g) $t=4.86\,\text{s}$　　(h) $t=4.88\,\text{s}$

图 4-41　LBM-NWT3D 模拟得到的孤立波爬坡和破碎的过程

从模拟结果来看,建立的 LBM-NWT3D 能够精确模拟波浪在缓坡上爬坡、变形过程中的流场结构和界面变形。受限于 Thuerey 模型,LBM-NWT3D 在模拟波浪破碎时仍存在误差,但整体变化趋势与实验测量数据一致。

4.5.2　圆形岛海啸爬坡

近年来,太平洋海啸频发,沿岸岛屿国家受到海啸的严重危害。海啸在近岸滨海区域的侵袭会对房屋和车辆造成严重损害,因此海啸防护近年来成为研究热点。如果数值模型能够精确模拟海啸或孤立波在岸滩上的爬坡变形过程,就可以用于研究近岸防护结构在海啸作用下的响应。为验证模型具备模拟三维波浪爬坡过程的能力,将 LBM-NWT3D 应用于模拟 Briggs 等(1995)在实验室水池中所做的海啸在圆形岛屿上的爬坡实验,以此来验证模型具备模拟三维波浪爬坡过程的能力。

Briggs 实验是在一个平底水池中进行的,圆形岛屿模型位于水池中央。水池长为 25.0 m,宽为 30.0 m,造波装置宽为 27.4 m,由四组共 60 个推波板构成。图 4-42 所示为岛屿和水池的平面示意图。岛屿顶面的圆心坐标为(12.96 m,0,0),直径为 2.2 m,岛屿底面的圆心与顶面的水平位置相同,直径为 7.2 m,岛屿的净高约为 0.625 m。水池的底面和岛屿的表面均为光滑的水泥抹面。Briggs 等在水池中布置了 27 个波高测量装置及 24 个波浪爬高测量装置。其中,第一组的 4 个波高测点平行布置于造波板前方,用来测量入射波的波高,其余 23 个波高测点均匀布置在圆形岛屿的斜面上。波浪爬高装置按照 22.5°的间隔均匀分布在岛屿的斜面上。

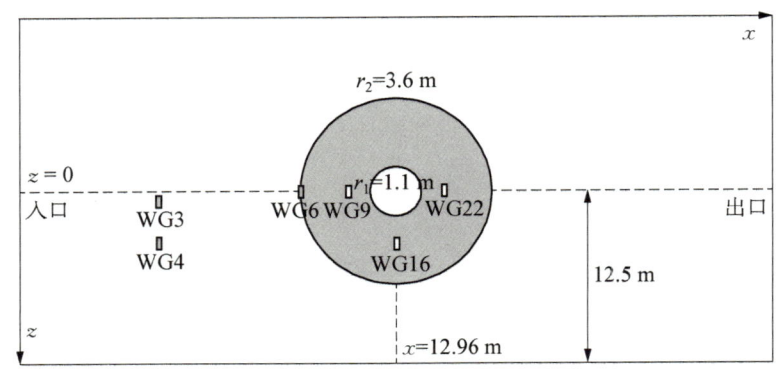

图 4-42　Briggs 实验中水池及测点平面布置图

物理模型实验包含了两组水位,三种不同的波高水深比,共六组实验结果。数值实验选择了其中水深为 0.32 m、波高为 0.064 m 的波浪条件进行模拟。经过波高率定后,数值实验的入射波高为 0.066 m。表 4-14 列出了数值实验的模型参数。由于物理模型实验过程关于 x 轴对称,数值实验仅模拟了其中 z 轴为正的部分(Higuera 等,2013)。NOAA 海啸研究中心提供了实验中 8 个波高测点的水位历时数据,数值实验在相应位置测量了水位,测量频率为 100 Hz,测点位置布置如图 4-42 所示,测点坐标见表 4-15。考虑到水池底面较为光滑,因此采用滑移边界条件,数值格式选择非平衡态外推格式;造波边界采用主动吸收速度入口边界条件,数值格式选择非平衡态外推格式,边界速度是根据 4.1.1.3 节的波浪理论计算得到;岛屿表面采用无滑移边界条件,数值格式选取非平衡态外推格式;侧边界采用对称边界条件。由于海啸波在爬坡部分过程中处于紊流流态,这里采用静态 Smagorinsky 紊流模型来模拟紊流流场,其中 Smagorinsky 常数取 0.15。

表 4-14　圆形岛屿海啸爬坡数值模型参数

参数	长度	宽度	空间步长	时间步长	松弛时间	马赫数	格点数量	模拟时长
数值	25.0 m	12.5 m	1.0 cm	3.3×10^{-4} s	0.50001	0.064	174.2 M	15.0 s

表 4-15 数值实验水位测点坐标

测点编号	$x(\mathrm{m})$	$z(\mathrm{m})$	测点编号	$x(\mathrm{m})$	$z(\mathrm{m})$
3	7.56	0.75	4	7.56	2.25
6	9.36	0.00	9	10.36	0.00
16	12.96	2.58	22	15.56	0.00

图 4-43 展示了测点位置处 LBM-NWT3D 模拟得到的水位结果与 Briggs 实验测量结果的对比。图中实线代表 Briggs 实验测量数据,虚线代表 LBM-NWT3D 模拟结果。从图中可以看出,模拟得到的入射波水位与测点 3 和测点 4 的测量数据一致,数值模拟得到的波高与测量波高相差 3 mm;测点 6 和测点 16 的数值模拟水位与实验测量数据吻合较好;测点 9 和测点 22 的模拟水位略大于实验测量数据,但该测点的测量数据似乎不符合规律,可能超出了测量范围,这一现象与使用 IHFoam 模拟得到的结果类似(Higuera 等,2013)。从六个测点的模拟结果来看,对于入射波的模拟质量较好,但不同测点模拟得到的反射波波高与实验测量相比存在差异。这可能是由于实验室水池底部存在一定粗糙度,导致数值模拟中的波浪衰减与实验存在差异,进而导致不同测点反射波的相位及波高有所不同,但这并不影响最大爬高的模拟结果。总体而言,模拟得到的水位与实验测量数据吻合较好,数值模型能够较为准确地反映波浪在圆形岛上的爬坡过程。

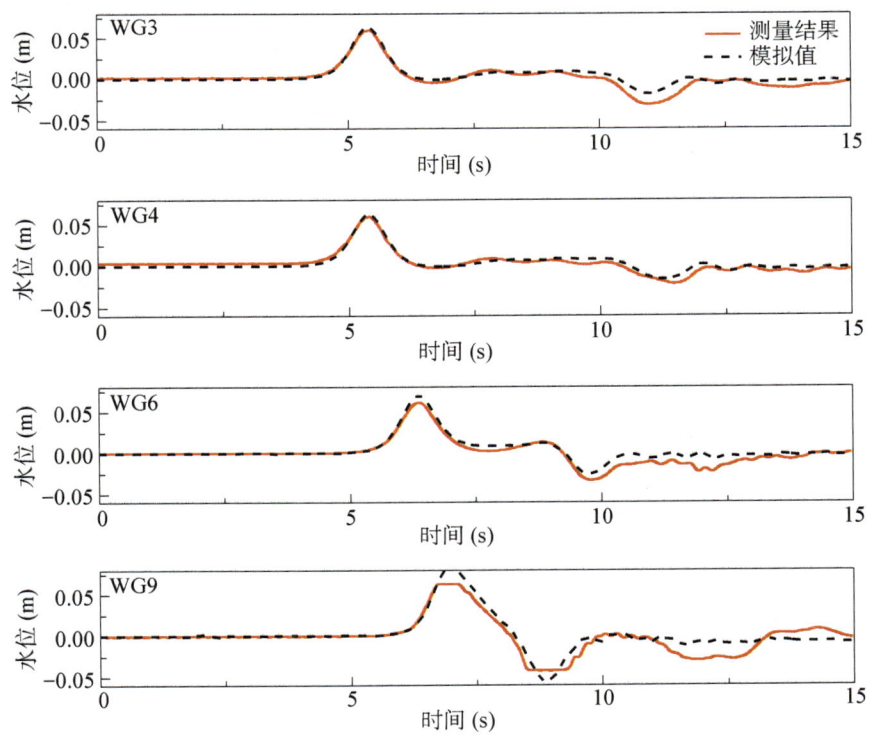

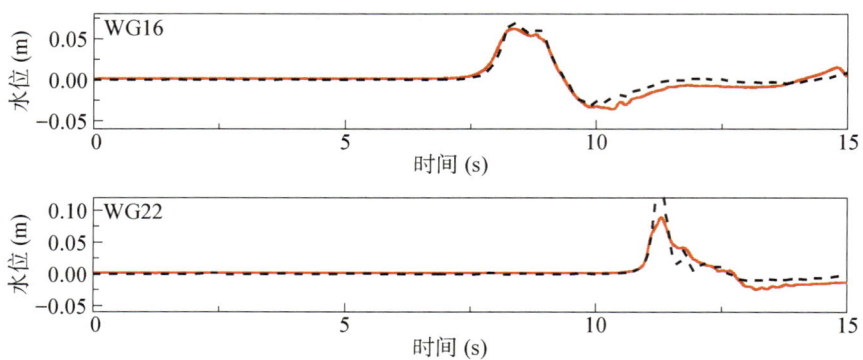

图 4-43　海啸爬坡实验测点水位数值模拟结果与实验测量数据对比

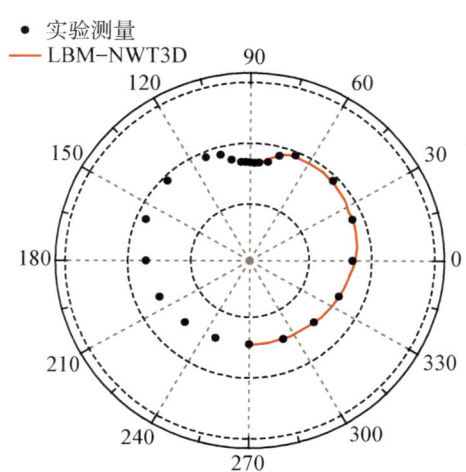

图 4-44　数值模拟与实验测量得到的海啸在圆形岛屿上的最大爬坡高度

图 4-44 展示了海啸在圆形岛屿上的最大爬高,最大爬高是通过从圆心向外每隔 3.6°布置一条水位测线进行测量,并结合 16 个时刻的水面轮廓线综合处理得到。图中实心点表示实验室测量数据,越靠近圆心说明爬高越大,内部实线表示数值模拟得到的最大爬高。第一个虚线圆代表岛屿顶部,第二个虚线圆代表静水位位置,最外面的圆代表岛屿底面。从结果来看,LBM-NWT3D 模拟得到的最大爬高与实验测量数据吻合得较好。图 4-45 所示为孤立波在圆形岛屿上爬坡的波面变化过程,从图中可以看出波浪在遇到岛屿后,正向爬坡至最高点,同时由右侧绕过岛屿斜向爬坡,绕过岛屿的波浪在岛背面顺岸运动并在靠近正后方时向岸运动。这也符合最大爬高的分布规律,正面爬高最高,然后顺着岸越来越小并在正后方增大。此次数值实验是在"天河 1-A"上进行,使用了 360 个 CPU 核,计算时间为 5.9 h。

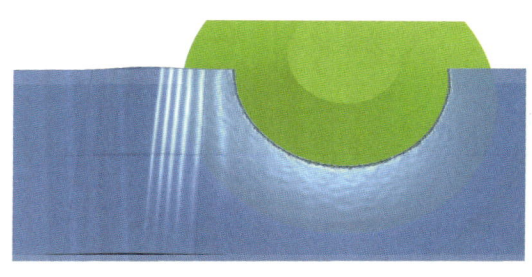

(a) $t=6.0$ s

(b) $t=6.5$ s

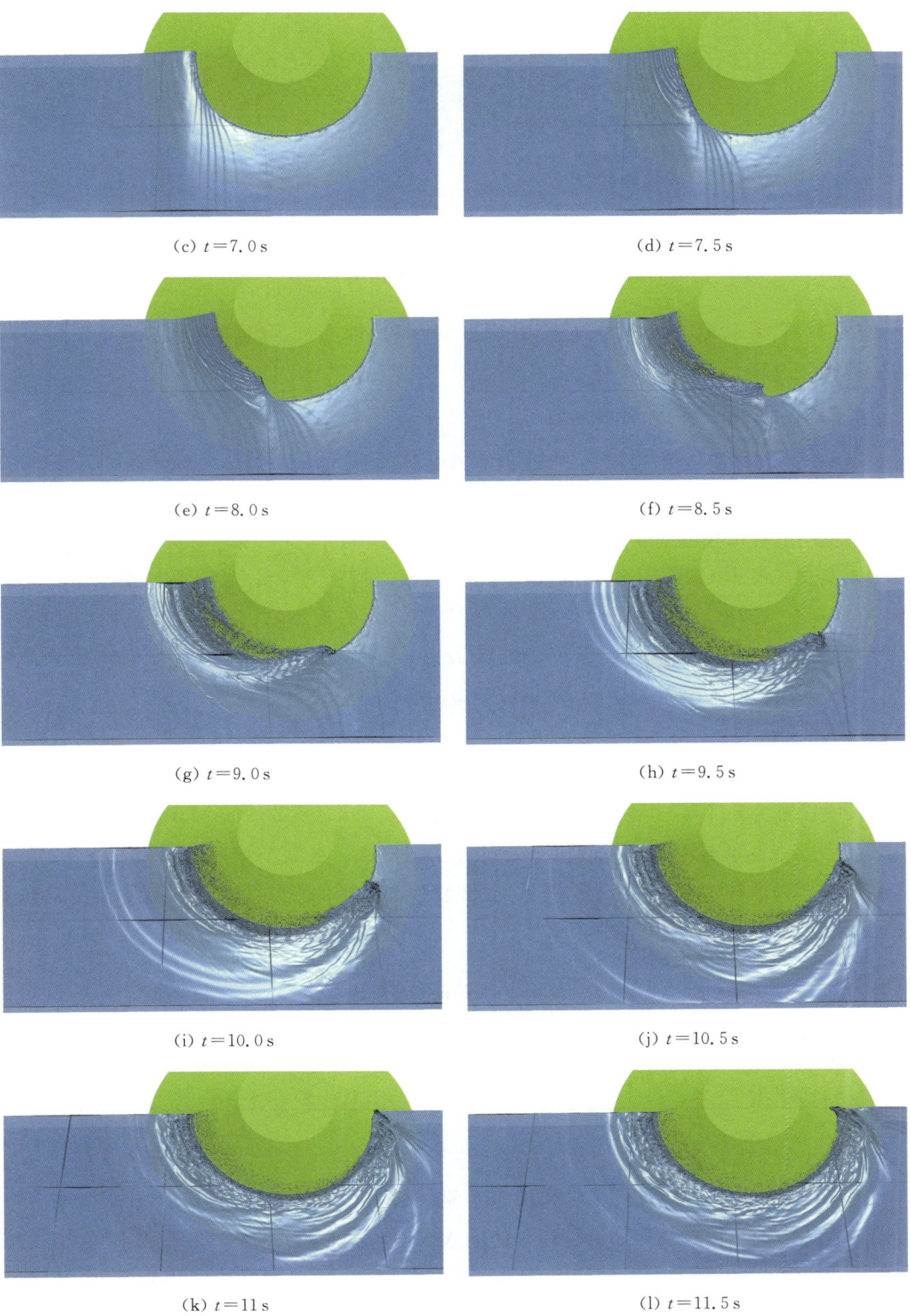

(m) $t=12\,\mathrm{s}$

图 4-45　模拟时间 6~12 s 内,圆形岛屿附近海啸爬坡过程示意图

从模拟结果来看,本书所建立的 LBM - NWT3D 能够较为精确地模拟海啸在圆形岛屿上的爬坡过程。

4.5.3　MonaiValley 海啸爬坡

本节将使用海啸波爬坡三维数值模型,对经典的 Hokkaido-Nansei-Oki 海啸在 Okushiri 岛的 Monai 山谷内爬坡变形的物理水槽实验(Liu 等,2008)进行数值模拟,检验本章所提出的数值模型对于复杂地形附近流场的模拟精度。

该实验在日本 CRIEPI 机构的水槽中进行,该水槽长 205 m、宽 3.5 m、深 6 m。实验中,Monai 山谷被缩放为一个长 5.448 m、宽 3.402 m 的模型,并且在实验模型中的 $x=4.521\,\mathrm{m}$、$y=1.196\,\mathrm{m}$(WG1)、1.696 m(WG2)和 2.196 m(WG3)位置处分别放置了浪高仪。实验采用的静水深为 13.5 cm,入射波类型为波谷在前的 N 波,波谷水位为 $-2.5\,\mathrm{mm}$,波高水位为 16 mm。

本节采用与物理水槽实验相同的参数进行了数值模拟,具体参数见表 4-16。数值水槽的长度设置为 5.448 m,宽度为 3.402 m,高度为 0.3 m。缩放后的 Monai 山谷地形如图 4-46 所示,在与实验浪高仪相同位置处设置水位测点。水槽左侧为造波和消波开边界,两侧侧壁面为滑移边界,右侧为固壁界,底部和顶部采用固壁边界。此次数值实验是在 8 核处理器上进行,计算时间为 10.0 h。

表 4-16　数值模型参数

参数	长度(m)	宽度(m)	δ_x(m)	δ_t(s)	$\tau-0.5$	Ma	N_G(M)	t_{sim}(s)
数值	5.448	3.402	0.01	5.6×10^{-4}	1.7×10^{-5}	0.064	3.3	30

4.5.3.1　输入水位序列造波的方法

为了确保数值模拟中使用的输入波与实验所采用的 LDN 波一致(图 4-47),本节将直接采用图中的水位过程作为造波边界的输入水位。然而,与水深积分方程不同,本模型在开放边界处,除了需要设置体积分数的边界条件外,还需要设置速度边界条件,即输入波的水质点流速。目前,常用的方法是将 N 波简化为孤立波,从而使用孤立波的理论来计

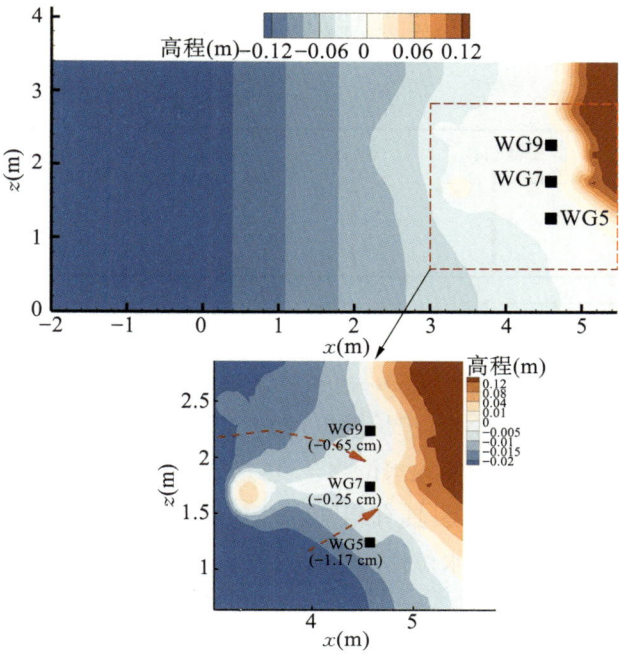

图 4-46 数值模型所使用 Monai 山谷地形示意图

算水质点速度,尚未见通过输入水位来计算边界流速的方法。因此,本节提出以下表达式来估算输入波的水质点流速:

$$U_x(y, t) = \frac{kh}{\sinh(kh)}\cosh(ky)\sqrt{g(\eta_{\text{I}}(t)+h)}\,\frac{\eta_{\text{I}}(t)}{h} \tag{4-53}$$

式中,k 为输入波的波数;h 为静水深;g 为重力加速度;$\eta_{\text{I}}(t)$ 为 t 时刻的输入波水位。首先,通过上跨零点法来统计输入波中每个波的周期,并由平均周期 $T=11.0\,\text{s}$ 和水深来估算波长 $\lambda = T\sqrt{gh} = 12.7\,\text{m}$;然后,再根据波长 λ 估算输入波的波数 $k=0.49$。

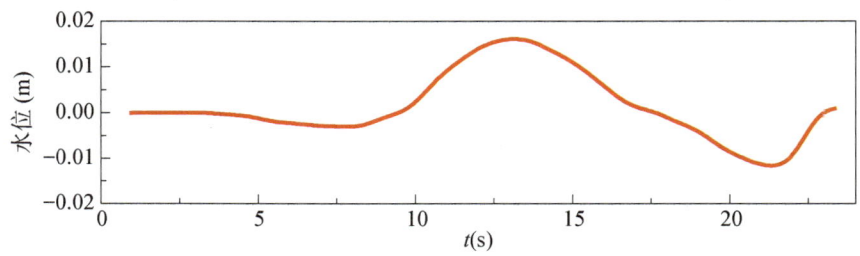

图 4-47 实验中输入波的水位时序列

接下来,通过图 4-48 中显示的二维平底水槽对式(4-53)进行验证。数值实验所使用的水槽长 5 m、高 0.2 m,在距离左侧开边界 1 m、2 m 和 3 m 位置处分别设置了水位测点。数值实验采用的静水深为 13.5 cm，网格步长分别为 0.5 cm 和 1 cm，模拟时长为 30 s。

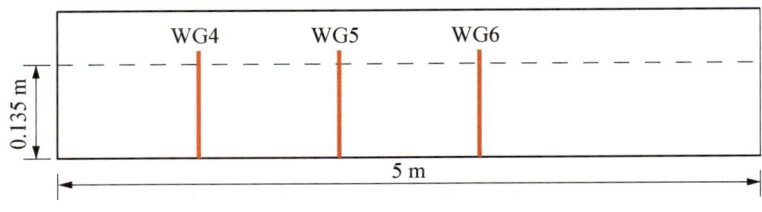

图 4-48　测试水槽的立面示意图

图 4-49 给出了使用两种网格步长模拟得到的 WG4～WG6 测点的水位。从模拟结果来看，模拟得到的水位与实验输入水位吻合良好，并且使用较细的网格和使用较粗的网格模拟得到的水位结果区别不大，具有相同的数值精度。上述结果表明，本节提出的式 (4-53) 能够较好地根据输入的水位估算输入波水质点速度。

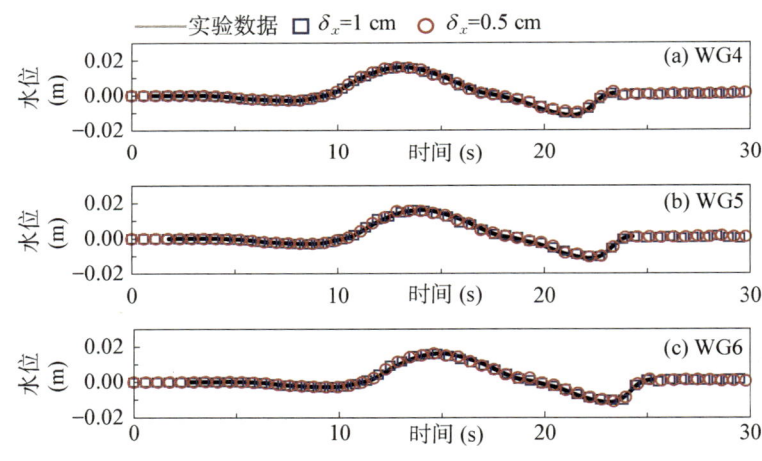

图 4-49　数值模拟得到的测点水位与实验输入水位的比较

4.5.3.2　模拟结果

图 4-50 展示了不同网格分辨率下模拟得到的水位结果与实验测量结果的对比。使用的网格分辨率包括粗网格 (2 cm)、中网格 (1 cm) 和细网格 (0.5 cm)。分析结果表明，粗网格的模拟结果与中网格和细网格的结果存在显著差异，特别是细网格的结果比中网格的结果更接近实验数据。表 4-17 列出了三种波浪计的模拟结果与实验数据之间的均方根误差 (RMSE)。随着网格分辨率的提高，误差呈现收敛的趋势。细网格模拟的三个测点的平均 RMSE 最低，为 4.7 mm。将网格从粗网格精细化到中网格时，平均 RMSE 减少了 1.6 mm；从中网格精细化到细网格时，平均 RMSE 减少了 0.7 mm。

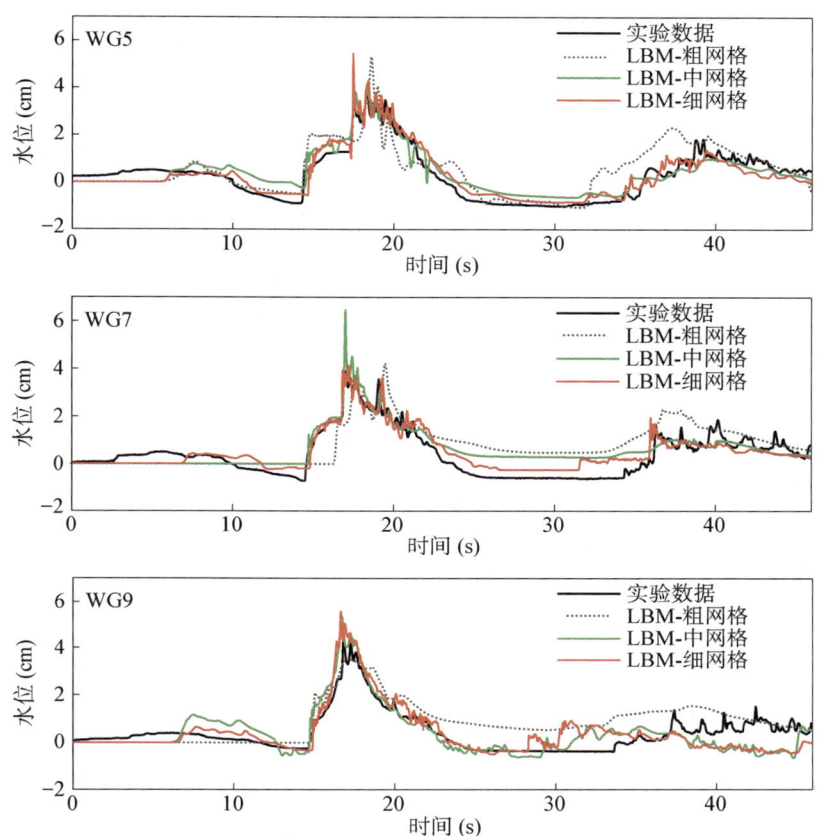

图 4-50 数值模拟得到的测点水位与实验测量结果的比较

表 4-17 数值模拟得到的测点水位均方根误差(mm)

网格尺寸(cm)	WG5	WG7	WG9	平均值
2	7.1	8.3	6.9	7.4
1	4.4	5.6	5.8	5.3
0.5	3.8	4.2	5.7	4.6

随着网格间距的减小,RMSE 的递减幅度变得微小,这表明相对于计算成本,精度的提升已经趋于递减。因此,虽然进一步减小网格间距会显著增加计算成本,但对 RMSE 的减少效果不大。因此,细网格分辨率下得到的结果已足够用于进一步分析。

图 4-51 所示为使用空间步长为 1 cm 的数值模型模拟得到的海啸波在复杂地形上爬坡过程示意图。从图中可以看出,$t=13.0$ s 时刻,海啸波波前传到山谷迎浪侧的小岛位置,此时小岛后方发生了明显的减水现象,具体表现在 WG1 测点水位呈现下降趋势;$t=13.9$ s 时刻,海啸波波前发生浅水变形,波高突然增大,在小岛后方出现了明显的陡峭的波峰;$t=14.4$ s 时刻,海啸波再次发生浅水变形,出现了第二个陡峭的波峰;$t=15.4$ s 时刻,

第一个波峰传播至山谷前,开始在山体上爬坡,直至 $t=17.6$ s 时刻,海啸波开始沿山体反射回海中,具体表现为 WG2 和 WG3 两个靠近山体的测点水位从 17.6 s 后达到峰值,而远离山体的 WG1 测点水位则需要等待反射波传播一段时间后(2.0 s)才会达到峰值。

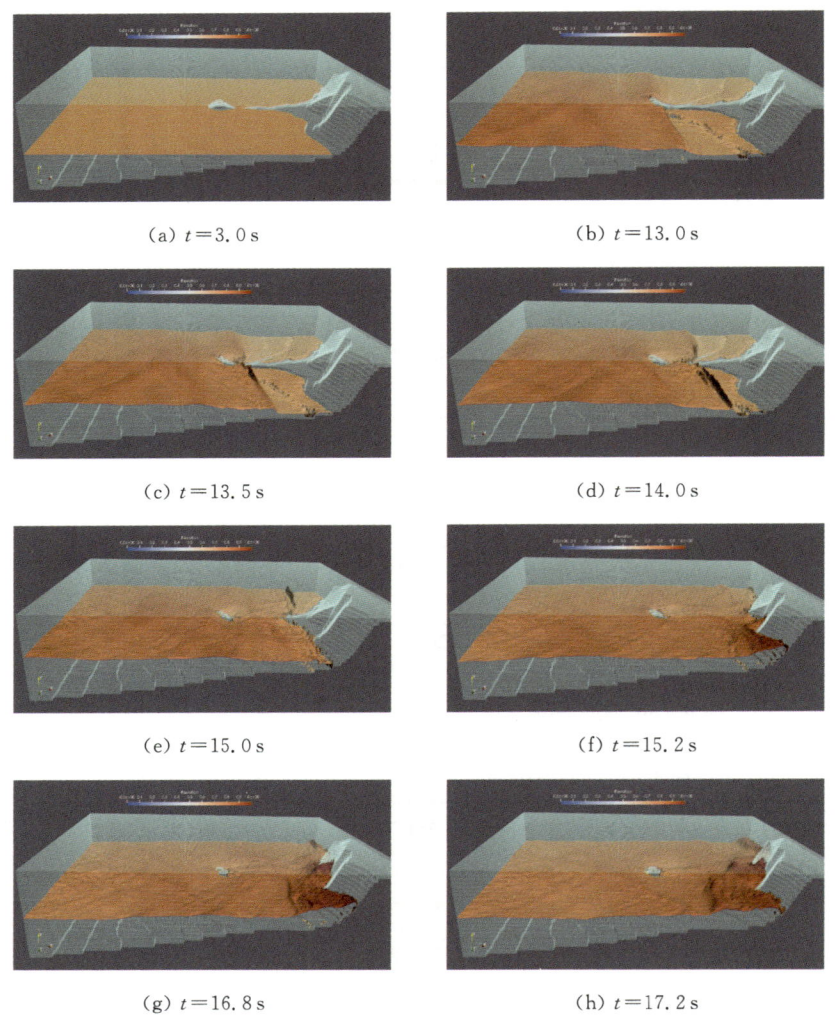

(a) $t=3.0$ s (b) $t=13.0$ s

(c) $t=13.5$ s (d) $t=14.0$ s

(e) $t=15.0$ s (f) $t=15.2$ s

(g) $t=16.8$ s (h) $t=17.2$ s

图 4-51 使用细网格模拟得到的海啸在复杂地形上爬坡过程示意图

从模拟结果来看,本章提出的三维数值模型能够较为精确地描述海啸与复杂地形的相互作用。

4.6 三维波浪与结构物相互作用

4.6.1 波浪与直立防波堤相互作用

直立式防波堤是一种常见的港口工程结构,其主要作用是为港池提供掩护,阻挡波浪和泥沙进入港池。使用数值模型精确模拟波浪在直立式防波堤前的反射和绕射，对于研究直立堤在波浪作用下的响应具有重要意义。本书采用 Lara 等（2012）在物理水槽中进行的波浪与直立防波堤相互作用的试验，来检验本书所建立的数值波浪水槽在模拟波浪遇到结构物的反射和绕射过程的计算精度。

Lara 试验是在西班牙坎塔布里亚大学实验室的水槽中进行的，该水槽长 22 m、宽 58.5 cm、高 78 cm，采用推波板造波，水槽实际有效长度为 20.6 m。图 4-52 所示为物理模型的平面布置图，直立式防波堤模型放置在距离推波板中心点 11.28 m 的位置，模型长 24 cm、宽 24 cm、高 70 cm。试验中，为了方便比较，在放置模型的位置增加了 6 cm 厚的树脂玻璃板，因此结构物的实际宽度为 30 cm。

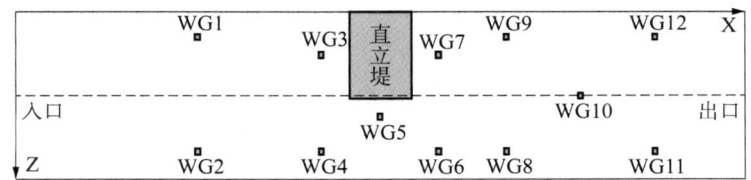

图 4-52　物理模型和测点位置平面布置图

为了确保模拟结果与物理试验尽可能接近，数值模型采用了与 Lara 试验相同的模型参数，具体参数见表 4-18。数值实验选择的波浪条件为波高 0.06 m、周期 2.0 s、波长 3.08 m、静水深 0.25 m，作为模拟波浪条件。在该波浪条件下，Lara 试验测量了 12 个位置的水位，数值实验在相应位置进行了水位测量，测量频率为 100 Hz。测点位置布置如图 4-52 所示，测点坐标见表 4-19，其中 x 坐标从水槽入口处开始计算，z 坐标从波浪传播方向的左侧壁面处开始计算。

表 4-18　波浪与直立防波堤相互作用数值模型参数

参数	长度	宽度	空间步长	时间步长	松弛时间	马赫数	格点数量	模拟时长
数值	20.6 m	0.585 m	3.9×10^{-3} m	8.15×10^{-5} s	0.500016	0.032	77.2 M	24 s

表 4-19　数值实验水位测点坐标

测点编号	x(m)	z(m)	测点编号	x(m)	z(m)
1	9.757	0.100	2	9.757	0.485
3	10.757	0.200	4	10.757	0.485
5	10.957	0.395	6	11.257	0.485
7	11.257	0.200	8	11.557	0.485
9	11.557	0.100	10	11.957	0.300
11	12.357	0.485	12	12.357	0.100

考虑到水槽侧壁面和底面为光滑表面,因此采用滑移边界条件,数值格式选取非平衡态外推格式;水槽入口处造波边界采用狄利克雷边界条件,数值格式同样选取非平衡态外推格式,边界速度依据 4.1.1 节中的造波方法结合波浪理论计算得到;直立式防波堤表面采用无滑移边界条件,数值格式选取非平衡态外推格式。流场结构在结构物附近较为复杂,为了准确模拟紊流运动,需要使用 D3Q27 离散速度模型下的 MRT 碰撞算子,结合静态 Smagorinsky 紊流模型,其中 Smagorinsky 常数取 0.15。

图 4-53 给出了测点位置处 LBM-NWT3D 模拟得到的水位结果与 Lara 试验测量结果的对比。从图 4-53 中可以看出,从第一个波开始,LBM-NWT3D 模拟结果与测量结果非常接近,无论是波高还是水位的变化过程均吻合得较好,除测点 4 和测点 7 外最大误差不超过 5%。图 4-54 给出了波峰和波谷作用在直立堤上的动压垂向分布模拟与公式计算对比结果。动压计算公式选取自《港口与航道水文规范》(2022 版)(JTS 145—2015)中的 8.1.2.1 和 8.1.2.2 节中的公式(邱大洪等,1996)。从图中可以看出,数值模拟得到的波峰和波谷时动压分布与公式计算结果相似。由于数值模拟条件与公式假定存在差异,导致模拟得到的波峰最大动压(0.58 kPa)小于公式计算结果(0.78 kPa),波谷最大动压(−0.50 kPa)大于公式计算结果(−0.42 kPa)。压力分布对比结果说明 LBM-NWT3D 模拟得到的波压力比较合理。图 4-55 给出了最后一个周期的波面变化,从图中可以看出,波浪在遇到结构物后有一部分反射回去导致堤前波高增大,另一部分绕射到结构物后导致堤后波高减小。此外,由于结构物的阻碍及侧壁面的反射,导致结构物附近水面变化剧烈,并在结构物右侧形成多个漩涡。本次数值实验是在"天河-1A"上进行,使用了 120 个核,计算时间为 44 h;Lara 等(2012)使用 IHFoam 进行模拟,使用了 64 个核,模型网格为 1.5M,计算时间为 72 h;Wen 等(2016)使用 WCSPH 方法,截取了水槽前 14 m 进行模拟,粒子数量为 2.1M,使用 64 个核,模拟时间为 96 h。

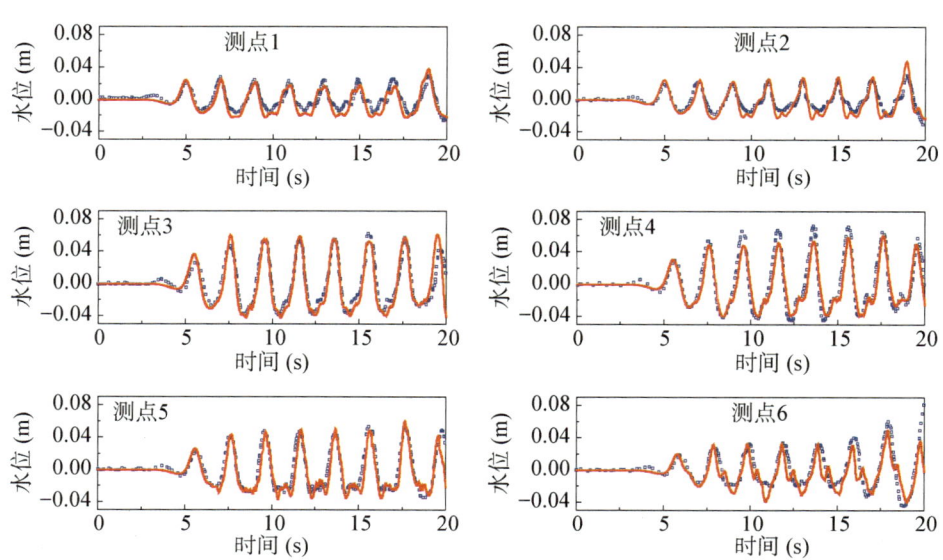

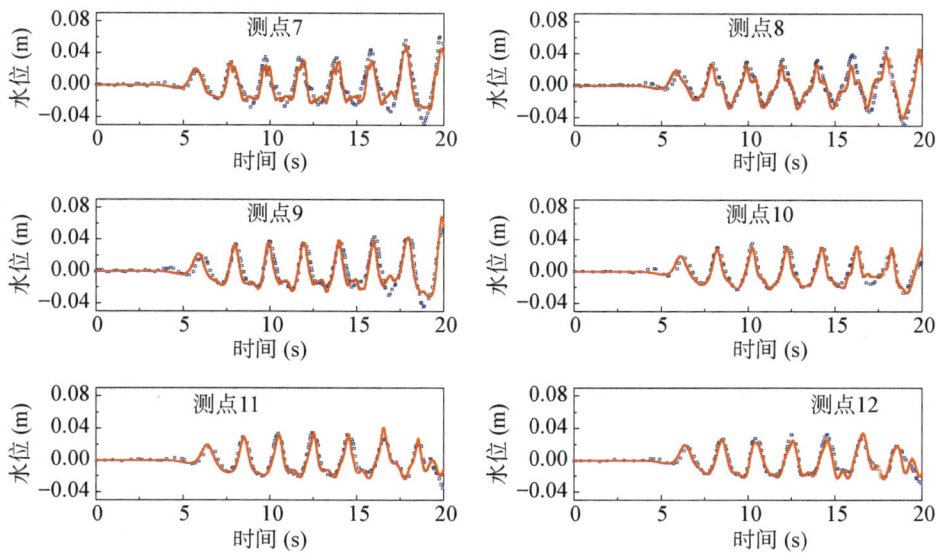

图 4-53　LBM-NWT3D 模拟水位结果与 Lara 试验测量数据对比
空心方块代表 Lara 试验测量结果,实线代表 LBM-NWT3D 模拟结果。

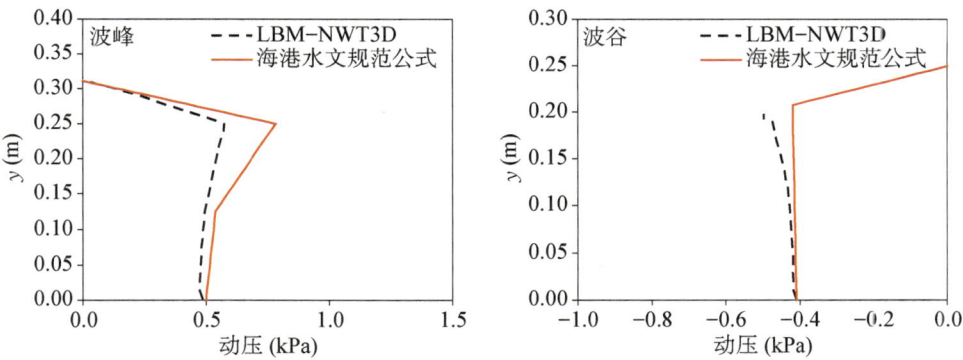

图 4-54　直立堤前 $z=0.03\,\text{m}$ 位置处,波峰和波谷作用在直立堤上垂向压力分布结果

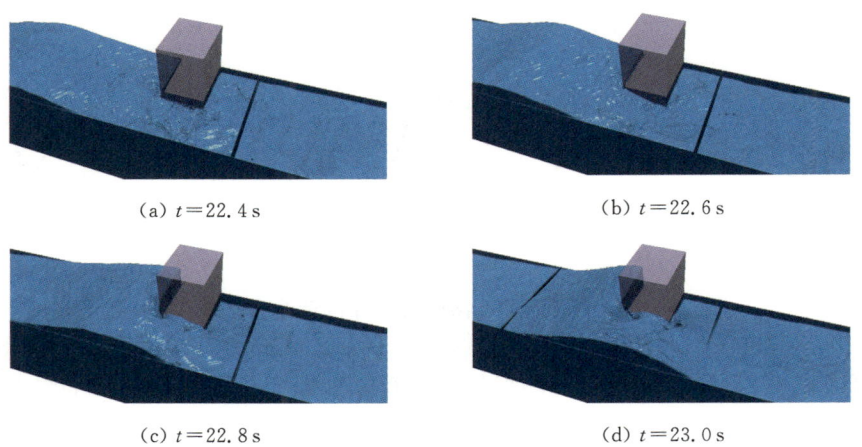

(a) $t=22.4\,\text{s}$　　　　　　　　　　(b) $t=22.6\,\text{s}$

(c) $t=22.8\,\text{s}$　　　　　　　　　　(d) $t=23.0\,\text{s}$

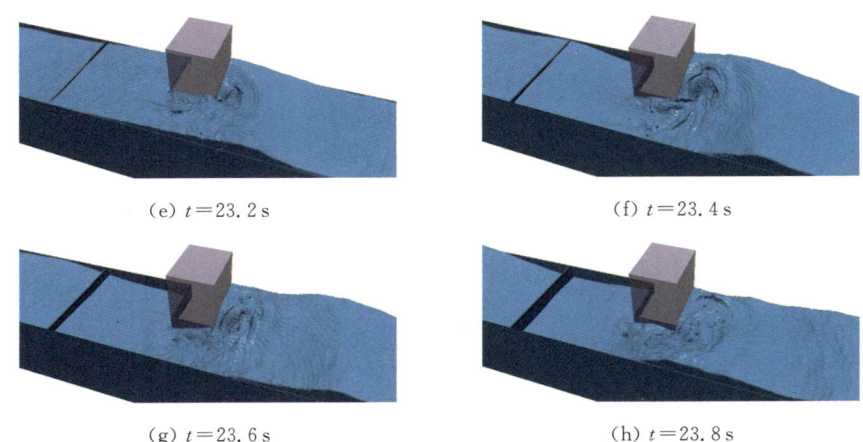

(e) $t=23.2$ s　　(f) $t=23.4$ s

(g) $t=23.6$ s　　(h) $t=23.8$ s

图 4-55　波浪与直立堤相互作用中一个周期内波面变化过程

从模拟结果来看,本节所建立的 LBM-NWT3D 能够较为精确地模拟波浪与结构物的相互作用,模型的计算效率与 IHFoam 接近、略高于 WCSPH 方法。

4.6.2　部分开孔沉箱防波堤的波浪反射性能

本节选用波高 0.05 m、周期 1.8 s、水深 0.5 m 的波浪,分别选取部分开孔沉箱的舱室宽度为 15 cm 和 20 cm 两种工程状况,对波浪与部分开孔沉箱防波堤的相互作用进行了数值模拟。通过在结构物前方布置测点,并采用 Goda 等(2015)的两点法计算反射系数,评估不同舱室宽度的开孔沉箱对相同波况的消浪效果。同时,将求得的反射系数与物理模型试验的反射系数进行对比,验证 LB 模型模拟波浪与复杂结构物相互作用的能力。

在模拟之前,首先在空水槽中进行滤波,采用主动吸收式速度入口造波和出流边界消波法。模拟结果如图 4-56 所示,造波效果良好,满足模拟三维波浪与开孔沉箱防波堤相互作用的前提条件。

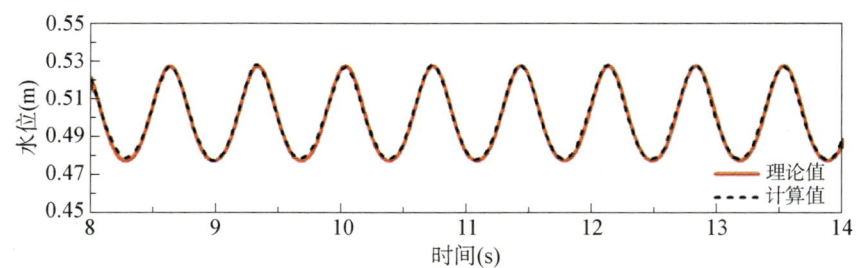

图 4-56　无结构物条件下的造波验证

数值模拟中,计算域的设置及测点位置的布置如图 4-57 所示。两个测点的间距为 0.90 m,测量频率为 100 Hz。数值模型的参数设置见表 4-20。水槽入口、出口及开孔沉箱防波堤表面均采用无滑移边界条件，水槽侧壁采用滑移边界条件。数值格式均采用非平衡态外推格式。由于在开孔沉箱消浪过程中波浪处于紊流状态，为了更好地模拟紊流运动，采用 Smagorinsky 紊流模型，Smagorinsky 常数 C_s 取 0.15。

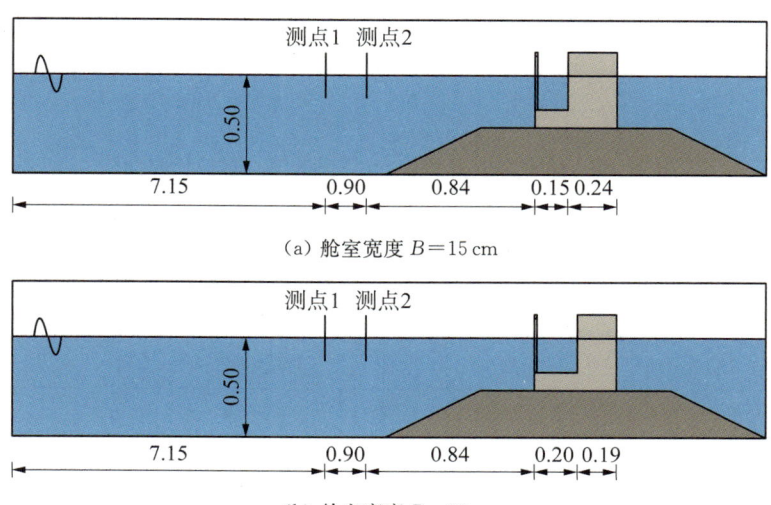

图 4-57 部分开孔沉箱计算域设置及水位测点布置图（单位：m）

表 4-20 算例的数值模型参数设置

算例	长度	宽度	空间步长	时间步长	松弛时间	马赫数	格点数量	模拟时间
$B=15\,\mathrm{cm}$	9.10 m	0.4 m	0.0025 m	8.06e−05 s	0.50004	0.064	144.4 M	14.5 s
$B=20\,\mathrm{cm}$	9.15 m	0.4 m	0.0025 m	8.06e−05 s	0.50004	0.064	145.0 M	14.5 s

舱室宽度 15 cm 和 20 cm 算例的测点水位历时模拟结果如图 4-58 和图 4-59 所示。从图中可以看出，在 10.0 s 时，两个测点的入射波与反射波叠加已经完成，水位历时曲线已经开始趋于稳定。因此，截取 10.0 s 后的数据进行入反射分离，计算结果见表 4-21。

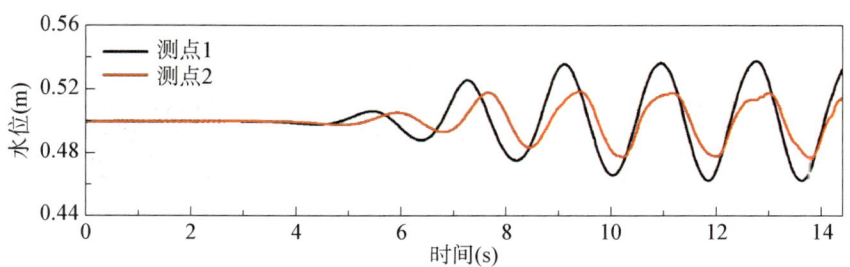

图 4-58 舱室宽度 $B=15\,\mathrm{cm}$ 算例的测点水位历时曲线

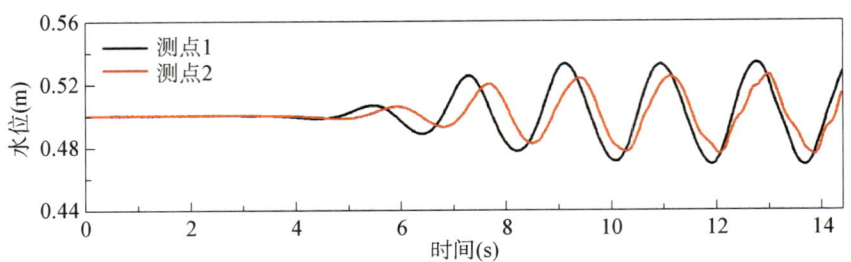

图 4-59 舱室宽度 $B=20\,\text{cm}$ 算例的测点水位历时曲线

表 4-21 开孔沉箱消浪反射系数实验值与数模结果

算例	实验值	LB 数模结果	模拟误差(%)
舱室宽度 $B=15\,\text{cm}$	0.640	0.692	8.1
舱室宽度 $B=20\,\text{cm}$	0.522	0.558	6.9

反射系数的 LB 模拟值与实验测量值基本一致,模拟误差分别为 8.1% 和 6.9%。舱室宽度为 20 cm 的算例反射系数小于舱室宽度为 15 cm 的算例,说明对于算例中模拟的波浪状况,舱室宽度为 20 cm 时,消浪效果更好。

图 4-60 为舱室宽度为 15 cm 的条件下,12.7～14.5 s 内,即一个周期内,波浪与部分开孔沉箱防波堤相互作用的波面过程图展示了波浪的变化,时间间隔为 0.18 s。在整个周期中,开孔沉箱内的水位先逐渐升至最高点,然后再逐渐下降。从图 4-60 中可以看出,当波浪传播至开孔沉箱时,由于前壁面的阻碍作用,一部分波浪被直接反射回来,而另一部分波浪则通过垂直狭缝进入舱室内。舱室内的波浪在与前壁面相互作用时发生明显的破碎现象,部分波能因此被消耗掉。

图 4-61 为舱室宽度 15 cm 工况下,12.7～14.5 s 内波面运动侧视图,可以明显地看出开孔沉箱的舱室内和舱室外的波浪有明显的相位差,这是除了紊动耗能之外造成波浪反射系数小于传统直立式沉箱防波堤的另一个原因。

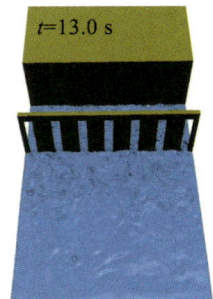

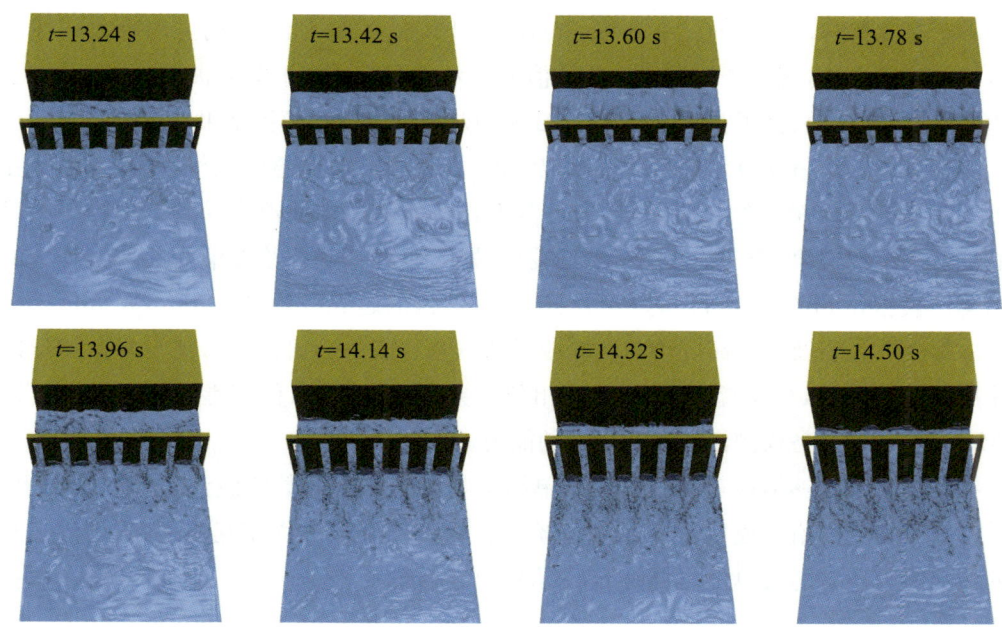

图 4-60　模拟时间 12.7～14.5 s 内,部分开孔沉箱附近波面图

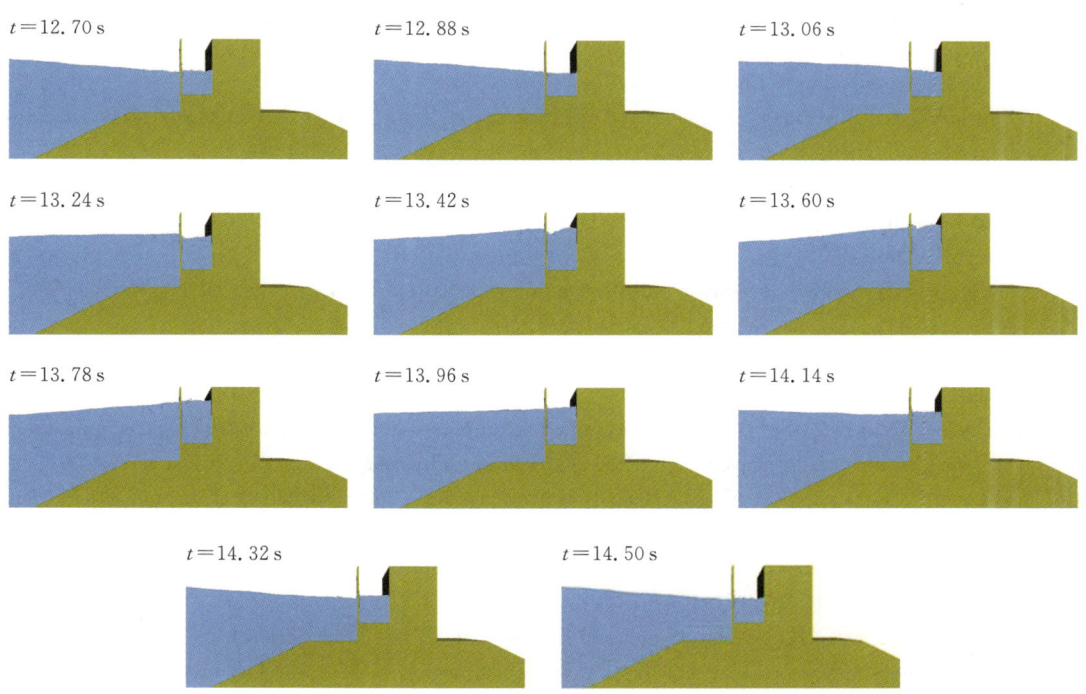

图 4-61　模拟时间 12.7～14.5 s 内,部分开孔沉箱附近波面运动侧视图

两个算例的模拟均在"天河-1A"上进行,以舱室宽度为 15 cm 的算例为例,使用 40 个节点,即 480 个 CPU 核,模拟时间为 14.4 s,计算时间为 19.1 h。

本章在具有自由表面的三维不可压 MRT-LB 模型基础上,采用主动吸收式速度入口造波及消波方法,建立了三维无反射数值波浪水槽。通过模拟孤立波的传播,讨论了速度边界格式、马赫数、格子常数、MRT-LB 模型及松弛参数对模拟结果的影响。

将所建立的数值波浪水槽应用于模拟波浪与结构物、地形的相互作用,以及海啸在岛屿上的爬坡过程。模拟结果表明,LBM-NWT3D 能够模拟波浪在受到结构物影响时产生的反射和绕射现象,合理描述结构物所受的波压力,并精确描绘波浪在爬坡过程中的流场结构。模拟得到的波浪破碎过程与实验测量数据的趋势一致;LBM-NWT3D 模拟得到的海啸爬坡过程及最大高度均与实验测量数据吻合较好。研究了海啸与复杂地形的相互作用,结果表明数值模型模拟得到的相位误差小于 7%,水位误差小于 20%,这说明 LBM-NWT3D 具备模拟海啸爬坡变形的能力。

在已建立的能够描述三维波浪与简单结构物相互作用的数值波浪水槽的基础上,完成了复杂结构的网格生成器的编写,并研究了波浪与直立防波堤相互作用、不可渗开孔沉箱的消浪能力及带肋板单柱复合筒形基础的波浪荷载。

参考文献

[1] Alagan C M, Bihs H, Myrhaug D, et al. Breaking solitary waves and breaking wave forces on a vertically mounted slender cylinder over an impermeable sloping seabed [J]. Journal of Ocean Engineering and Marine Energy, 2017, 3(1):1-19.

[2] Bouzidi M H, Firdaouss M, Lallemand P. Momentum transfer of a Boltzmann-lattice fluid with boundaries[J]. Physics of Fluids, 2001, 13(11):3452-3459.

[3] D'Humières D, Ginzburg I, Krafczyk M, et al. Multiple-relaxation-time lattice Boltzmann models in three dimensions [J]. Philosophical Transactions: Mathematical, Physical and Engineering Sciences, 2002, 360:437-451.

[4] Du R, Shi B-C. Incompressible multi-relaxation-time lattice Boltzmann model in 3-D space [J]. Journal of Hydrodynamics, Ser. B, 2010, 22(6):782-787.

[5] Goda Y, Suzuki Y. Estimation of Incident and Reflected Waves in Random Wave Experiments [C]. Coastal Engineering 1976:828-845.

[6] He N Z, Wang N C, Shi B C, et al. A unified incompressible lattice BGK model and its application to three-dimensional lid-driven cavity flow[J]. Chinese Physics, 2004, 13(1):40.

[7] Higuera P, Lara J L, Losada I J. Realistic wave generation and active wave absorption for Navier-Stokes models: Application to OpenFOAM® [J]. Coastal Engineering, 2013, 71:102-118.

[8] Higuera P, Lara J L, Losada I J. Simulating coastal engineering processes with OpenFOAM® [J]. Coastal Engineering, 2013, 71:119-134.

[9] Huang Z C, Hwang K S. Measurements of surface thermal structure, kinematics, and turbulence of a large-scale solitary breaking wave using infrared imaging techniques [J]. Coastal Engineering, 2015, 96:132-147.

[10] Janssen C, Krafczyk M. A lattice Boltzmann approach for free-surface-flow simulations on non-uniform block-structured grids [J]. Computers & Mathematics with Applications, 2010, 59(7): 2215-2235.

[11] Janßen C F, Grilli S T, Krafczyk M. On enhanced non-linear free surface flow simulations with a

[12] Janßen C F, Mierke D, Überrück M, et al. Validation of the GPU-Accelerated CFD Solver ELBE for Free Surface Flow Problems in Civil and Environmental Engineering [J]. Computation, 2015:354-385.

[13] Kleefsman T. Water impact loading on offshore structures-a numerical study[D]. Groningen, the Netherlands: University of Groningen, 2005:151.

[14] Kriebel D L. Nonlinear wave interaction with a vertical circular cylinder: Wave forces[J]. Ocean Engineering, 1998, 25(7):597-605.

[15] Lin P, Liu P L F. Internal wave-maker for Navier-Stokes equations models [J]. Journal of waterway, port, coastal, and ocean engineering, 1999, 125(4):207-215.

[16] Linhart J. A quick point-in-polyhedron test[J]. Computers & Graphics, 1990, 14(3):445-447.

[17] Liu P L F, Yeh H, Synolakis C. Advanced Numerical Models for Simulating Tsunami Waves and Runup [M]. Advances in Coastal and Ocean Engineering. World Scientific, 2008:344.

[18] Mei R, Luo L S, Shyy W. An Accurate Curved Boundary Treatment in the Lattice Boltzmann Method[J]. Journal of Computational Physics, 1999, 155(2):307-330.

[19] Mo W, Jensen A, Liu L F. Plunging solitary wave and its interaction with a slender cylinder on a sloping beach[J]. Ocean Engineering, 2013, 74:48-60.

[20] Möller T, and Trumbore B. Fast, Minimum Storage Ray-Triangle Intersection [J]. Journal of Graphics Tools, 1997, 2(1):21-28.

[21] Peng C, Geneva N, Guo Z, et al. Direct numerical simulation of turbulent pipe flow using the lattice Boltzmann method[J]. Journal of Computational Physics, 2018, 357:16-42.

[22] Pringle W J, Yoneyama N, Mori N. Two-way coupled long wave-RANS model: Solitary wave transformation and breaking on a plane beach[J]. Coastal Engineering, 2016, 114:99-118.

[23] Safi M A. Efficient computations for multiphase flow problems using coupled lattice Boltzmann-level set methods[D]. Der Fakultät für Mathematik der, Dortmund, Germany: Technischen Universität Dortmund, 2016:155.

[24] Suga K, Kuwata Y, Takashima K, et al. A D3Q27 multiple-relaxation-time lattice Boltzmann method for turbulent flows[J]. Computers & Mathematics with Applications, 2015, 69(6):518-529.

[25] Svendsen I A. Introduction to Nearshore Hydrodynamics [M]. Volume 24. Singapore: World Scientific, 2005:744.

[26] Swigler D T. Laboratory study investigating the three-dimensional turbulence and kinematic properties associated with a breaking solitary wave[D]. Ocean Engineering, College Station, USA: Texas A&M University, 2009:162.

[27] Wei G, Kirby J. Time-Dependent Numerical Code for Extended Boussinesq Equations[J]. Journal of Waterway, Port, Coastal, and Ocean Engineering, 1995, 121(5):251-261.

[28] Zhang W, Shi B, Wang Y. 14-velocity and 18-velocity multiple-relaxation-time lattice Boltzmann models for three-dimensional incompressible flows [J]. Computers & Mathematics with Applications, 2015, 69(9):997-1019.

[29] Zhao Z, Huang P, Li Y, et al. A lattice Boltzmann method for viscous free surface waves in two dimensions[J]. International Journal for Numerical Methods in Fluids, 2013, 71(2):223-248.

[30] 邱大洪. 椭圆余弦波在工程上的应用[J]. 大连工学院学报, 1982(1):87-96.

[31] 邱大洪, 贾影, 臧军. 椭圆余弦波与直墙的相互作用[J]. 水利学报, 1996(a):11-21.

[32] 赵庄明, 黄平, 陈莉苹. 模拟黏性波的三维格子Boltzmann方法[J]. 水动力学研究与进展(A辑), 2013, 28(6):708-716.

第 5 章

水流与结构物相互作用的 LB 模拟

传统多松弛 LB 模型在高雷诺数下存在稳定性差和精度低的缺陷(Geier 等,2015,2017),这些缺点在模拟波浪时并不显著,但在纯流动的模拟中则难以避免。如图 5-1 所示,使用多松弛模型进行水流模拟时,容易出现压力振荡现象,进而影响模型的整体稳定性。这种限制性削弱了多松弛 LB 模型在工程流动模拟中的应用潜力。为了克服这一问题,本书在 5.2 节详细介绍了累积量 LB 模型(Cumulant - LBM),其在高雷诺数条件下表现出显著的稳定性和精度优势。因此,本节基于累积量 LB 模型,并结合速度入口和特征边界条件出口,构建了一个三维数值水流水槽,以满足工程应用需求。

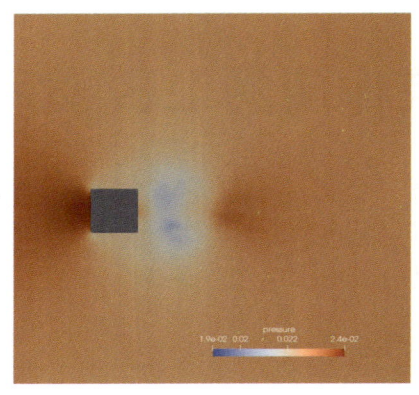 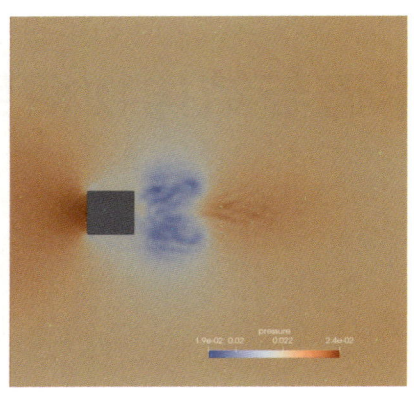

(a) 累积量模型　　　　　　　　(b) 多松弛模型

图 5-1　$Re=14\,000$ 时,基于不同 LB 模型的方柱附近压力场对比

5.1　造流和消流方法

5.1.1　速度入口造流

如图 5-2 所示,对于入流边界,采用速度入口的宏观边界条件,即指定边界上的宏观速度。随后,利用非平衡态外推重构边界上的微观分布函数。速度入口一般按照明渠流速度分布给定,因此下面首先介绍常见的明渠流速度剖面。

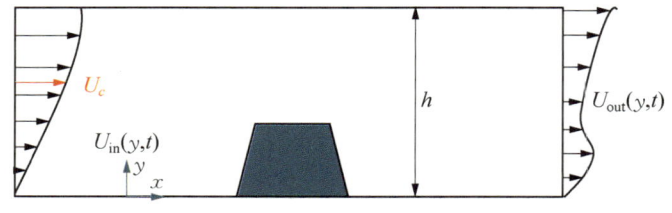

图 5-2　三维数值水流水槽示意图

5.1.1.1 均匀流速剖面

均匀流速剖面是最简单的一种入流设置方式,仅需已知入流的平均流速 U_c。由于其需要设置的参数最少,适用于缺乏其他已知量的情况,是一种最常见的设置方式。此时入流流速剖面为

$$U_{in}(y) = U_c \tag{5-1}$$

均匀流速剖面的入流需要较长的稳定段,以便在计算域内自由发展。

5.1.1.2 层流流速剖面

层流流速剖面假设流速分布满足抛物线关系,也是一种简单的入流设置方式(张金凤等,2009),仅需已知入流的平均流速 U_c 和水深 h,最大流速与平均流速存在关系 $U_{max}=1.5U_c$。其需要设置的参数比较容易获得,此时入流流速剖面为

$$U_{in}(y) = U_{max}\left[2\left(\frac{y}{h}\right) - \left(\frac{y}{h}\right)^2\right] \tag{5-2}$$

层流剖面可以视为在摩阻流速 U_τ 时的一种代替设置方法,让其在计算域内发展,且也可以应用于未知的出流流速剖面中。

5.1.1.3 对数流速剖面

对于近岸水流流速分布,对数分布是一种常见形式。前人关于对数流速分布及其修正有很多研究,以下将对一些常见理论进行介绍。

Nezu 和 Rodi(1986)基于大量的明渠实验实测数据,给出了对数流速剖面的表达式,在非常靠近壁面由黏性主导的位置:

$$U^+ = y^+ \quad (y^+ < 5) \tag{5-3}$$

其中,$U^+(y) = U_{in}(y)/U_\tau$,$y^+ = yU_\tau/\nu$,$U_\tau$ 为摩阻流速。在对数律区域,流速剖面满足:

$$U^+ = \frac{1}{\kappa}\ln(y^+) + B \quad (30 < y^+ < 0.2Re_\tau) \tag{5-4}$$

式中,$Re_\tau = U_\tau h/\nu$,为摩阻雷诺数;$\kappa = 0.412$,为冯卡门常数;$B = 5.29$,为积分常数对数律的使用区域仅限于近壁区域。在靠近自由表面的外流区,当雷诺数较大时,会对对数律产生较大的偏移。此时需要加入尾流函数对对数律进行修正。修正后的剖面为

$$U^+ = \frac{1}{\kappa}\ln(y^+) + B + w(\xi) \tag{5-5}$$

其中,$w(\xi)$ 为尾流函数,其表达式为

$$w(\xi) = \frac{2\Pi}{\kappa}\sin^2\left(\frac{\pi}{2}\xi\right) \tag{5-6}$$

其中，$\xi=y/h$，Π 为表征尾流函数强度的变量，其取值可由 Nezu 和 Rodi(1986)文献中图 7 查图获得，其在 $Re_h<3\times10^4$ 时取为 0，在 $Re_h>2\times10^5$ 时取为常数 0.2。由于 Nezu 和 Rodi(1986)根据实验数据给出的对数流速剖面缺少过渡区的公式，因此下面介绍几种包含过渡段的统一公式。

Van Driest(1956)对于光滑壁面，提出的流速剖面为

$$\frac{U}{U_\tau}=2\int_0^{y^+}\frac{1}{1+\sqrt{1+4\kappa^2 y^{+2}[1-\exp(-y^+/D)]^2}}\mathrm{d}y^+ \qquad (5-7)$$

其中，常数 $D=26$。对于粗糙壁面，Cebeci 和 Chang(1978)提出了一个坐标偏移量 Δy^+，其表达式为

$$\Delta y^+=0.9\left[\sqrt{k_s^+}-k_s^+\exp\left(-\frac{k_s^+}{6}\right)\right]\quad (5<k_s^+<2\,000) \qquad (5-8)$$

式中，k_s^+ 为粗糙度雷诺数，定义为 $k_s^+=k_s U_\tau/\nu$。相应地，流速剖面修正为

$$\frac{U}{U_\tau}=2\int_0^{y^+}\frac{1}{1+\sqrt{1+4\kappa^2(y^++\Delta y^+)^2[1-\exp(-(y^++\Delta y^+)^2/D)]^2}}\mathrm{d}y^+ \qquad (5-9)$$

此时，常数 $D=25$。

Spalding(1961)也给出了一个包含过渡区的统一流速剖面公式：

$$y^+=U^++e^{-\kappa B}\left[e^{-\kappa U^+}-1-\kappa U^+-\frac{(\kappa U^+)^2}{2}-\frac{(\kappa U^+)^3}{6}\right] \qquad (5-10)$$

此时，取 $\kappa=0.41$ 和 $B=5.5$，Spalding 流速剖面需要利用牛顿迭代法求方程的根。

对于考虑粗糙度的对数剖面，速度剖面可以写为更一般的形式：

$$\frac{U}{U_\tau}=\frac{1}{\kappa}\ln\left(\frac{y}{y_0}\right) \qquad (5-11)$$

式中，y_0 代表由于粗糙度而引起的速度剖面的偏移，y_0 的取值取决于边界层内的流态，可以分为光滑、过渡和粗糙态，一种表达式为

$$y_0=\begin{cases}\dfrac{0.11\nu}{U_\tau} & \left(\dfrac{k_s U_\tau}{\nu}<5\right)\\ \dfrac{0.11\nu}{U_\tau}+\dfrac{k_s}{30} & \left(5<\dfrac{k_s U_\tau}{\nu}<70\right)\\ \dfrac{k_s}{30} & \left(\dfrac{k_s U_\tau}{\nu}>70\right)\end{cases} \qquad (5-12)$$

另一种将过渡区统一的表达式为

$$y_0 = \frac{k_s}{30}\left[1 - \exp\left(-\frac{U_\tau k_s}{27\nu}\right)\right] + \frac{\nu}{9U_\tau} \tag{5-13}$$

其中，k_s 为尼古拉斯糙率，对于没有沙纹的床面，一般可以取 $k_s = 2.5d_{50}$；对于有沙纹的床面，可以取 $k_s = 4\eta$，η 为沙纹高度。

对于存在实验数据时的对数剖面，可以将对数律写为带参数的形式，然后根据实际测点的速度值进行拟合，这是一种常见的方法。带有待定参数的对数律剖面为

$$\frac{U}{U_\tau} = A\ln(y^+) + B \tag{5-14}$$

其中，A 和 B 为两个待定参数，由实验数据拟合得到。

5.1.2 特征边界条件出流

由于 LBM 的弱可压缩性质，计算域内的压力波会以声速 c_s 传播，并因此在边界处反射。这种反射会导致产生压力杂波和过大的速度梯度，最终导致模拟发散。已有的文献表明，特征边界条件（CBC）在二维 LBM 模拟中能有效消除开边界处的虚假反射，如图 5-3 所示（Izquierdo 等，2008）。因此，本节将 CBC 方法推广到三维不可压缩流动的 LBM 模拟。

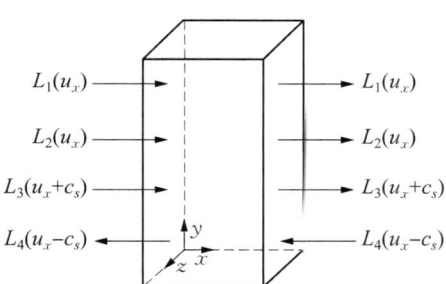

图 5-3　入口及出口处特征速度方向

CBC 在边界处求解一组简化的 N-S 方程，即不包括黏性项的局部一维无黏流动（Local One-dimensional Inviscid, LODI）方程。对于垂直于 x 方向的三维出流开边界，对应于不可压缩 LB 模型的 LODI 宏观控制方程可写成如下形式：

$$\frac{1}{\rho_0}\frac{\partial \rho}{\partial t} + \frac{\partial u_x}{\partial x} = 0 \tag{5-15}$$

$$\frac{\partial u_x}{\partial t} + u_x\frac{\partial u_x}{\partial x} + \frac{1}{\rho_0}\frac{\partial p}{\partial x} = 0 \tag{5-16}$$

$$\frac{\partial u_y}{\partial t} + u_x\frac{\partial u_y}{\partial x} = 0 \tag{5-17}$$

$$\frac{\partial u_z}{\partial t} + u_x\frac{\partial u_z}{\partial x} = 0 \tag{5-18}$$

在推导二维不可压缩 CBC 时，Schlaffer（2013）建议在连续性方程中添加额外附加项 $u_x \partial \rho/\rho_0 \partial x$。另外，利用 LB 格式中压力和密度的关系 $p = \rho c_s^2$，连续性方程可表示为

$$\frac{\partial p}{\partial t} + u_x\frac{\partial p}{\partial x} + \rho_0 c_s^2 \frac{\partial u_x}{\partial x} = 0 \tag{5-19}$$

因此，LODI 方程为式(5-16)~式(5-19)。由于所使用的 LB 格式不考虑热量，因此能量方程在这里可以被省略(Heubes 等,2014)。随后,LODI 方程用向量形式可以表示为

$$\frac{\partial \boldsymbol{U}}{\partial t}+\boldsymbol{A}\frac{\partial \boldsymbol{U}}{\partial x}=0 \qquad (5-20)$$

其中，$\boldsymbol{U}=(p, u_x, u_y, u_z)$；$\boldsymbol{A}$ 为系数矩阵，可写为

$$\boldsymbol{A}=\begin{bmatrix} u_x & \rho_0 c_s^2 & 0 & 0 \\ \dfrac{1}{\rho_0} & u_x & 0 & 0 \\ 0 & 0 & u_x & 0 \\ 0 & 0 & 0 & u_x \end{bmatrix} \qquad (5-21)$$

利用特征向量分解，参数矩阵被分解为 $\boldsymbol{SAS}^{-1}=\boldsymbol{\Lambda}$，其中 $\boldsymbol{\Lambda}$ 是特征值的对角矩阵，$\boldsymbol{S}$ 为特征向量矩阵。它们分别表示为

$$\boldsymbol{\Lambda}=diag(\lambda_1, \lambda_2, \lambda_3, \lambda_4)=diag(u_x, u_x, u_x+c_s, u_x-c_x) \qquad (5-22)$$

$$\boldsymbol{S}=\begin{bmatrix} 0 & 0 & 0 & 1 \\ 0 & 0 & 1 & 0 \\ \dfrac{1}{2c_s\rho_0} & \dfrac{1}{2} & 0 & 0 \\ -\dfrac{1}{2c_s\rho_0} & \dfrac{1}{2} & 0 & 0 \end{bmatrix} \qquad (5-23)$$

其中，λ_i 为边界处的特征速度。特征速度的方向如图 5-3 所示。相应的波幅 $\boldsymbol{L}$ 计算如下：

$$\boldsymbol{L}=\boldsymbol{\Lambda S}\frac{\partial \boldsymbol{U}}{\partial x}=\begin{bmatrix} L_1 \\ L_2 \\ L_3 \\ L_4 \end{bmatrix}=\begin{bmatrix} u_x\dfrac{\partial u_z}{\partial x} \\ u_x\dfrac{\partial u_y}{\partial x} \\ (u_x+c_s)\left(\dfrac{1}{2c_s\rho_0}\dfrac{\partial p}{\partial x}+\dfrac{1}{2}\dfrac{\partial u_x}{\partial x}\right) \\ (u_x-c_s)\left(-\dfrac{1}{2c_s\rho_0}\dfrac{\partial p}{\partial x}+\dfrac{1}{2}\dfrac{\partial u_x}{\partial x}\right) \end{bmatrix} \qquad (5-24)$$

随后,通过应用式(5-24)，LODI 方程 $\partial \boldsymbol{U}/\partial t+\boldsymbol{S}^{-1}\boldsymbol{L}=0$ 可转化为

$$\frac{\partial p}{\partial t}+\rho_0 c_s(L_3-L_4)=0 \qquad (5-25)$$

$$\frac{\partial u_x}{\partial t} + L_3 + L_4 = 0 \tag{5-26}$$

$$\frac{\partial u_y}{\partial t} + L_2 = 0 \tag{5-27}$$

$$\frac{\partial u_z}{\partial t} + L_3 = 0 \tag{5-28}$$

在右侧出口的开边界条件处，通过将入射波的特征波幅 L_4 设置为零，实现了无反射边界条件。通过将式(5-24)代入式(5-25)~式(5-28)，并采用一阶时间前向步进格式，当前时刻的宏观量可以表示为

$$p^t = p^{t-1} - \delta t (u_x^{t-1} + c_s) \left(\frac{1}{2} \frac{\partial p^{t-1}}{\partial x} + \frac{\rho_0 c_s}{2} \frac{\partial u_x^{t-1}}{\partial x} \right) \tag{5-29}$$

$$u_x^t = u_x^{t-1} - \delta t (u_x^{t-1} + c_s) \left(\frac{1}{2\rho_0 c_s} \frac{\partial p^{t-1}}{\partial x} + \frac{1}{2} \frac{\partial u_x^{t-1}}{\partial x} \right) \tag{5-30}$$

$$u_y^t = u_y^{t-1} - \delta t u_x^{t-1} \frac{\partial u_y^{t-1}}{\partial x} \tag{5-31}$$

$$u_z^t = u_z^{t-1} - \delta t u_x^{t-1} \frac{\partial u_z^{t-1}}{\partial x} \tag{5-32}$$

其中，波幅的空间导数采用单侧二阶有限差分法求解：

$$\frac{\partial \boldsymbol{U}}{\partial x}(x_b) = \frac{1}{2\delta x} \left[3\boldsymbol{U}(x_b) - 4\boldsymbol{U}(x_{b-1}) + \boldsymbol{U}(x_{b-2}) \right] + O(\delta x^2) \tag{5-33}$$

通过以上推导，最终得出了在出口开边界处当前时间步的压力和速度等宏观量。利用在出口开边界处计算得到的压力和速度，采用平衡态边界格式计算未知方向的粒子分布函数：

$$f_\alpha = \omega_\alpha \frac{p}{c_s^2} + \omega_\alpha \rho_0 \left[\frac{\boldsymbol{e}_\alpha \cdot \boldsymbol{u}}{c_s^2} + \frac{(\boldsymbol{e}_\alpha \cdot \boldsymbol{u})^2}{2c_s^4} - \frac{|\boldsymbol{u}|^2}{2c_s^2} \right] \tag{5-34}$$

5.2 高稳定性的 Cumulant-LBM 模型

尽管基于矩空间的多松弛碰撞模型（MRT）在一定程度上改善了稳定性，但随着对 LBM 碰撞模型研究的深入，研究发现 MRT 模型在高雷诺数条件下，尤其是针对单向流动情况，仍存在稳定性问题（李旭晖等，2022，Geier 等，2015）。因此，开发更先进的碰撞模型以拓展 LBM 在实际工程领域的应用显得尤为重要。在这一背景下，Geier 等（2015）提出了基于累积量（Cumulant）的碰撞算子。累积量是分布函数的一种可观测量，包含了连续

分布函数与高斯平衡分布之间的偏差。与矩的定义不同，n 阶累积量仅包含分布函数中未被低于 n 阶累积量描述的信息，因此累积量是相互独立的观测量。当累积量模型与矩模型在速度集、平衡函数和松弛率等方面保持一致时，累积量之间的独立性有助于提高伽利略不变性与自由度解耦程度的可靠性。此外，为解决采用 D3Q19 离散速度空间的模型在中高雷诺数模拟中出现的各向异性问题，累积量模型中采用了 D3Q27 离散速度空间 (Geier 等，2015)。

为得到概率密度分布函数的累积量，首先需要通过双侧拉普拉斯变换将分布函数从相空间 $\vec{\xi}=(\xi,\psi,\zeta)$ 转换到频率空间 $\vec{\Xi}=(\Xi,\Psi,Z)$：

$$F(\vec{\Xi})=\mathcal{L}\{f(\xi,\psi,\zeta)\}=\int_{-\infty}^{+\infty}e^{-\vec{\xi}\cdot\vec{\Xi}}f(\vec{\xi})\mathrm{d}\vec{\xi} \quad (5-35)$$

随后，分布函数的累积量 $c_{\alpha\beta\gamma}$ 定义为频域空间的分布函数 $F(\vec{\Xi})$ 做泰勒级数展开时的系数：

$$c_{\alpha\beta\gamma}=c^{-\alpha-\beta-\gamma}\frac{\partial^{\alpha}\partial^{\beta}\partial^{\gamma}}{\partial\Xi^{\alpha}\partial\Psi^{\beta}\partial Z^{\gamma}}\ln(F(\Xi,\Psi,Z))|_{\Xi=\Psi=Z=0} \quad (5-36)$$

在累积量模型中，我们采用三下标格式表示各累积量和分布函数，α、β、$\gamma \in (0, 1, 2)$，i、j、$k \in (\bar{1}, 0, 1)$，$\bar{1} \equiv -1$，区别于矩模型中单下标格式。这种表示方式能够更为清晰地展示分布函数到累积量之间的转换过程。累积量最高阶数为 6，共有 27 个累积量。

由于分布函数的零阶矩为密度 ρ，其值接近于恒定常数 1，而对于不可压缩问题，我们对其零阶矩的绝对值并不关心，仅关注其波动值动态密度 $\delta\rho$，密度与动态密度之间的关系为 $\rho=\delta\rho+1$。因此，在实际计算过程中，我们不是直接使用分布函数 f_{ijk}，而是通过减去恒定常数定义一种良态（well conditioned）分布函数 $f_{ijk}=f_{ijk}-\omega_{ijk}$。其中，权系数 ω_{ijk} 定义与先前公式中定义的权重一致(Geier 等，2017)。但由于良态分布函数完全代替了原始分布函数，为了便于读者理解计算过程，下文中仍将其称为分布函数，并使用 f_{ijk} 来表示。碰撞前的分布函数的各阶矩定义为

$$m_{\alpha\beta\gamma}=\sum_{i=-1}^{1}\sum_{j=-1}^{1}\sum_{k=-1}^{1}i^{\alpha}j^{\beta}k^{\gamma}f_{ijk} \quad (5-37)$$

矩的阶数由下标之和 $\alpha+\beta+\gamma$ 确定。此时，分布函数的零阶矩为动态密度 $\delta\rho=m_{000}$，流体的宏观速度定义为分布函数的一阶矩除以质量：

$$u=\frac{m_{100}}{\rho}, v=\frac{m_{010}}{\rho}, w=\frac{m_{001}}{\rho} \quad (5-38)$$

累积量可以直接根据式(5-36)中的定义计算。由于累积量不是简单的函数，这种直

接计算十分复杂(Geier 等,2015)。因此需要中间步骤将分布函数转换为累积量,首先进行前向中心矩变换,将分布函数 f_{ijk} 转换为中心矩 $\kappa_{\alpha\beta\gamma}$,此过程需要引入常量参数 K,其可由权重系数 ω_{ijk} 计算:

$$K_{ij|\gamma} = \sum_k k^\gamma \omega_{ijk} \qquad (5-39)$$

$$K_{i|\beta\gamma} = \sum_j j^\beta K_{ij|\gamma} \qquad (5-40)$$

$$K_{\alpha\beta\gamma} = \sum_i i^\alpha K_{i|\beta\gamma} \qquad (5-41)$$

此时,中心矩 $\kappa_{\alpha\beta\gamma}$ 表达式为

$$\kappa_{ij|0} = (f_{ij1} + f_{ij\bar{1}}) + f_{ij0} \qquad (5-42)$$

$$\kappa_{ij|1} = (f_{ij1} - f_{ij\bar{1}}) - w(\kappa_{ij|0} + K_{ij|0}) \qquad (5-43)$$

$$\kappa_{ij|2} = (f_{ij1} + f_{ij\bar{1}}) - 2w(f_{ij1} - f_{ij\bar{1}}) + w^2(\kappa_{ij|0} + K_{ij|0}) \qquad (5-44)$$

$$\kappa_{i|0\gamma} = (\kappa_{i1|\gamma} + \kappa_{i\bar{1}|\gamma}) + \kappa_{i0|\gamma} \qquad (5-45)$$

$$\kappa_{i|1\gamma} = (\kappa_{i1|\gamma} - \kappa_{i\bar{1}|\gamma}) - v(\kappa_{i|0\gamma} + K_{i|0\gamma}) \qquad (5-46)$$

$$\kappa_{i|2\gamma} = (\kappa_{i1|\gamma} + \kappa_{i\bar{1}|\gamma}) - 2v(\kappa_{i1|\gamma} - \kappa_{i\bar{1}|\gamma}) + v^2(\kappa_{i|0\gamma} + K_{i|0\gamma}) \qquad (5-47)$$

$$\kappa_{0\beta\gamma} = (\kappa_{1|\beta\gamma} + \kappa_{\bar{1}|\beta\gamma}) + \kappa_{0|\beta\gamma} \qquad (5-48)$$

$$\kappa_{1\beta\gamma} = (\kappa_{1|\beta\gamma} - \kappa_{\bar{1}|\beta\gamma}) - u(\kappa_{0\beta\gamma} + K_{0\beta\gamma}) \qquad (5-49)$$

$$\kappa_{2\beta\gamma} = (\kappa_{1|\beta\gamma} + \kappa_{\bar{1}|\beta\gamma}) - 2u(\kappa_{1|\beta\gamma} - \kappa_{\bar{1}|\beta\gamma}) + u^2(\kappa_{0\beta\gamma} + K_{0\beta\gamma}) \qquad (5-50)$$

其次,进行前向累积量变换,将中心矩 $\kappa_{\alpha\beta\gamma}$ 转换为累积量 $C_{\alpha\beta\gamma}$,其中 $C_{\alpha\beta\gamma} = c_{\alpha\beta\gamma}\rho$。由于没有统一的表达式来计算累积量,因此只能对各累积量分别计算。二阶和三阶的累积量与对应的中心矩相同:

$$C_{110} = \kappa_{110} \qquad (5-51)$$

$$C_{200} = \kappa_{200} \qquad (5-52)$$

$$C_{120} = \kappa_{120} \qquad (5-53)$$

$$C_{111} = \kappa_{111} \qquad (5-54)$$

为节约篇幅,我们省略掉在转换过程中可以通过下标交换得到的累积量,如 C_{101} 和 C_{011}。累积量与中心矩的差异从四阶开始体现:

$$C_{211} = \kappa_{211} - [(\kappa_{200} + 1/3)\kappa_{011} + 2\kappa_{110}\kappa_{101}]/\rho \qquad (5-55)$$

$$C_{220} = \kappa_{220} - \{[(\kappa_{200}\kappa_{020} + 2\kappa_{110}^2) + (\kappa_{200} + \kappa_{020})/3]/\rho - (\delta\rho/\rho)/9\} \quad (5-56)$$

$$C_{122} = \kappa_{122} - \{[\kappa_{002}\kappa_{120} + \kappa_{020}\kappa_{102} + 4\kappa_{011}\kappa_{111} + 2(\kappa_{101}\kappa_{021} + \kappa_{110}\kappa_{012})] + (\kappa_{120} + \kappa_{102})/3\}/\rho$$
$$(5-57)$$

$$\begin{aligned}C_{222} =& \kappa_{222} - [4\kappa_{111}^2 + \kappa_{200}\kappa_{022} + \kappa_{020}\kappa_{202} + \kappa_{002}\kappa_{220} + 4(\kappa_{011}\kappa_{211} + \kappa_{101}\kappa_{121} + \kappa_{110}\kappa_{112}) \\ & + 2(\kappa_{120}\kappa_{102} + \kappa_{210}\kappa_{012} + \kappa_{201}\kappa_{021})]/\rho \\ & + [16\kappa_{110}\kappa_{101}\kappa_{011} + 4(\kappa_{101}^2\kappa_{020} + \kappa_{011}^2\kappa_{200} + \kappa_{110}^2\kappa_{002}) + 2\kappa_{200}\kappa_{020}\kappa_{002}]/\rho^2 \\ & - [3(\kappa_{022} + \kappa_{202} + \kappa_{220}) + (\kappa_{200} + \kappa_{020} + \kappa_{002})]/(9\rho) \\ & + 2[2(\kappa_{101}^2 + \kappa_{011}^2 + \kappa_{110}^2) + (\kappa_{002}\kappa_{020} + \kappa_{002}\kappa_{200} + \kappa_{020}\kappa_{200}) + (\kappa_{002} + \kappa_{020} + \kappa_{200})/3]/(3\rho^2) \\ & + (\delta\rho^2 - \delta\rho)/(27\rho^2)\end{aligned}$$
$$(5-58)$$

完成碰撞前累积量的计算后,在累积量空间进行显式的碰撞过程:

$$C_{110}^* = (1-s_1)C_{110} \quad (5-59)$$

$$C_{101}^* = (1-s_1)C_{101} \quad (5-60)$$

$$C_{011}^* = (1-s_1)C_{011} \quad (5-61)$$

其中,上标星号代表碰撞后的量。由于离散速度空间存在各向异性,因此需要在平衡态中增加一些校正项,这些校正项依赖于一阶速度梯度,并且可以由碰撞前的二阶累积量计算得到(Geier 等,2015):

$$D_x u = -\frac{s_1}{2\rho}(2C_{200} - C_{020} - C_{002}) - \frac{s_2}{2\rho}(C_{200} + C_{020} + C_{002} - \kappa_{000}) \quad (5-62)$$

$$D_y v = D_x u + \frac{3s_1}{2\rho}(C_{200} - C_{020}) \quad (5-63)$$

$$D_z w = D_x u + \frac{3s_1}{2\rho}(C_{200} - C_{002}) \quad (5-64)$$

$$D_x v + D_y u = -\frac{3s_1}{\rho}C_{110} \quad (5-65)$$

$$D_x w + D_z u = -\frac{3s_1}{\rho}C_{101} \quad (5-66)$$

$$D_y w + D_z v = -\frac{3s_1}{\rho}C_{011} \quad (5-67)$$

这些矫正项出现在以下的二阶累积量非零的平衡态部分:

$$C_{200}^* - C_{020}^* = (1-s_1)(C_{200} - C_{020}) - 3\rho\left(1-\frac{s_1}{2}\right)(u^2 D_x u - v^2 D_y v) \quad (5-68)$$

$$C_{200}^* - C_{002}^* = (1-s_1)(C_{200} - C_{002}) - 3\rho\left(1 - \frac{s_1}{2}\right)(u^2 D_x u - w^2 D_z w) \quad (5-69)$$

$$C_{200}^* + C_{020}^* + C_{002}^*$$
$$= \kappa_{000} s_2 + (1-s_2)(C_{200} + C_{020} + C_{002}) - 3\rho\left(1 - \frac{s_2}{2}\right)(u^2 D_x u + v^2 D_y v + w^2 D_z w)$$
$$(5-70)$$

式(5-68)~式(5-70)中包含的速度梯度项消除了许多其他 LB 模型中出现的黏度对速度的伪依赖性。在最初的累积量模型中,其他累积量在碰撞过程中的平衡态部分均为 0。但后来,Geier 等(2017)对碰撞过程中的松弛参数进行优化,在四阶累积量中引入非零的平衡态部分,进一步降低了各向异性的误差,将扩散项的精度提升至四阶。此外,通过正则化过程,引入了限制器参数来调整三阶累积量碰撞过程中的松弛参数,从而进一步提升了高雷诺数下的稳定性,剩余的累积量碰撞过程表示为

$$C_{120}^* + C_{102}^* = (1 - s_{3,1}^L)(C_{120} + C_{102}) \quad (5-71)$$

$$C_{210}^* + C_{012}^* = (1 - s_{3,2}^L)(C_{210} + C_{012}) \quad (5-72)$$

$$C_{201}^* + C_{021}^* = (1 - s_{3,3}^L)(C_{201} + C_{021}) \quad (5-73)$$

$$C_{120}^* - C_{102}^* = (1 - s_{4,1}^L)(C_{120} - C_{102}) \quad (5-74)$$

$$C_{210}^* - C_{012}^* = (1 - s_{4,2}^L)(C_{210} - C_{012}) \quad (5-75)$$

$$C_{201}^* - C_{021}^* = (1 - s_{4,3}^L)(C_{201} - C_{021}) \quad (5-76)$$

$$C_{111}^* = (1 - s_5^L)C_{111} \quad (5-77)$$

$$C_{220}^* - 2C_{202}^* + C_{022}^* = \frac{2}{3}\left(\frac{1}{s_1} - \frac{1}{2}\right)s_6 A\rho(D_x u - 2D_y v + D_z w) + (1-s_6)(C_{220} - 2C_{202} + C_{022})$$
$$(5-78)$$

$$C_{220}^* + C_{202}^* - 2C_{022}^* = \frac{2}{3}\left(\frac{1}{s_1} - \frac{1}{2}\right)s_6 A\rho(D_x u + D_y v - 2D_z w) + (1-s_6)(C_{220} + C_{202} - 2C_{022})$$
$$(5-79)$$

$$C_{220}^* + C_{202}^* + C_{022}^* = -\frac{4}{3}\left(\frac{1}{s_1} - \frac{1}{2}\right)s_7 A\rho(D_x u + D_y v + D_z w) + (1-s_7)(C_{220} + C_{202} + C_{022})$$
$$(5-80)$$

$$C_{211}^* = -\frac{1}{3}\left(\frac{1}{s_1} - \frac{1}{2}\right)s_8 B\rho(D_y w + D_z v) + (1-s_8)C_{211} \quad (5-81)$$

$$C_{121}^* = -\frac{1}{3}\left(\frac{1}{s_1} - \frac{1}{2}\right) s_8 B\rho (D_x w + D_z u) + (1-s_8) C_{121} \tag{5-82}$$

$$C_{112}^* = -\frac{1}{3}\left(\frac{1}{s_1} - \frac{1}{2}\right) s_8 B\rho (D_x v + D_y u) + (1-s_8) C_{112} \tag{5-83}$$

$$C_{221}^* = (1-s_9) C_{221} \tag{5-84}$$

$$C_{212}^* = (1-s_9) C_{212} \tag{5-85}$$

$$C_{122}^* = (1-s_9) C_{122} \tag{5-86}$$

$$C_{222}^* = (1-s_{10}) C_{222} \tag{5-87}$$

其中,与流体运动黏滞系数相关的松弛参数 s_1 取值与多松弛模型中的标准形式一致,与体黏滞系数相关的松弛参数 s_2 和高阶累积量对应的松弛参数 $s_6 \sim s_{10}$ 取为 1。通过引入附加参数 A、B 并优化松弛参数 s_3、s_4、s_5,降低碰撞过程的误差以实现扩散项的四阶精度。参数优化后的取值为

$$s_3 = \frac{8(2s_1^2 - 3s_1 - 2)}{7s_1^2 - 14s_1 - 8} \tag{5-88}$$

$$s_4 = \frac{8(4s_1^2 - 15s_1 + 14)}{9s_1^2 - 50s_1 + 56} \tag{5-89}$$

$$s_5 = \frac{24(3s_1^3 - 13s_1^2 + 12s_1 + 4)}{29s_1^3 - 130s_1^2 + 152s_1 + 48} \tag{5-90}$$

$$A = \frac{-3s_1^2 + 2s_1 + 4}{5s_1^2 - 7s_1 + 2} \tag{5-91}$$

$$B = \frac{-14s_1^2 + 28s_1 + 4}{15s_1^2 - 21s_1 + 6} \tag{5-92}$$

当选择适当的松弛参数 $s_3 = s_4 = s_5 = 1$ 时,累积量碰撞模型具有很好的稳定性,特别是在黏度非常小的条件下。将松弛参数设置为 1 意味着在每个时间步长内都会消除相应碰撞前累积量的影响,直接到达平衡态。而当采用上述优化后的松弛参数时,碰撞过程精度的提升将依赖于碰撞前累积量的影响,在低黏度条件下,即 $s_1 \to 2$ 时,松弛参数 s_3、s_4、$s_5 \to 0$,此时累积量将会以非常缓慢的速度恢复到平衡状态,从而引起数值不稳定性。因此,Geier 等(2017)在优化参数的基础上,提出了一个针对松弛参数 s_3、s_4、s_5 的正则化过程,通过引入正则化参数 λ,限制三阶累积量的不断增长,同时不影响其他阶数累积量的碰撞过程。利用正则化后的松弛参数代替原有松弛参数,其表达式为

$$s_{3,1}^L = s_3 + \frac{(1-s_3)|C_{120} + C_{102}|}{\rho\lambda + |C_{120} + C_{102}|} \tag{5-93}$$

$$s_{3,2}^L = s_3 + \frac{(1-s_3)\mid C_{210}+C_{012}\mid}{\rho\lambda + \mid C_{210}+C_{012}\mid} \qquad (5-94)$$

$$s_{3,3}^L = s_3 + \frac{(1-s_3)\mid C_{201}+C_{021}\mid}{\rho\lambda + \mid C_{201}+C_{021}\mid} \qquad (5-95)$$

$$s_{4,1}^L = s_4 + \frac{(1-s_4)\mid C_{120}-C_{102}\mid}{\rho\lambda + \mid C_{120}-C_{102}\mid} \qquad (5-96)$$

$$s_{4,2}^L = s_4 + \frac{(1-s_4)\mid C_{210}-C_{012}\mid}{\rho\lambda + \mid C_{210}-C_{012}\mid} \qquad (5-97)$$

$$s_{4,3}^L = s_4 + \frac{(1-s_4)\mid C_{201}-C_{021}\mid}{\rho\lambda + \mid C_{201}-C_{021}\mid} \qquad (5-98)$$

$$s_5^L = s_5 + \frac{(1-s_5)\mid C_{111}\mid}{\rho\lambda + \mid C_{111}\mid} \qquad (5-99)$$

其中，正则化参数 λ 是可调的，Geier 等(2017)建议的默认值为 0.01。以式(5-93)为例，当 $\mid C_{120}+C_{102}\mid \ll \lambda\rho$ 时，正则化参数 λ 几乎不起作用，趋向于将优化后的松弛参数直接用于碰撞过程；当 $\mid C_{120}+C_{102}\mid \gg \lambda_3\rho$ 时，松弛参数会趋向于保持绝对稳定的值 1，从而消除关于碰撞前累积量的影响。在这两个极端之间，正则化参数通过调整松弛参数限制累积量向无穷大方向增长，从而提高在非常小黏度情况下的数值稳定性。前人的研究表明(Geier 等，2020；Gehrke 和 Rung，2022；Gehrke 和 Rung，2022)，正则化过程不仅起到了提高稳定性的作用，同时也起到了能量耗散的作用，因此正则化过程也可以视为一种隐式的紊流模型。关于正则化参数的取值和正则化过程的形式，在后续章节中有更为详细的阐述。

在累积量碰撞过程之后，需要进行后向累积量变换，将碰撞后的累积量 $C_{\alpha\beta\gamma}^*$ 再转换为碰撞后的中心矩 $\kappa_{\alpha\beta\gamma}^*$，碰撞后的二阶和三阶的中心矩与对应的累积量相同，四阶及以上中心矩表示为

$$\kappa_{211}^* = C_{211}^* + [(\kappa_{200}^* + 1/3)\kappa_{011}^* + 2\kappa_{110}^*\kappa_{101}^*]/\rho \qquad (5-100)$$

$$\kappa_{220}^* = C_{220}^* + \{[(\kappa_{200}^*\kappa_{020}^* + 2\kappa_{110}^{*2}) + (\kappa_{200}^* + \kappa_{020}^*)/3]/\rho - (\delta\rho/\rho)/9\} \qquad (5-101)$$

$$\kappa_{122}^* = C_{122}^* + \{[\kappa_{002}^*\kappa_{120}^* + \kappa_{020}^*\kappa_{102}^* + 4\kappa_{011}^*\kappa_{111}^* + 2(\kappa_{101}^*\kappa_{021}^* + \kappa_{110}^*\kappa_{012}^*)] + (\kappa_{120}^* + \kappa_{102}^*)/3\}/\rho \qquad (5-102)$$

$$\begin{aligned}\kappa_{222}^* =\ & C_{222}^* + [4\kappa_{111}^{*2} + \kappa_{200}^*\kappa_{022}^* + \kappa_{020}^*\kappa_{202}^* + \kappa_{002}^*\kappa_{220}^* + 4(\kappa_{011}^*\kappa_{211}^* + \kappa_{101}^*\kappa_{121}^* + \kappa_{110}^*\kappa_{112}^*) \\ & + 2(\kappa_{120}^*\kappa_{102}^* + \kappa_{210}^*\kappa_{012}^* + \kappa_{201}^*\kappa_{021}^*)]/\rho \\ & - [16\kappa_{110}^*\kappa_{101}^*\kappa_{011}^* + 4(\kappa_{101}^{*2}\kappa_{020}^* + \kappa_{011}^{*2}\kappa_{200}^* + \kappa_{110}^{*2}\kappa_{002}^*) + 2\kappa_{200}^*\kappa_{020}^*\kappa_{002}^*]/\rho^2 \\ & + [3(\kappa_{022}^* + \kappa_{202}^* + \kappa_{220}^*) + (\kappa_{200}^* + \kappa_{020}^* + \kappa_{002}^*)]/(9\rho)\end{aligned}$$

$$-2[2(\kappa_{101}^{*2}+\kappa_{011}^{*2}+\kappa_{110}^{*2})+(\kappa_{002}^{*}\kappa_{020}^{*}+\kappa_{002}^{*}\kappa_{200}^{*}+\kappa_{020}^{*}\kappa_{200}^{*})$$
$$+(\kappa_{002}^{*}+\kappa_{020}^{*}+\kappa_{200}^{*})/3]/(3\rho^{2})-(\delta\rho^{2}-\delta\rho)/(27\rho^{2}) \tag{5-103}$$

最后,再进行后向中心矩变换,将碰撞后的中心矩 $\kappa_{\alpha\beta\gamma}^{*}$ 转换为碰撞后的分布函数 f_{ijk}^{*},其表达式为

$$\kappa_{0|\beta\gamma}^{*}=\kappa_{0|\beta\gamma}^{*}(1-u^{2})-2u\kappa_{1|\beta\gamma}^{*}-\kappa_{2|\beta\gamma}^{*}-K_{0\beta\gamma}u^{2} \tag{5-104}$$

$$\kappa_{\bar{1}|\beta\gamma}^{*}=[(\kappa_{0|\beta\gamma}^{*}+K_{0\beta\gamma})(u^{2}-u)+\kappa_{1|\beta\gamma}^{*}(2u-1)+\kappa_{2|\beta\gamma}^{*}]/2 \tag{5-105}$$

$$\kappa_{1|\beta\gamma}^{*}=[(\kappa_{0|\beta\gamma}^{*}+K_{0\beta\gamma})(u^{2}+u)+\kappa_{1|\beta\gamma}^{*}(2u+1)+\kappa_{2|\beta\gamma}^{*}]/2 \tag{5-106}$$

$$\kappa_{i0|\gamma}^{*}=\kappa_{i|0\gamma}^{*}(1-v^{2})-2v\kappa_{i|1\gamma}^{*}-\kappa_{i|2\gamma}^{*}-K_{i0\gamma}v^{2} \tag{5-107}$$

$$\kappa_{i\bar{1}|\gamma}^{*}=[(\kappa_{i|0\gamma}^{*}+K_{i0\gamma})(v^{2}-v)+\kappa_{i|1\gamma}^{*}(2v-1)+\kappa_{i|2\gamma}^{*}]/2 \tag{5-108}$$

$$\kappa_{i1|\gamma}^{*}=[(\kappa_{i|0\gamma}^{*}+K_{i0\gamma})(v^{2}+v)+\kappa_{i|1\gamma}^{*}(2v+1)+\kappa_{i|2\gamma}^{*}]/2 \tag{5-109}$$

$$f_{ij0}^{*}=\kappa_{ij|0}^{*}(1-w^{2})-2w\kappa_{ij|1}^{*}-\kappa_{ij|2}^{*}-K_{ij0}w^{2} \tag{5-110}$$

$$f_{ij\bar{1}}^{*}=[(\kappa_{ij|0}^{*}+K_{ij|0})(w^{2}-w)+\kappa_{ij|1}^{*}(2w-1)+\kappa_{ij|2}^{*}]/2 \tag{5-111}$$

$$f_{ij1}^{*}=[(\kappa_{ij|0}^{*}+K_{ij|0})(w^{2}+w)+\kappa_{ij|1}^{*}(2w+1)+\kappa_{ij|2}^{*}]/2 \tag{5-112}$$

至此,完成了累积量碰撞模型的一个完整过程。

5.3 典型算例验证

5.3.1 平板紊流验证

本节采用 Kim 等(1987)经典的平板紊流直接数值模拟算例,对应用于纯流动模拟的多松弛碰撞模型和累积量碰撞模型进行验证,并讨论两种模型在水流模拟中的效果。平板紊流算例的摩阻雷诺数 $Re_\tau = hu_\tau/\nu = 395$,其中,$h$ 为平板间高度的一半,本算例中取 1 m;ν 为运动黏滞系数,本算例中取 2×10^{-5} m²/s;相应的摩阻流速 u_τ 为 0.007 9 m/s;DNS 算例中平均速度 $U_b = 0.133\,5$ m/s。模拟中在流向上施加一个动态作用力保证平均速度与 DNS 相同,模拟共进行 10 000 s,其中前 5 000 s 用于流动发展,后 5 000 s(约为 167 个单位流经时间 $t^* = L_x/U_b$)用于统计平均速度,紊动强度以及雷诺应力。计算域设置如图 5-4 所示,采用计算域范围 $L_x\times L_y\times L_z = 4h\times 2h\times 2h$ 以减小计算量。

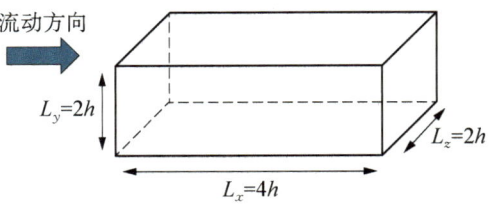

图 5-4 平板紊流算例计算域设置

平板流动物理模型实验中的紊动是由壁面缺陷引发的初始扰动,并逐渐发展成为紊流。在数值模型中,由于缺少这种初始扰动,

仅依靠数值误差累积引发紊动需要消耗大量计算资源。因此,在模拟过程中需要人为引入含有涡旋结构扰动的初始流场,以加速紊动的生成。初始流场采用 De Villiers(2006)提出的方法,参考近壁面紊动的产生过程以及近壁面紊动流向蜿蜒低速条带的再生过程。在初始均匀的主流向抛物线流速剖面上增加靠近壁面的低流速条带。初始主流向抛物线流速剖面 U_0 为

$$U_0(y, z) = U_{\max}\left[1 - \left(\frac{y-h}{h}\right)^2\right] \tag{5-113}$$

其中,$U_{\max} = 1.5U_b$。条带状人工涡旋 U_S 为

$$U_S(y, z) = \frac{\Delta u_0^+}{2}\cos(b^+ z^+)\left(\frac{y^+}{30}\right)\exp(-C_\sigma y^{+2} + 0.5) \tag{5-114}$$

其中,$\Delta u_0^+ = 0.25U_b$,为条带壁面法向流速幅度;b^+ 为展向波数,代表条带状人工涡旋的展向宽度,取 $\pi/100$;$y^+ = yu_\tau/\nu$,为 y 方向无量纲距离;$z^+ = zu_\tau/\nu$,为 z 方向无量纲距离;$C_\sigma = 0.00055$,为垂向衰减系数。

在展向上施加诱发不稳定性的扰动流场:

$$W_S(x, y) = C_\varepsilon \sin(a^+ x^+)y^+ \exp(-C_\sigma y^{+2}) \tag{5-115}$$

其中,$C_\varepsilon = 0.005U_b$,为展向扰动的流速幅度;$a^+ = \pi/250$,为流向波数,代表展向扰动条带的流向宽度。

因此,初始速度剖面为

$$U(y, z) = U_0(y, z) + (1 + 0.2\lambda)U_S(y, z) \tag{5-116}$$

$$W(x, y) = (1 + 0.2\lambda)W_S(x, y) \tag{5-117}$$

其中,λ 为[0,1]之间的随机数。

基于累积量模型和多松弛模型的模拟均采用均匀的三维笛卡尔网格,网格分辨率由沿计算域高度 h 上的网格数量 $N_h = 25、50、100$ 确定。壁面采用 YLI 格式的无滑移边界条件。马赫数取 0.064。在累积量模型中,不使用显式的紊流模型,正则化参数暂取推荐的默认值 0.01,在后续章节中将对其取值进行详细讨论;在多松弛模型中,使用 WALE 紊流模型,Smagorinsky 常数取 0.5。不同网格尺度下计算得到的摩阻流速见表 5-1。整体上,累积量模型和多松弛模型计算得到的摩阻流速与预设的摩阻流速的误差随网格尺寸减小而减小。累积量模型的误差小于多松弛模型,在相对较粗的网格分辨率下仍能得到合理的结果。相比之下,多松弛模型的结果仅在网格分辨率足够的情况下误差较小。这是因为对于壁面解析的 LES 模拟,通常需要靠近壁面的网格满足 $y^+ < 1 \sim 2$,对于更粗的分辨率,需要通过调整 Smagorinsky 常数或采用壁面函数来得

到令人满意的结果。但对于使用隐式紊流模型的累积量模型来说,可以放宽壁面网格尺寸限制。

基于累积量模型和多松弛模型的流向无量纲平均速度剖面如图 5-5 所示,结果与 DNS 模拟结果进行了比较。累积量模型在不同网格分辨率下的流向平均速度剖面与 DNS 结果吻合良好,而多松弛模型在网格分辨率足够的情况下,结果与 DNS 结果吻合。但在分辨率不足的情况下,缓冲区的预测速度偏小,内部核心区的预测速度偏大。这种趋势与核心区向壁面附近的能量传递以及近壁面区域的过度能量耗散有关,同时也与表 5-1 中分辨率不足情况下偏小的摩阻流速相对应。

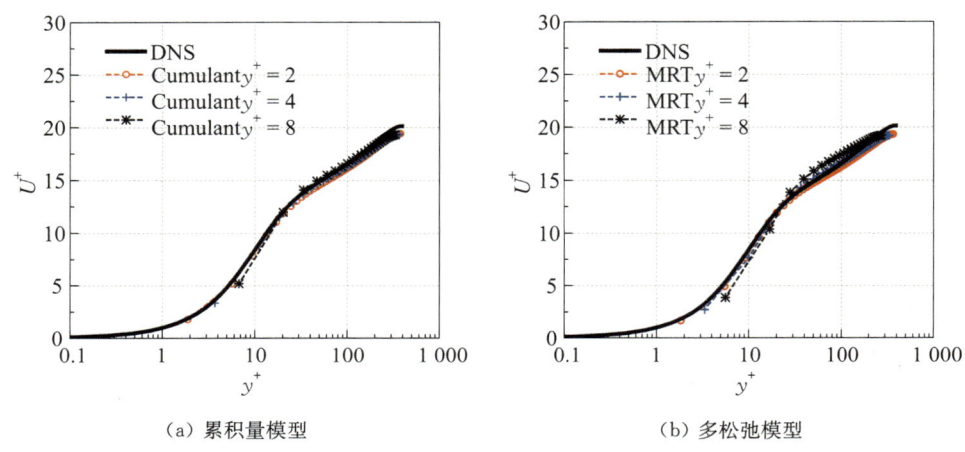

(a) 累积量模型　　　　　　(b) 多松弛模型

图 5-5　流向无量纲化的平均速度 U^+

表 5-1　不同模型与网格尺寸下计算得到的摩阻流速

组次	模型	N_h	y^+	u_τ (cm/s)	$u_{\tau, sim}$ (cm/s)	相对误差(%)
1	Cumulant	25	8	0.79	0.72	8.8
2	Cumulant	50	4	0.79	0.76	3.8
3	Cumulant	100	2	0.79	0.78	1.2
4	MRT	25	8	0.79	0.65	17.7
5	MRT	50	4	0.79	0.69	12.6
6	MRT	100	2	0.79	0.75	4.8

图 5-6 和图 5-7 进一步展示了基于累积量模型和多松弛模型的无量纲紊动动能与雷诺应力结果。与先前的结论相似,累积量模拟结果与 DNS 结果吻合较好,并展现出累积量模型能够在相对较粗的网格分辨率下得到准确结果的跨分辨率特点。相应地,多松弛模型结果随着网格分辨率的下降,模拟结果与 DNS 结果的偏差有明显增大。累积量模

型的这种优势与其在高阶的累积量碰撞时引入额外自由度进行参数化以提高的精度有关。

(a) u^+_{rms}

(b) v^+_{rms}

(c) w^+_{rms}

(d) uv^+

图 5-6　基于累积量模型的利用摩阻流速无量纲化的紊动动能与雷诺应力结果

(a) u^+_{rms}

(b) v^+_{rms}

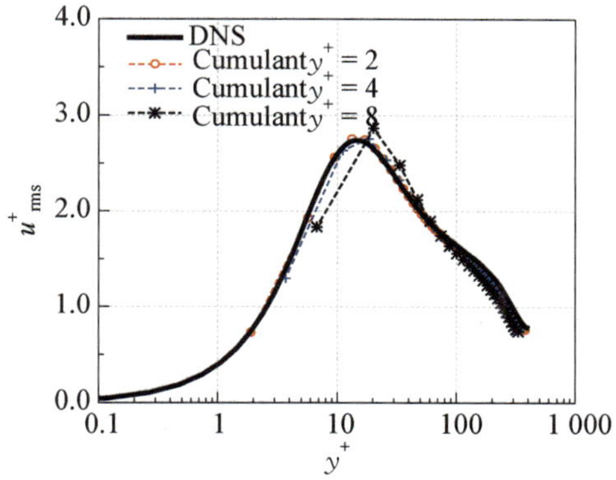

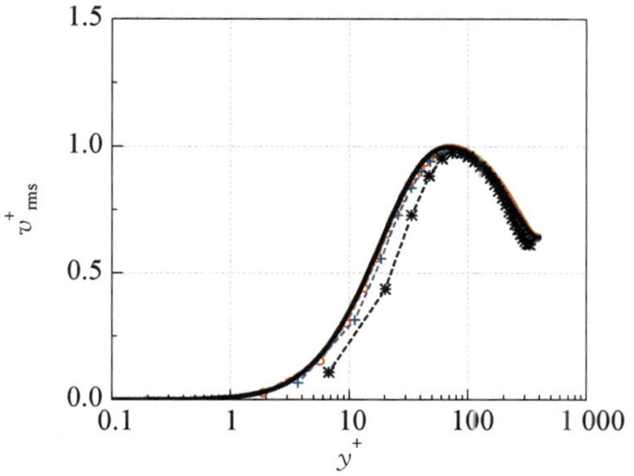

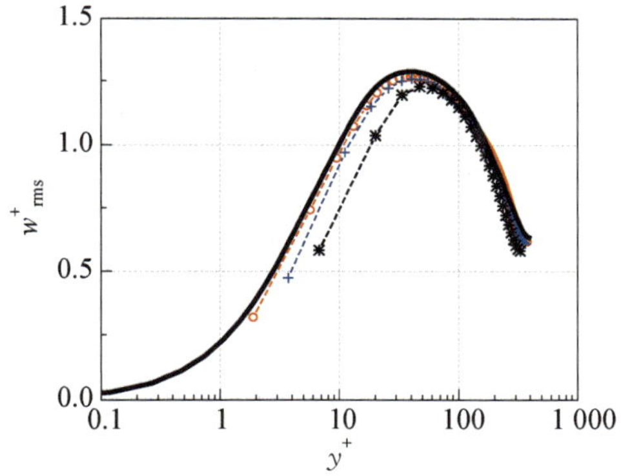

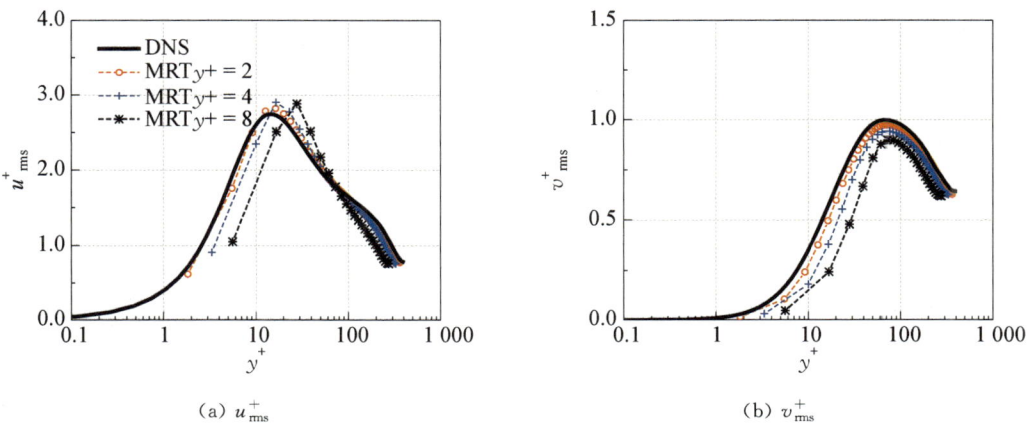

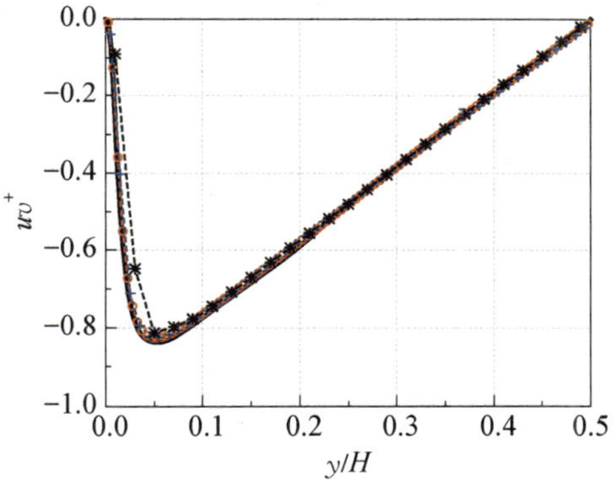

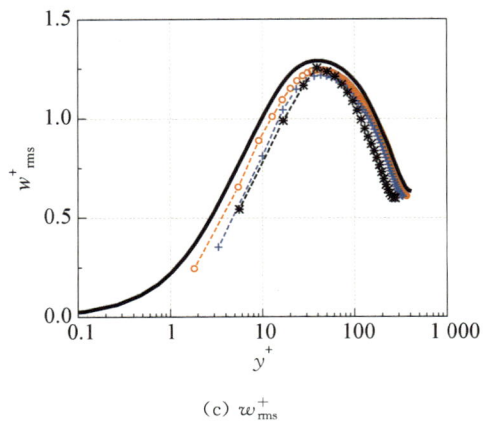
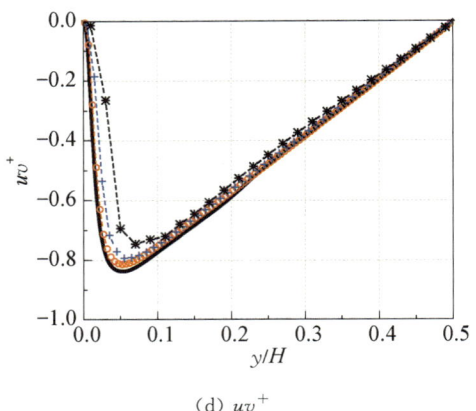

(c) w_{rms}^+ (d) uv^+

图 5-7 基于多松弛模型的利用摩阻流速无量纲化的紊动动能与雷诺应力结果

5.3.2 恒定流与无限长圆桩相互作用

选择雷诺数为 3 900 的无限长圆柱绕流作为验证累积量格子玻尔兹曼方法(CLBM)模型的算例。该算例有较丰富的实验数据(Parnaudeau 等,2008；Beaudan 等,1995),是各种数值离散化方法,如 FDM(Parnaudeau 等,2008)、FVM(Tian 等,2020；Jiang 等,2021)和高阶谱/有限元法(HEM)(Jiang 等,2021)进行验证的基准算例。在这些模拟中,使用了一系列紊流模型,包括 Smagorinsky 模型(SM)(Tian 等,2020)、k-方程模型(KEM)(Tian 等,2020)、动态 Smagorinsky 模型(DSM)(Tian 等,2020)、壁面适应局部涡黏模型(WALE)(Jiang 等,2021)和隐式 LES 模型(ILES)(Tian 等,2020；Jiang 等,2021)。此外,还使用了各种网格类型,如均匀网格(Parnaudeau 等,2008)和曲面网格(Jiang 等,2021)。雷诺数定义为 $Re = UD/\nu$,其中圆柱直径为 $D=0.1$ m,入流速度为 $U=0.039$ m/s。图 5-8 所示为计算域的示意图。表 5-2 为模拟的计算域设置。使用均匀的三维笛卡尔网格 $\Delta x = \Delta y = \Delta z$。网格分辨率由沿圆柱直径 D 的网格数量 N_D 确定,分别为 $N_D = 16$、32、64,对应于粗、中、细分辨率。对于模拟组次 1—3,初步验证采用较大的模拟域:流向方向为(x 轴)$20D$,横向方向为(y 轴)$20D$,展向方向(z 轴)$4D$。从圆柱中心到入口边界的距离为 $L_0 = 5D$。对于模拟组次 4,为了减少计算成本,使用了略微缩小的计算域 $L_x \times L_y \times L_z = 15D \times 15D \times 3D$ 和 $L_0 = 4D$。在所有模拟组次中,坐标原点均位于圆柱中心。

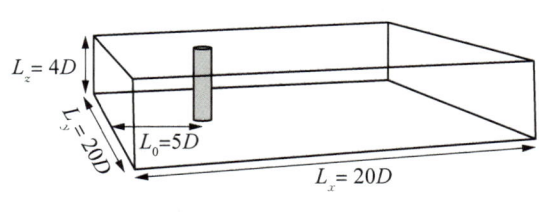

图 5-8 计算域示意图

模拟计算域的阻塞比(Blockage Ratios, BR)为 5% 和 6.7%,与实验阻塞比的范围一致。以往的数值研究还表明,展向计算域长度会影响模拟中的尾流区域。Jiang 和 Cheng(2021)建议对于 $Re > 2\,500$,需满足展向长度 $L_z = 3D$,在当前模拟中计算域展向长度符合标准。考虑到实验中入口处的速度扰动小于0.7%,入口边界采用无紊动的均匀速度。CBC(特征边界条件)应用于出口边界以减小反射。横向和展向分别应用自由滑移和周期性边界。在圆柱表面设置为二阶精度的曲面无滑移边界条件。

表 5-2 基于CLBM模型的 $Re=3\,900$ 圆柱绕流算例模拟设置

组次	L_x/D	L_y/D	L_z/D	L_0/D	N_D
1	20	20	4	5	16
2	20	20	4	5	32
3	20	20	4	5	64
4	15	15	3	4	64

每个算例至少计算800个无量纲单位时间 $t^* = tU/D$。计算开始时,使用200个单位时间使流动充分发展,余下的600个单位时间(约120个涡脱落周期)用于获得尾流特性的统计结果。与前人的数值模拟相比,当前模拟的计算时间和平均时间足够长,可以充分考虑到流动的紊动情况。马赫数设为0.064,满足LBM模拟中的不可压缩极限条件 $Ma<0.15$。正则化参数设为0.1。表5-3对比了CLBM模型与基于其他数值方法的模型设置。主要的区别在于,CLBM模拟中未适用紊流模型。而且,相较于具有二阶精度的FVM模型,CLBM模型在靠近圆柱的第一层网格尺寸更大。与其他高阶模型相比,CLBM模型使用完全局部的模板实现了扩散项的四阶精度,从而继承了LBM模型所特有的并行可拓展性优势。定义几个统计量来描述流动特性和圆柱上的受力,如斯特劳哈尔数 St、阻力系数 C_D、升力系数 C_L 和压力系数 C_p:

$$St = \frac{f_v D}{U} \tag{5-118}$$

$$C_D = \frac{2F_D}{U^2 D L_z} \tag{5-119}$$

$$C_L = \frac{2F_L}{U^2 D L_z} \tag{5-120}$$

$$C_p = \frac{2(p_b - p_\infty)}{U^2} \tag{5-121}$$

其中,f_v 为对 C_L 时间序列进行快速傅里叶变换(FFT)得到的脱涡频率;F_D 和 F_L 分别为作用在圆柱上的阻力和升力。均方根升力系数定义为

$$C'_L = \sqrt{\frac{1}{N} \sum_{i=1}^{N} (C_{L,i} - \overline{C_L})} \tag{5-122}$$

其中，N 为测量数据的总数。

表 5-3 基于 CLBM 的模型设置和与其他数值方法的比较

组次	模型	是否高阶	网格类型	第一层网格大小	紊流模型
P08(Parnaudeau 等，2008)	FDM	是	均匀	$D/48$	SM
J21(Jiang 等，2021)	FVM	否	曲面	$D/10\,000$	WALE
J21(Jiang 等，2021)	HEM	是	曲面	$D/72$	ILES
T20(Tian 等，2020)	FVM	否	曲面	$D/880$	SM、KEM、DSM、WALE
1	CLBM	是[a]	均匀	$D/16$	无
2	CLBM	是[a]	均匀	$D/32$	无
3	CLBM	是[a]	均匀	$D/64$	无
4	CLBM	是[a]	均匀	$D/64$	无

a：CLBM 模型的扩散项达到四阶精度。

无量纲的回旋区域 L_r/D 和圆柱尾流中心线上的最小流向速度 U_{min}/U_c 如图 5-9 中定义。沿圆柱尾流中心线的最大流向雷诺正应力 $L_{u'u'}/D$ 的出现位置如图 5-10 所示。基于 CLBM 模型的粗、中、细网格模拟的结果（组次 1—4）与实验数据和其他模拟结果见表 5-4 中。虽然粗网格模拟结果（组次 1）与实验数据结果存在差异，但在中等和细网格模拟（组次 2～4）中，流动和力学统计参数结果，如 St、C_D、C_p，均在实验测量的不确定性范围内。绝对误差由 $E_{sim} = |\phi_{sim} - \phi_{exp, P08}|/\phi_{exp, P08} \times 100\%$ 定义，结果见表 5-5。对于

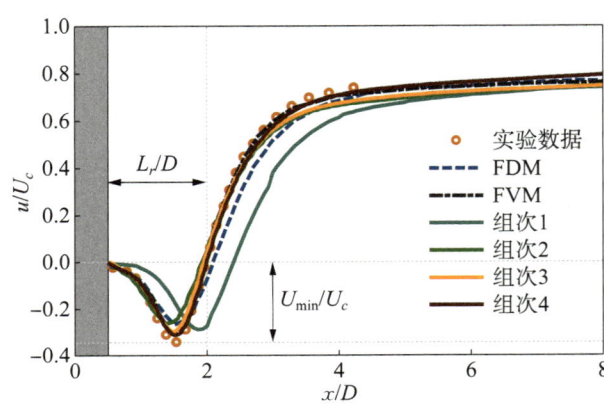

图 5-9 沿圆柱后方中心线上的流向无量纲速度（以特征流速 U_c 进行无量纲化）

Exp 代表 Parnaudeau 等(Parnaudeau 等，2008)实验中的粒子图像测量结果；FDM 代表 Parnaudeau 等(Parnaudeau 等，2008)数值模拟中高分辨率的有限差分大涡模拟结果；FVM 代表 Tian 和 Xiao(Tian 等，2020)数值模拟中组次 L64-1 的有限体积法模拟结果；HEM 代表 Jiang 和 Cheng(Jiang 等，2021)数值模拟中组次 6 的高阶谱方法模拟结果；组次 1～4（表 5-4）代表本书基于累积量 LBM 方法的模拟结果。

组次 2，L_r/D、U_{min}/U_c 和 $L_{u'u'}/D$ 的绝对误差分别为 5.33%、23.46% 和 4.74%；对于组次 3，绝对误差分别为 3.2%、11.73% 和 1.04%；对于组次 4，绝对误差分别为 0.47%、8.8% 和 6.25%。考虑到模拟中由取平均周期的截断引入的不确定性[如 Parnaudeau 等(2008)提及，对于取 120 个脱涡周期取平均，不确定性约为 6%]及模型实验仪器测量的不确定性，可以认为组次 2~4 的结果与 Parnaudeau 等(2008)的实验数据在回旋区域长度 L_r/D 和最大雷诺应力位置 $L_{u'u'}/D$ 基本吻合。模拟结果中 U_{min}/U_c 存在差异主要归因于模拟与实验之间的区域的长宽比和阻塞比的不同。

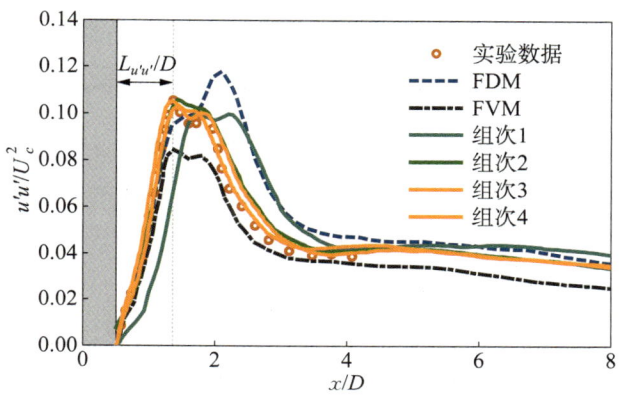

图 5-10 沿圆柱后方中心线上的无量纲流向雷诺正应力(以特征流速 U_c 进行无量纲化)

实验及数值模拟组次与图 5-9 中的描述一致。

表 5-4 本书数值模拟结果与实验数据和其他数值模型的流动统计参数对比

组次	St	L_r/D	U_{min}/U_c	$L_{u'u'}/D$	$\bar{C}_D$	C_p
实验						
P08(Parnaudeau 等,2008)	0.208±0.002	1.500	−0.341	0.864	—	—
L94(Beaudan 等,1995)	0.215±0.005	1.180	−0.24	—	0.98±0.05	−0.90±0.05
模拟						
P08 HR(Parnaudeau 等,2008)	0.208	1.584	−0.263	1.581	—	—
J21(Jiang 等,2021) OpenFOAM	0.212	1.444	—	—	0.99	0.89
J21(Jiang 等,2021) Nektar++	0.209	1.504	—	—	0.98	0.87
T20 L64-1(Tian 等,2020)	—	1.450	−0.314	0.910	1.02	0.87
1	0.197	1.897	−0.287	1.233	1.09	0.98
2	0.206	1.420	−0.261	0.905	1.02	0.95
3	0.207	1.452	−0.301	0.855	1.01	0.93
4	0.210	1.493	−0.311	0.918	0.96	0.89

表 5-5　不同模拟结果与实验数据的绝对误差

组　　次	$E_{L_r/D}$ (%)	E_{U_{min}/U_c} (%)	$E_{L_{u'u'}/D}$ (%)
P08 HR	5.60	22.87	82.99
J21 OpenFOAM	3.73	—	—
J21 Nektar++	0.27	—	—
T20 L64-1	3.33	7.92	5.32
2	5.33	23.46	4.74
3	3.20	11.73	1.04
4	0.47	8.80	6.25

从图 5-9 可以看出，中等网格（组次 2）和细网格模拟（组次 3～4）的速度剖面与结构物尾流区域的实验数据吻合较好。速度剖面的计算结果在较大的模拟域（组次 3）和较小的模拟域（组次 4）之间没有显著差异。在粗网格模拟结果中（组次 1），由于圆柱体表面的阶梯状近似不足，模拟得到的回旋区域明显大于实验测量结果。

从图 5-10 可以看出，在 FDM 模拟结果中，流向雷诺应力只出现了一个峰值，并在峰值前有一个平台阶段。此外，FDM 结果中的最大雷诺应力 $L_{u'u'}/D$ 的位置比实验测量结果大 83%。在 FVM 模拟结果中，峰值出现的形式与实验数据一致，但幅值严重偏小。FVM 的雷诺正应力结果与实验中大视场的粒子图像测速仪（PIV）观测数据一致。然而，实验的作者指出，大视场的测量精度不及小视场，主要原因是小视场 PIV 的测量窗口能够提供更精确的紊动统计数据。因此，在图 5-10 中选择了实验中小视场的 PIV 测量数据进行展示。本节适用的 CLBM 模型的中等（组次 2）和细网格（组次 3～4）模拟结果完美地捕捉了结构物近尾流区域的雷诺正应力的双峰形态和峰值，相较于使用 FDM 和 FVM 模型的模拟结果，目前的 CLBM 模型结果与实验数据吻合更好。与图 5-9 中类似，粗网格结果（组次 1）具有较大的最大雷诺正应力出现位置。出现该现象的原因与前文类似，因此将在下文中省略粗网格（组次 1）的结果。

图 5-11 将结构物后不同位置 $x/D=1.06$、1.54、2.02 处的时间和空间平均速度分量与实验数据进行对比。流向速度剖面在结构物后的区域发生了明显变化。在近尾流区域 $x/D=1.06$（图 5-11a），流向速度剖面呈现 U 字形，而在更下游位置 $x/D=1.54$、2.02（图 5-11b 和 c），则呈现 V 字形。各个位置的横向速度剖面（图 5-11d～f）关于 $y/D=0$ 平面呈反对称。在圆柱尾流中的每个剖面基于 CLBM 的细网格结果（组次 3 和 4）与实验在流向和横向速度测点数据都非常吻合，均略优于其他数值模拟（FDM、FVM、HEM）结果。较大计算域结果（组次 3）和较小计算域（组次 4）之间没有明显差异。中等网格（组次 2）的模拟结果也准确预测了尾流中的大多数特征，尽管在 $x/D=2.02$ 处的流向速

度(图 5-11c)和 $x/D=1.54$ 处的横向速度(图 5-11e)存在细微差异。中等网格(组次 2)的模拟结果的整体差异与 FDM 模拟结果相当,同样是可以接受的。

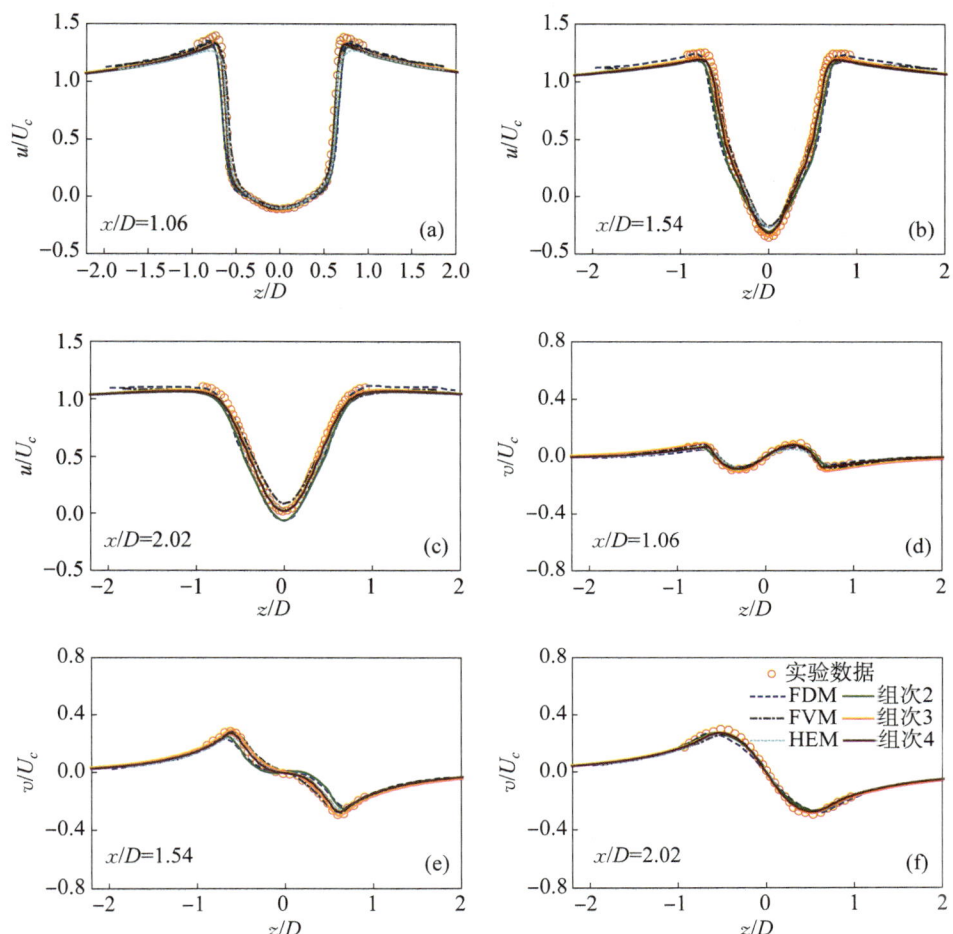

图 5-11 圆柱尾流区域 $x/D=1.06$、1.54、2.02 位置处的无量纲速度横向剖面（以特征流速 U_c 进行无量纲化）

(a)～(c)流向速度；(d)～(f)展向速度。实验及数值模拟组次与图 5-9 中的描述一致。

图 5-12 显示了结构物后不同位置雷诺应力分量的横向分布。对于流向雷诺正应力(图 5-12a～c),由于结构物后流动分离和存在剪切层的影响,会出现两个明显的峰值。在再回旋区域的下游,由于涡旋开始脱落,这两个峰将会重叠。对于横向雷诺正应力(图 5-12d～f),最大值位于结构物后的中心线上。对于雷诺切应力(图 5-12g～i),其剖面也是关于 $y/D=0$ 平面反对称的,反映了与横向速度中观察到的相似形态。综上所述,除了在 $x/D=1.06$ 时,流向雷诺正应力峰值略有低估外,当前 CLBM 的细网格模拟(组次 3～4)与所有雷诺应力分量的实验数据非常吻合。与稍小的计算域(组次 4)的结果相比,稍大

计算域(组次3)结果在 $x/D=1.54$、2.02 时的横向雷诺正应力方面的结果略有优势。CLBM 模型中等网格的计算结果(组次2)低估了部分雷诺应力分量,但与采用 FDM、FVM 和 HEM 等模型的结果相比,仍表现出相当的精度。

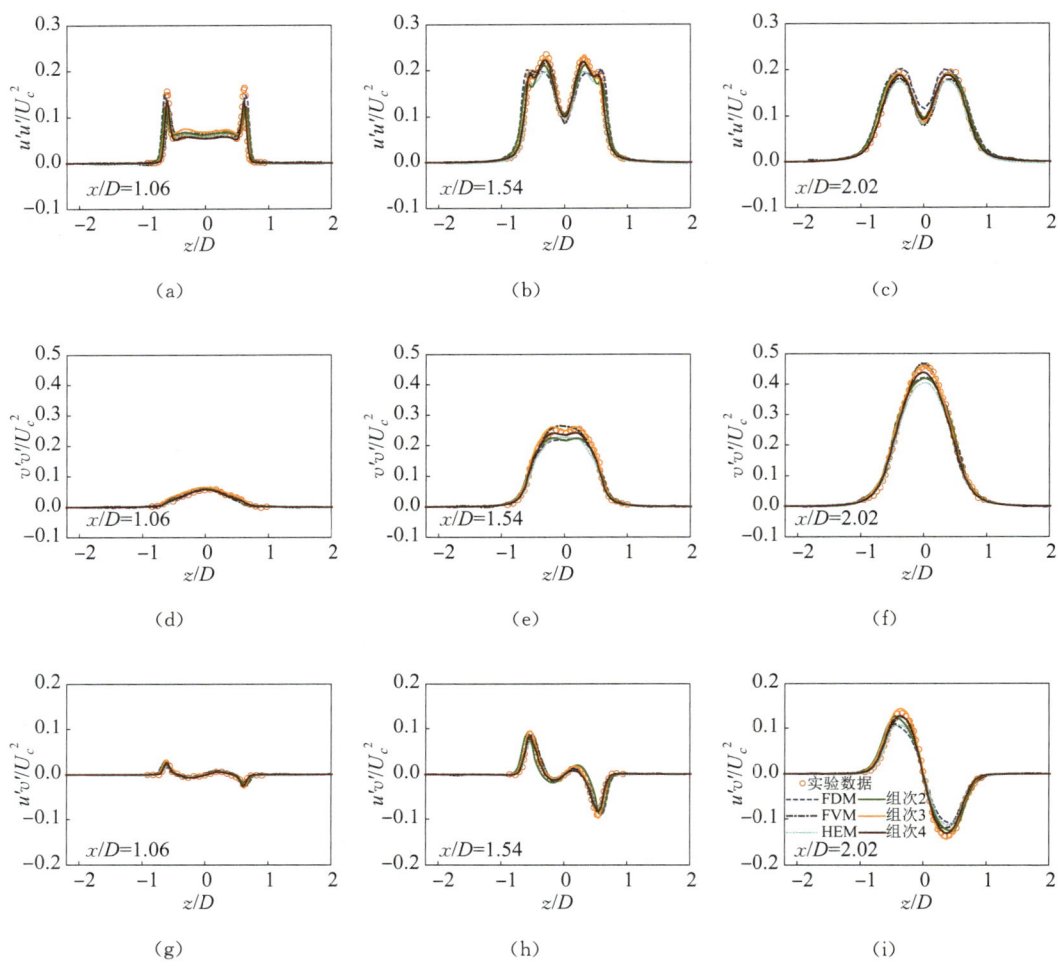

图 5-12 圆柱尾流区域 $x/D=1.06$、1.54、2.02 位置处的无量纲速度横向剖面(以特征流速 U_c 进行无量纲化)

(a)~(c)流向雷诺正应力;(d)~(f)横向雷诺正应力;(g)~(i)雷诺切应力。实验及数值模拟组次与图 5-9 中的描述一致。

在 $x/D=3$ 处的横向速度脉动的能谱如图 5-13 所示。能谱采用韦尔奇周期图方法获得。速度时序列包含约 80 000 个样本,共 120 个涡脱落周期。利用涡脱落频率 f_v 对 FFT 分析得到的频率进行归一化。在横向速度脉动的能谱中,在基准频率 $f/f_v=1$ 处出现第一个峰和在二次谐波频率 $f/f_v=3$ 处出现第二个峰。在中等网格(组次2)和细网格结果(组次3)中,都清楚地展示出能级转换的三个子区间。中等网格和细网格结果在惯性区间内没有明显差异,模拟都在该范围内遵循柯尔莫戈罗夫定律。然而,在耗散区间内,中等网格精度模拟结果(组次2)比精细网格仿真(工况3)能量耗散更快,这与前人的研究结果一致。

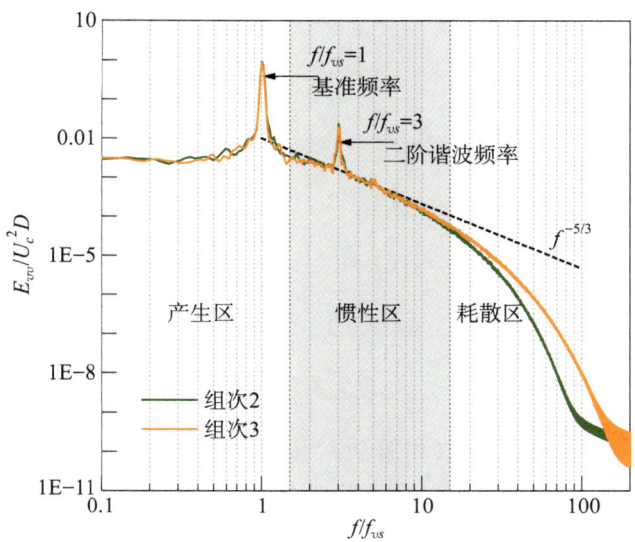

图 5-13　$x/D=3.0$ 位置处的展向速度波动的能量谱

至此,利用 $Re=3\,900$ 的流与无限长圆形桩柱相互作用算例对具有正则化参数的 CLBM 模型进行了验证。基于 CLBM 的细网格模拟结果(组次 3~4)在不使用任何紊流模型的情况下完美地预测了结构物后侧近尾流场统计信息。而且,与其他数值模型(FDM、FVM、HEM)相比,基于 CLBM 的中等网格模拟结果(组次2)也是可以满足计算精度的。

5.3.3　正则化参数讨论

在当前的 CLBM 模型中,正则化参数是唯一的自由参数。正则化过程最初的目的是调整三阶累积量在碰撞过程中达到平衡态的速率,以提高模型在小黏度和高雷诺数情况下的稳定性,这在以水为流体($\nu=1\times10^{-6}$ m²/s)的实际工程流动中很常见(Geier 等,2017)。此外,以往研究通过基准算例发现正则化过程还充当了隐式紊流模型的作用,耗散能谱中的高频能量(Geier 等,2020;Gehrke 和 Rung,2022;Gehrke 等,2020)。由于这些特点,即便在不使用任何显式紊流模型的情况下,CLBM 模型也能够在相对较粗的网格分辨率($y^+<50$)下模拟高雷诺数情况(Geier 等,2017)。在上文的验证算例,对三阶累积量的松弛参数正则化过程按照 Geier 等(2017)提出的原始公式形式,但对于较大的雷诺数和分辨率情况,正则化系数取大于默认值 0.01 的常数 0.1。在 Gehrke 和 Rung(2022)的启发式工作中,他们提出了一个与网格分辨率相关的正则化系数,并基于一系列平板紊流基准算例通过量级分析得到正则化系数的表达式:

$$\lambda_m = \frac{Re_{\Delta x}}{10 Ma} \tag{5-123}$$

其中，$Re_{\Delta x}=U_c\Delta x/\nu$ 定义为反映网格分辨率的网格雷诺数。此时，与分辨率相关的正则化松弛参数表达式如下：

$$s_{3,1}^m = s_3(1+\lambda_m|C_{120}+C_{102}|) \qquad (5-124)$$

$$s_{3,2}^m = s_3(1+\lambda_m|C_{210}+C_{012}|) \qquad (5-125)$$

$$s_{3,3}^m = s_3(1+\lambda_m|C_{201}+C_{021}|) \qquad (5-126)$$

$$s_{4,1}^m = s_4(1+\lambda_m|C_{120}-C_{102}|) \qquad (5-127)$$

$$s_{4,2}^m = s_4(1+\lambda_m|C_{210}-C_{012}|) \qquad (5-128)$$

$$s_{4,3}^m = s_4(1+\lambda_m|C_{201}-C_{021}|) \qquad (5-129)$$

$$s_5^m = s_5(1+\lambda_m|C_{111}|) \qquad (5-130)$$

这种正则化系数在低雷诺数和解析尺度的极限下会自然消失。Gehrke 和 Rung(2022)提出的这种修改旨在消除 CLBM 模型中唯一的自由参数。

利用 5.3.2 节中的验证算例，对 Geier 等(2017)提出原始正则化过程选取不同正则化参数和 Gehrke 和 Rung(2022)提出的无参数正则化过程的情况进行分析。算例设置见表 5-6。图 5-14 中展示了不同正则化参数结构物后中心线上的流向速度。当使用 Geier 等(2017)提出的原始正则化形式时，在 $N_D=64$ 时选取不同正则化参数的结果是收敛的（图 5-14b），但在 $N_D=32$ 下有一定程度的离散（图 5-14a）。当使用 Gehrke 和 Rung(2022)提出的新的正则化形式时，取式(5-123)中的默认正则化参数，其结果在 $N_D=64$ 时与原始的正则化形式一致。然而，在 $N_D=32$ 时，与实验数据存在一定偏离。基于网格分辨率自动调整正则化参数的目标在本算例中未能完全实现，主要原因是 Gehrke 和 Rung(2022)提出的新的正则化形式中式(5-123)的默认正则化参数来源于一系列平板紊流模拟。尽管这种新的正则化形式引入了网格分辨率敏感的正则化参数 $\lambda_m \sim Re_{\Delta x}/Ma$，但正则化参数与网格分辨率之间关系仍是算例相关的。这意味着 Gehrke 和 Rung(2022)提出的正则化形式并非没有可调参数，而是存在一个取决于不同算例的参数 χ：

$$\lambda_m = \chi\frac{Re_{\Delta x}}{Ma} \qquad (5-131)$$

表 5-6 正则化参数分析的模拟组次设置

组次	N_D	λ	λ_m	$Re_{\Delta x}$	Ma
2-1	32	0.01	—	121.88	0.064
2-2	32	0.05	—	121.88	0.064
2-3[a]	32	0.1	—	121.88	0.064

(续表)

组次	N_D	λ	λ_m	$Re_{\Delta x}$	Ma
2 m	32	—	190.43	121.88	0.064
3-1	64	0.01	—	60.94	0.064
3-2	64	0.05	—	60.94	0.064
3-3[a]	64	0.1	—	60.94	0.064
3 m	64	—	95.21	60.94	0.064

a:组次 2-3 和 3-3 分别对应表 5-2 中的组次 2 和 3。

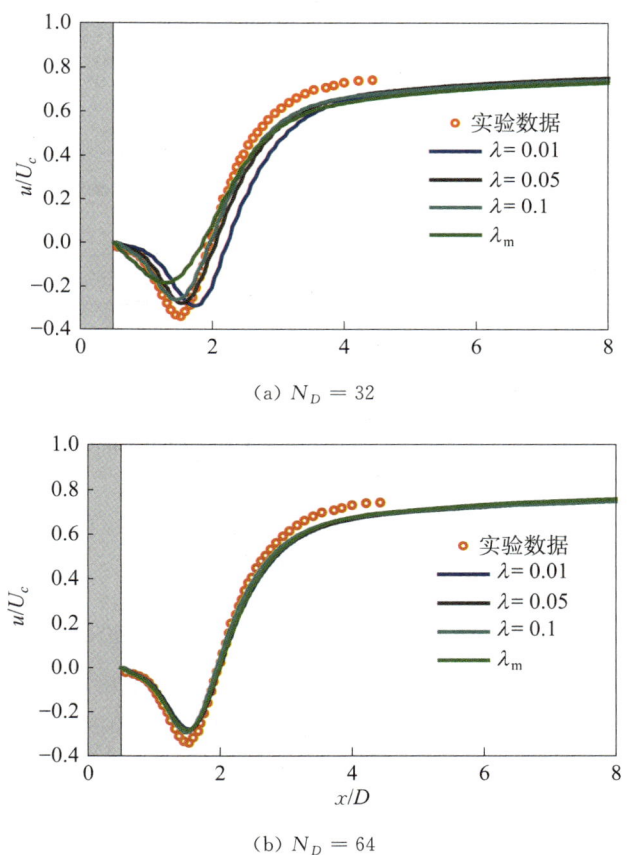

图 5-14 正则化参数与正则化形式在不同网格分辨率下的影响。
以沿圆柱后方中心线上的流向无量纲速度为例

在图 5-15 中,以 $N_D=32$ 为例展示了三阶累积量的绝对值 $|C_{210}+C_{012}|$ 与相应的松弛参数 $s_{3,2}$ 之间的详细关系,其他的三阶累积量和松弛参数之间的关系已表现出相同的趋势。在本算例中,三阶累积量 $|C_{210}+C_{012}|$ 的量级为 $O(10^{-4})$;因此,当式(5-94)中

的正则化参数为量级 $O(10^{-2}) \sim O(10^{-1})$ 时,式(5-94)中在分母上的三阶累积量 $|C_{210}+C_{012}|$ 可以忽略不计,而松弛参数 $s_{3,2}$ 随着 $|C_{210}+C_{012}|$ 的增加而单调增加。随后,式(5-72)中由于松弛参数 $s_{3,2}$ 的增加,碰撞后的三阶累积量 $|C_{210}+C_{012}|$ 减少,表明在碰撞过程中保留的非平衡态部分减少。这种趋势也出现在式(5-125)及 Gehrke 和 Rung(2022)提出的正则化形式中。此外,当选取不同的正则化参数时,随着正则化参数 λ 的增加,松弛参数 $s_{3,2}$ 会相应地减小。因此,随着 λ 的增加,在碰撞过程中保留的非平衡部分也会增加。结合图 5-9 中的信息,合理推断出碰撞后较大三阶累积量的绝对值会导致结构物后回旋区域 L_r 减小和逆向速度 U_{min} 减小。

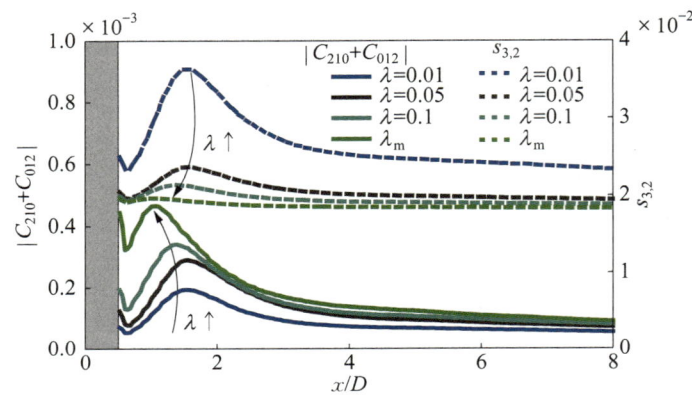

图 5-15　$N_D=32$ 算例中不同正则化参数和正则化形式对尾流区域中心线上的三阶累积量 $|C_{210}+C_{012}|$ 和相应的松弛参数 $s_{3,2}$ 的影响

5.4　不同雷诺数恒定流与无限长圆柱相互作用

在利用 $Re=3\,900$ 的圆柱绕流算例对 CLBM 模型进行验证后,进一步分析在 $Re=3\,900$ 到 2×10^5 的亚临界雷诺数范围内的圆柱流动。在这个雷诺数范围内的实验设置和测量数据的详细信息见表 5-7。这些实验提供了大量实测数据。表 5-8 总结了在这个雷诺数范围内使用不同数值方法(如 FDM、FVM 和 HEM)和不同紊流模型(如 URANS/RANS、DES、LES 和 ILES)进行的数值模拟。这些模拟是在商业软件(Wen 和 Qiu,2017;Stringer 等,2014)(如 Fluent 和 StarCCM+)、开源代码(Tian 和 Xiao,2020;Jiang 和 Cheng,2021;Lysenko 等,2013;Prsic 等,2014;Lloyd 和 James,2016;Stringer 等,2014;Ye 等,2017)(如 OpenFOAM 和 Nektar++)及内部代码(Parnaudeau 等,2008;Yeon 等,2016;Cheng 等,2017;Kravchenko 和 Moin,2000)(如 CFDShip-Iowa)上进行的。

表 5-7 雷诺数范围在 $Re=3\,900\sim2\times10^5$ 的实验研究总结

文献	$Re(\times10^4)$	长宽比	阻塞比(%)	入口紊动(%)	实验测量
Gerrard(1961,1966)	0.4~18	7~80	1~15	0.3	C_D、$C_{L'}$、St
Keefe(1962)	0.03~10	3/18	0.8	—	C_D、$C_{L'}$、St
Son 和 Hanratty(2010)	0.5~10	—	—	—	St
Moeller(2010)	0.5~5.6	16/19	—	0.3	$C_{L'}$
Schewe(1983)	2~710	10	10	0.4	C_D、St
Norberg 和 Sunden(1987)	1.8~30	12/8.8	4/11	0.06	$C_{L'}$、C_{pb}、St
Szepessy 和 Bearman(1992)	0.9~14	0.25~12	7.7	0.05	C_D、$C_{L'}$、C_p
West 和 Apelt(1993)	1.1~22	15~35	4~10	0.2	C_D、$C_{L'}$
Norberg(1994)	0.005~4	5~50	1.6	0.1	C_{pb}、St
Norberg(1998)	0.15~1	65	1.5	0.1	L_r
MARIN(2001)	3~80	18.6	—	—	C_D
Dong 等(2006)	0.39~1.0	8.78	8.3	0.1	C_D、$C_{L'}$、C_{pb}、St
Parnaudeau 等(2008)	0.39	20	4.3	—	St、L_r
Molochnikov 等(2019)	0.39	10	13	0.25	L_r

表 5-8 雷诺数范围在 $Re=3\,900$ 到 2×10^5 的数值模拟总结

文献	$Re(\times10^4)$	数值方法	2D/3D	紊流模型	第一层网格
Kravchenko 和 Moin(2000)	0.39	B-spline	3D	LES	$D/172$
Parnaudeau 等(2008)	0.39	FDM	3D	LES	$D/48$
Lysenko 等(2013)	2	FVM	3D	LES	$D/1786$
Stringer 等(2014)	0.004~100	FVM	2D	URANS	未提及
Prsic 等(2014)	0.39,1.31	FVM	3D	LES	$y^+<2$
Lloyd 和 James(2016)	6.31~50.6	FVM	3D	LES	$y^+=0.5$
Yeon 等(2016)	6.31~75.7	FDM	3D	LES	$y^+=0.03\sim0.67$
Ye 和 Wan(2017)	6.31~75.7	FVM	2D	RANS	$y^+=1\sim5$
Wen 和 Qiu(2017)	6.31~75.7	FVM	2D/3D	RANS/DES/LES	$y^+=0.15$
Cheng 等(2017)	0.39~85	FDM	3D	LES	$y^+=0.83\sim1.93$
Qiu 等(2017)	6.31~75.7	FVM	2D	RANS	未提及
Tian 和 Xiao(2020)	0.39	FVM	3D	LES	$D/880$
Jiang 和 Cheng(2021)	0.39	FVM	3D	LES	$D/10\,000$
Jiang 和 Cheng(2021)	0.04~0.39	HEM	3D	ILES	$D/72$

表 5-9 列出了使用 CLBM 模型进行模拟的算例设置。在亚临界范围内设置了 6 个不同雷诺数的算例：$Re=8\,000$、$10\,000$、$20\,000$、$40\,000$、$100\,000$ 和 $200\,000$，以研究此范围内的流动特性和圆柱受力变化。对于组次 4~8，使用 $N_D=64$ 的均匀网格，对于组次 9~10，使用 $N_D=96$ 的均匀网格。此时，对于 $N_D=64$、96 的算例设置，总网格数分别约为 1.84×10^8 和 6.27×10^8。根据 Stahl 等(2010)的方法估算沿圆柱表面的 y^+ 值，对于组次 4~10，圆柱表面最大 y^+ 范围为 5~86。只有在组次 10 中，最大的 y^+ 值超过了之前 CLBM 研究中所提到的 $y^+<50$ 的标准(Stahl 等，2010)。

表 5-9　利用 CLBM 模型在雷诺数范围 $Re=3\,900\sim2\times10^5$ 模拟的参数设置

组次	$Re(\times10^4)$	总时间	统计时间	涡脱落周期	N_D
4	0.39	600	400	120	64
5	0.8	600	400	120	64
6	1.0	600	400	120	64
7	2.0	600	400	120	64
8	4.0	600	400	120	64
9	10.0	600	400	120	96
10	20.0	600	400	120	96

在不同雷诺数下瞬时三维涡旋结构在圆柱表面上的无量纲距离 y^+ 如图 5-16 所示。这些涡旋结构通过 Q 准则进行可视化。在雷诺数 $Re=3\,900\sim2\times10^5$ 的亚临界范围内，涡的脱落呈现出明显的三维特性。相互平行的剪切层在圆柱体下游逐渐发生卷曲，最终在结构物后的近尾流区域形成交替脱落的涡。随着雷诺数的增加，剪切层从层流向紊流转换的过渡区位置向上游移动。这种变化导致结构物后平均回旋区域 L_r 的长度减小。在 $Re=3\,900$ 时，结构物后近尾流区域出现的涡旋结构是更为完整和细长的，但随着雷诺数的增加，这些涡旋结构变得更细碎和混乱。在当前研究的雷诺数范围内，从结构物后脱落的涡旋结构之间的流向距离几乎保持不变。

(a) $Re=3\,900$　　　　　　　　(b) $Re=8\,000$

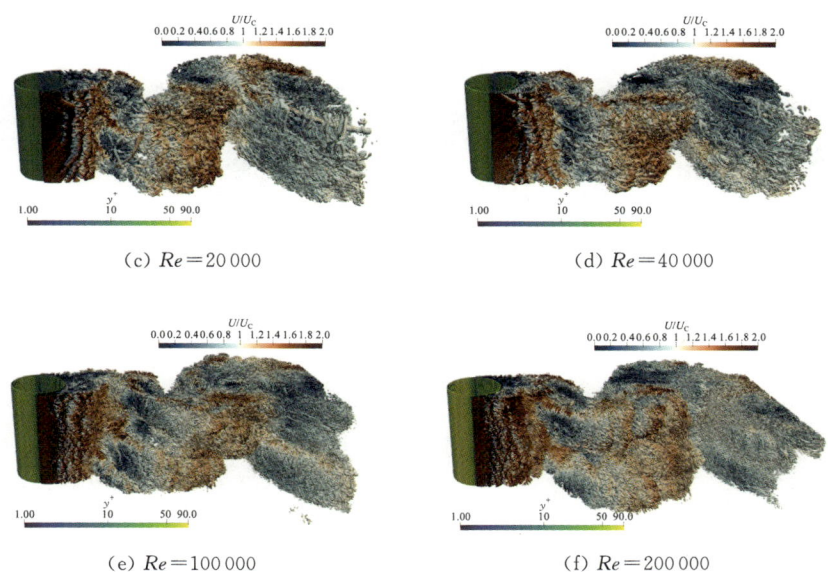

(c) $Re=20\,000$ (d) $Re=40\,000$

(e) $Re=100\,000$ (f) $Re=200\,000$

图 5-16　圆柱后近尾流区域的瞬时涡旋结构和圆柱表面上的无量纲壁面距离 y^+

涡旋结构利用 Q 准则进行可视化,取 $Q=10$ 的等值面并利用流向无量纲速度(以特征流速 U_c 进行无量纲化)进行着色。

不同雷诺数下的瞬态速度场如图 5-17 所示,充分展示了圆柱后尾流区的流动变化。在 $Re=3\,900$ 时,由于圆柱后剪切层内层流向紊流的过渡发生在更下游的位置,形成了更大的回旋区域。随着雷诺数的增加,圆柱后剪切层内的不稳定性持续发展,Kelvin-Helmholtz 涡出现在剪切层中并逐渐变得更加明显,在结构物两侧分离的流动迅速脱落。在 $Re=3\,900\sim 2\times 10^5$ 的亚临界流动范围内,流动分离角度的变化并不明显。不同雷诺数下,圆柱后尾流区中的瞬时压力场和压力等值线如图 5-18 所示。随着雷诺数从 3\,900 增加到 2×10^5,圆柱后侧的低压区域逐渐靠近圆柱。除此之外,随着雷诺数的增加,圆柱后尾流区内的压力等值线的曲率明显增大,表明该区域内的压力波动也随之增加。

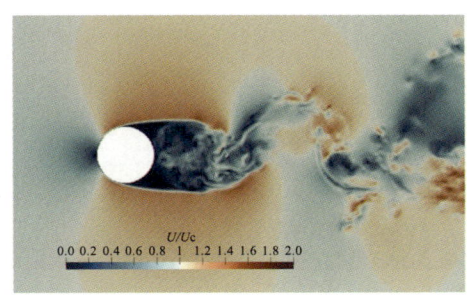   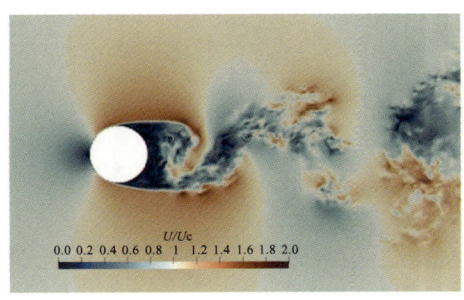

(a) $Re=3\,900$ (b) $Re=8\,000$

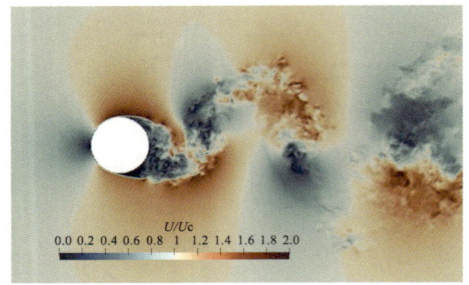

(c) $Re=20\,000$

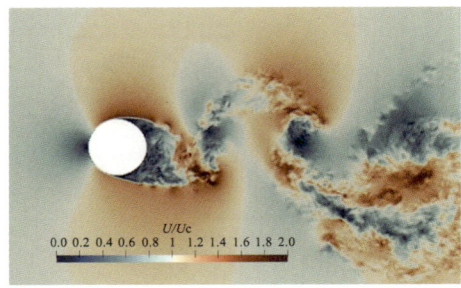

(d) $Re=40\,000$

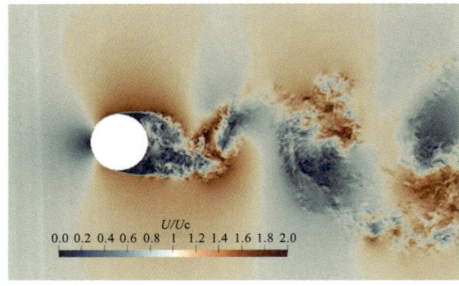

(e) $Re=100\,000$

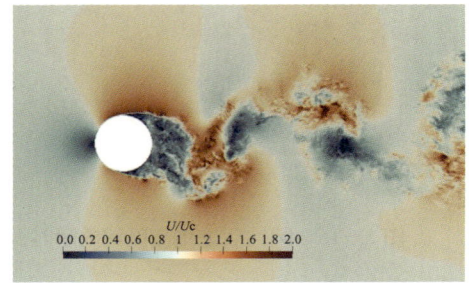

(f) $Re=200\,000$

图 5-17　圆柱后近尾流区域的瞬时流速(以特征流速 U_c 进行无量纲化)

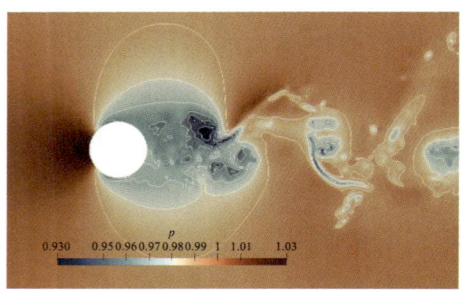

(a) $Re=3\,900$

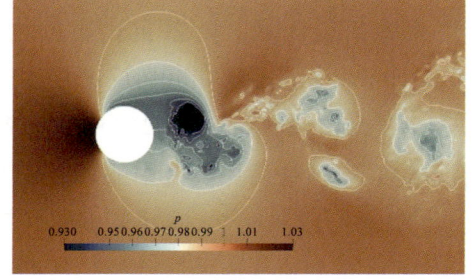

(b) $Re=8\,000$

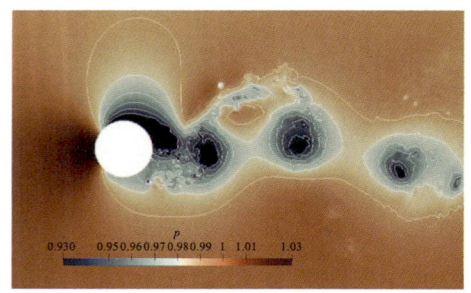

(c) $Re=20\,000$

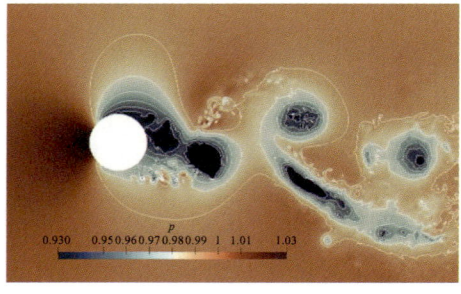

(d) $Re=40\,000$

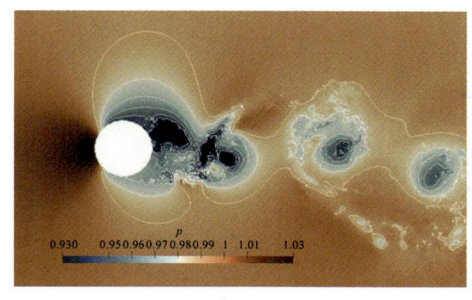
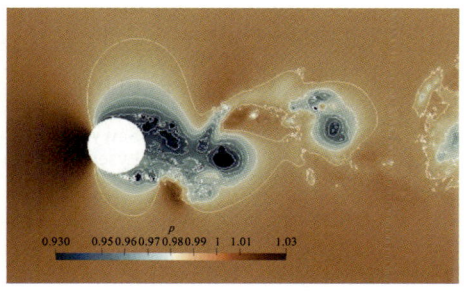

(e) $Re=100\,000$ (f) $Re=200\,000$

图 5-18 圆柱后近尾流区域的瞬时压力场和压力等值线(以入口处的压力 p_∞ 进行无量纲化)

图 5-19 展示了雷诺数 Re 在 $3\,900\sim2\times10^5$ 的范围内,沿圆柱后中心线的时间平均和展向平均流向速度分布随雷诺数的变化。在这一范围内,圆柱后的回旋区域 L_r/D 和最小流向速度 $U_{\min}/U_c$ 随着雷诺数的增加均呈现单调下降的趋势。这种雷诺数变化关系与圆柱后的剪切层内层流向紊流过渡的位置有关,这在图 5-16 和图 5-17 瞬时涡量场和瞬时速度场中均有体现。

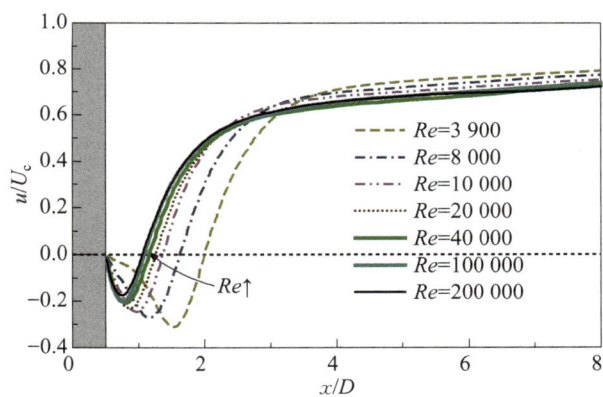

图 5-19 不同雷诺数下,沿圆柱后中心线上的流向无量纲速度变化

在 $Re=3\,900\sim2\times10^5$ 范围内,回旋区域长度 L_r/D 随 Re 的变化关系如图 5-20 所示。由于在物理模型实验中测量回旋区域长度存在一定的难度,在这一范围内的定量实验数据十分有限。为了定量分析圆柱后剪切层不稳定性与回旋区域长度之间的关系,我们通过圆柱后近尾流区域中的雷诺剪切应力 $u'v'/U_c^2$ 的最大值来表征剪切层的不稳定性。圆柱后近尾流区域中最大的雷诺数 Re 的变化规律如图 5-21 所示。在 $Re=3\,900\sim10\,000$ 的区间内,最大雷诺剪切应力显著增大;在 $Re=10\,000\sim200\,000$ 的区间内则缓慢增大。在 $Re=3\,900\sim2\times10^5$ 区间内,$u'v'/U_c^2$-Re 和 L_r-Re 之间存在明显的负相关关系,这有效地量化了瞬时流场(图 5-16 和图 5-17)中观察到的定性现象,证明了在本书研究的 Re 范围内,随着 Re 增加,圆柱后剪切层内不稳定性逐渐增大,结构物后的回旋区域减小。

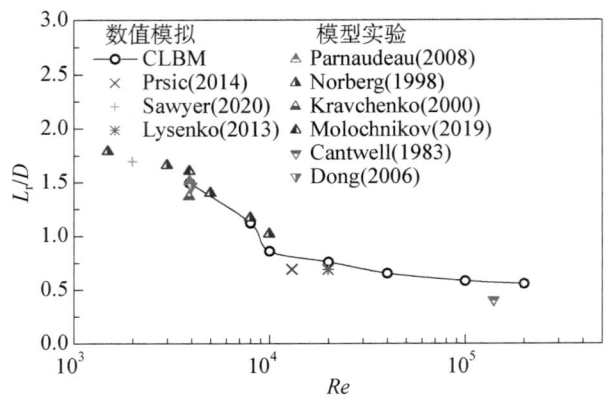

图 5-20 在 $Re=3\,900 \sim 2\times 10^5$ 范围内，回旋区域长度 L_r/D 随雷诺数 Re 的变化关系

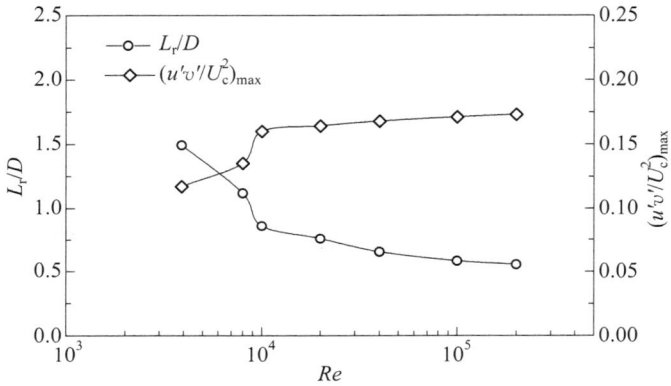

图 5-21 在 $Re=3\,900 \sim 2\times 10^5$ 范围内，最大雷诺切应力 $(u'v'/U_c^2)_{\max}$ 随雷诺数 Re 的变化关系及与 L_r-Re 关系的对比

如图 5-22 所示，在 $Re=3\,900 \sim 2\times 10^5$ 范围内，时均拖曳力系数 $\overline{C}_D$ 随 Re 的变化并不明显。值得注意的是，圆柱绕流的亚临界区域和临界区域的准确界限并不明确。在一些实验中，"阻力危机（drag crisis）"现象开始出现于 $Re=2\times 10^5$ 左右。在当前基于 CLBM 的模拟中，$Re=2\times 10^5$ 时流动分离仍保持对称，圆柱侧面也没有出现明显的分离气泡。这一现象可能是由于分辨率不足造成的，因为在 $Re=2\times 10^5$ 时圆柱表面的最大 y^+ 值超过了 $y^+<50$ 的标准。但由于本书中使用均匀网格的计算成本限制，该组次下的更高分辨率模拟将在未来工作中解决。目前 CLBM 的时均拖曳力系数模拟结果在 $Re=3\,900 \sim 1\times 10^5$ 范围内与实验数据高度一致，而相应的一些基于其他数值方法的模型在此 Re 范围内存在低估拖曳力系数 $\overline{C}_D$ 或过早出现"阻力危机"现象。这凸显了 CLBM 模型在相对较粗的网格分辨率下（最大 y^+ 约为 50）模拟亚临界范围内圆柱绕流的能力，其对拖曳力系数 $\overline{C}_D$ 的预测也优于其他数值方法。

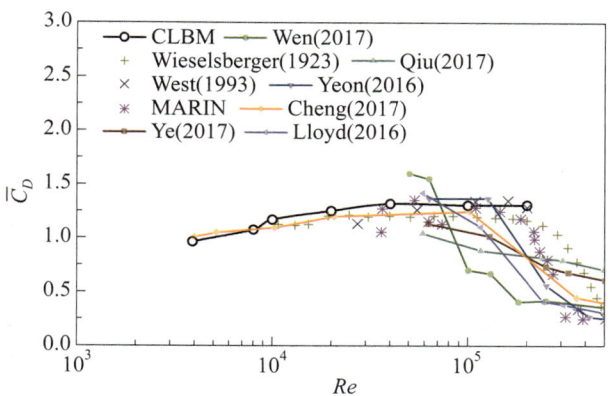

图 5-22 在 $Re=3\,900\sim 2\times 10^5$ 范围内,平均阻力系数 $\bar{C}_D$ 随雷诺数 Re 的变化关系

散点代表实验数据,带有实心符号的线代表其他数值模型的模拟结果,带有空心符号的线代表当前 CLBM 模型的模拟结果。

均方根升力系数 C'_L 随 Re 的变化如图 5-23 所示。对于 C'_L-Re 的关系,不同的实验数据有一定程度的离散,这主要归因于长宽比(L/D)(Szepessy 和 Bearman,1992)和测量手段之间的差异(Yeon 等,2016)。Szepessy 和 Bearman(1992)强调了长宽比对升力的波动存在显著影响。在大多数数值模拟中,对于 $Re>2\,500$,长宽比设置为 3 或 π。这一设置满足对其他变量的测量需求,但对于均方根升力系数 C'_L,随着长宽比的增加,C'_L 会减小。为了验证数值模拟结果,在图 5-23 中选取了长宽比与数值模拟相接近的物理模型实验数据,包括 Keefe(1962)、Szepessy 和 Bearman(1992)长宽比分别为 $L/D=3$、$L/D=2.5$ 的实验数据。CLBM 模型模拟结果与这些长宽比相近的实验数据非常吻合,与其他数值模型的结果相比,在 $Re=3\,900\sim 2\times 10^5$ 范围内也显示出随着 Re 变化与实验

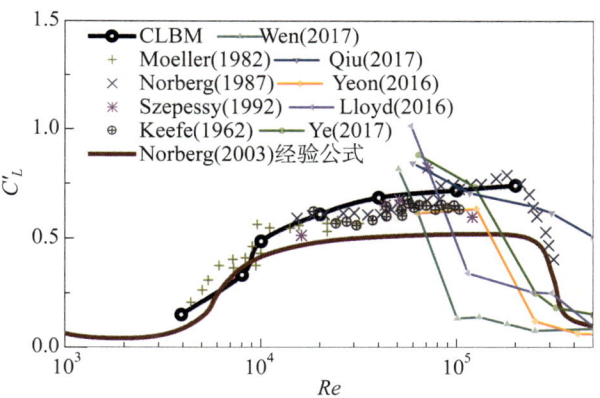

图 5-23 在 $Re=3\,900\sim 2\times 10^5$ 范围内,均方根升力系数 C'_L 随雷诺数 Re 的变化关系

图例设置方式与图 5-22 一致。

数据更为接近的趋势。此外，C'_L-Re 关系展现了与 L_r-Re 关系的负相关性。这归因于随着 Re 增加，结构物后的低压区逐渐向上游移动，导致由于涡脱落引起的升力波动增加，这一现象在图 5-18 所示的瞬时压力场中亦有所体现。

Re 在 $3\,900\sim2\times10^5$ 的范围内，圆柱后的基础压力系数 C_{pb} 随 Re 的变化趋势如图 5-24 所示，该趋势与实验数据吻合较好。在不同 Re 下，圆柱表面压力系数 C_p 随角度的变化如图 5-25 所示。随着雷诺数的增加，C_p-θ 曲线整体向下偏移并逐渐趋于稳定。基础压力系数 C_{pb} 主要受结构物后脱涡形成的低压区影响。圆柱后侧位置与结构物后最低压力位置间的距离 X_{pmin} 与基 C_{pb} 的大小直接相关。如图 5-26 所示，结构物后最低压力位置与圆柱间的距离随 Re 的变化与 L_r-Re 的关系呈正相关，这意味着在所研究的雷诺数范围内，C_{pb}-Re 的关系与 L_r-Re 的关系呈逆相关。

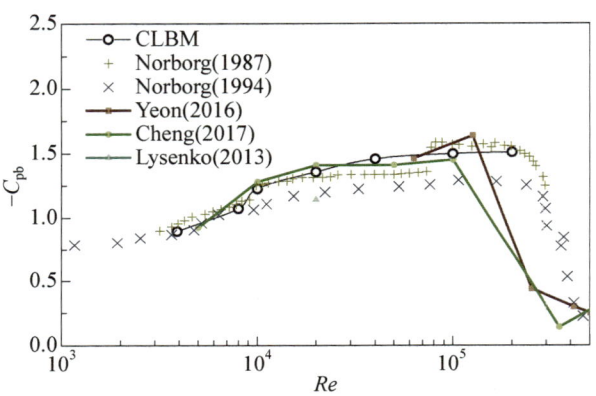

图 5-24 在 $Re=3\,900\sim2\times10^5$ 范围内，圆柱正后方的压力系数 $-C_{pb}$ 随雷诺数 Re 的变化关系

图例设置方式与图 5-22 一致。

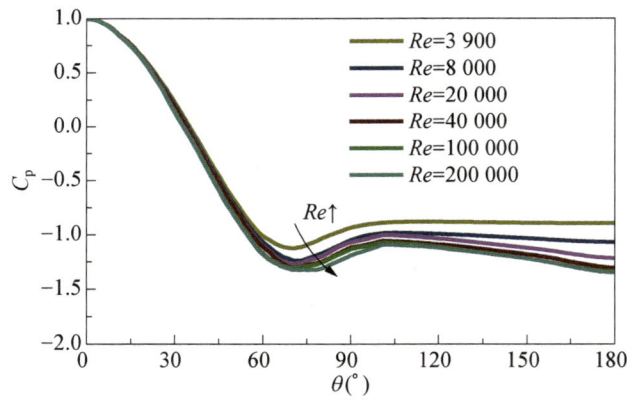

图 5-25 在 $Re=3\,900\sim2\times10^5$ 范围内，圆柱表面压力系数 C_p 随角度的变化

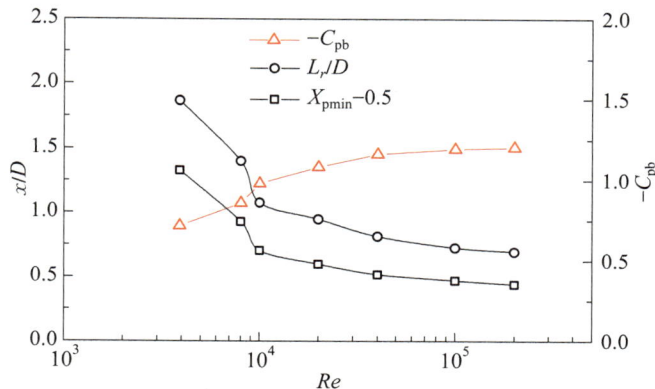

图 5-26 在 $Re=3\,900\sim2\times10^5$ 范围内,圆柱后最低压位置 X_{pmin} 随雷诺数 Re 的变化关系及与 L_r-Re 和 $-C_{pb}$-Re 关系对比

在 $Re=3\,900\sim2\times10^5$ 范围内,斯特哈尔数 St 随 Re 的变化规律如图 5-27 所示。在所研究的 Re 范围内 St 随 Re 的变化较小,趋近于常数 0.2。这表明在亚临界区域内,在发生阻力危机现象之前,脱涡频率与特征速度之比为定值,不随雷诺数变化。当前的 CLBM 模拟中可以准确地描述这种现象,一些其他的数值模型明显高估了 St 数或由于过早地出现阻力危机现象从而脱涡频率发生改变而影响了 St 随 Re 的变化趋势。

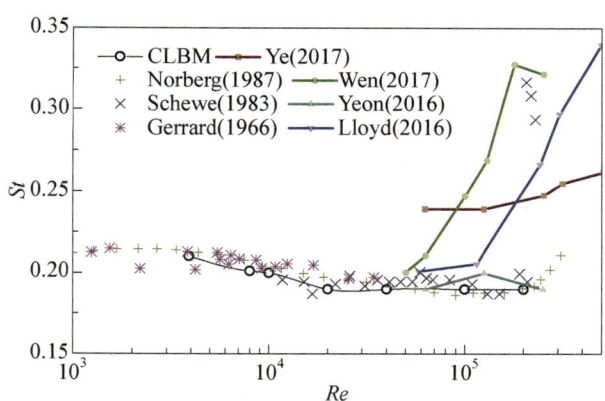

图 5-27 在 $Re=3\,900\sim2\times10^5$ 范围内,斯特哈尔数 St 随雷诺数 Re 的变化关系

图例设置方式与图 5-22 一致。

5.5 水流与有限长圆柱相互作用

第二个验证算例为 Roulund 等(2005)进行的刚性床上有限长度的垂直圆柱绕流实验,雷诺数 $Re=176\,000$,由平均速度 $U=0.326\,\text{m/s}$ 和圆柱直径 $D=0.54\,\text{m}$ 定义。计算域设置与图 5-8 类似,计算域流向和横向的长度为 $L_x=L_y=10D$,垂直方向上的高度与试

验中水深相同，为 $L_z=D$。圆柱设置在距入口 $L_0=3D$ 的位置处。该算例与 5.3.2 节中的无限长圆柱绕流算例最大的区别在于展向的边界，本算例中的底部为刚性床，设置为无滑移边界条件。由于本算例的弗汝德数 $Fr=U/\sqrt{gh}=0.14<0.2$，计算域顶部可简化为可滑移边界条件。在入口边界，使用实验测得的对数剖面驱动流动。在出口边界，利用特征边界条件来减小反射。横向的边界仍采用可滑移边界条件。为了计算床层剪应力，采用壁面函数确定摩阻流速 u_τ。当考虑光滑刚性床时，摩阻流速可以由对数速度剖面的壁面函数进行估算（García-Maribona 等，2021）：

$$\frac{u}{u_\tau}=\frac{1}{\kappa}\ln\left(\frac{yu_\tau}{0.11\nu}\right) \tag{5-132}$$

其中，u 为距底面边界距离为 y 处的速度，在目前的模拟中取 $y=1.5\Delta y$；κ 为卡门常数，取 0.41。采用 Newton-Raphson 迭代算法求出摩阻流速。随后，床面剪应力由 $\tau=\rho u_\tau^2$ 计算。

表 5-10 展示了基于 CLBM 模型与其他数值模型的模拟设置。模拟使用均匀的三维笛卡尔网格 $\Delta x=\Delta y=\Delta z$。网格分辨率由沿圆柱直径 D 的网格数量 N_D 确定，为 $N_D=108$。此时总网格数为 1.3 亿，靠近底床的最大的无量纲网格尺寸为 $y^+=20\sim 30$。模拟共进行了 400 s，其中前 100 s 用于使流动达到稳态，最后 300 s 用于计算统计量。在 CLBM 模型计算中没有使用紊流模型，马赫数设置为 0.064，正则化参数取 0.1。模拟在天河三号超级计算机上进行，采用 Intel(R) Xeon(R) Gold 6348 CPU，共 224 核，计算时间为 43.2 h。

表 5-10　模拟设置和与其他数值模型的对比

组次	模型	是否高阶	网格类型	第一层网格大小	紊流模型
R06（Roulund 等，2005）	FVM EllipSys3D	否	曲面	$1/128\ D$	k-ω SST
S22（Song 等，2022）	FVM ibScourFoam	否	曲面	$1/540\ D$	k-ω SST-SAS
1	CLBM	是[a]	均匀	$1/108\ D$	无

a：CLBM 模型的扩散项达到四阶精度。

直立圆柱周围在不同 x-y 平面上（$z=0.2,0.01\text{m}$）时的均速流线如图 5-28 所示。在 $z=0.2$ m 处的核心流动区域（图 5-28a），流动几乎不受到底面边壁的影响。流动在圆柱中心线稍上游处发生分离，并在结构物后侧形成尾涡。圆柱前的流向速度几乎为零，没有明显的逆向速度。核心流动区域的流线与无限长圆柱情况下的流线类似。在 $z=0.01$ m 处的近壁面流动区域（图 5-28b），流动分离发生的位置比核心区域更靠近上游。由于底部壁面的存在,结构物后的尾涡受到干扰。无滑移边界条件减小了速度。在圆柱前存在明显的逆向速度,形成马蹄形涡。图5-29为x-z平面的平均流线,模拟很好地捕捉到了圆柱前的向下流动和马蹄形涡。

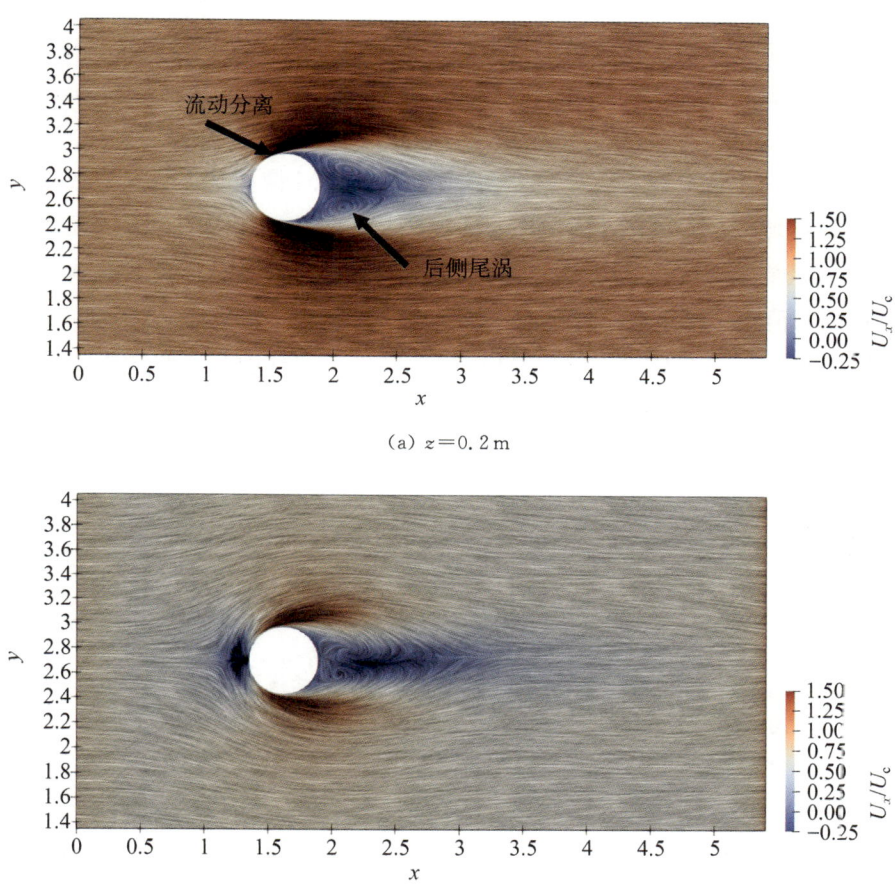

图5-28 不同高度处的x-y平面上的时均流线图

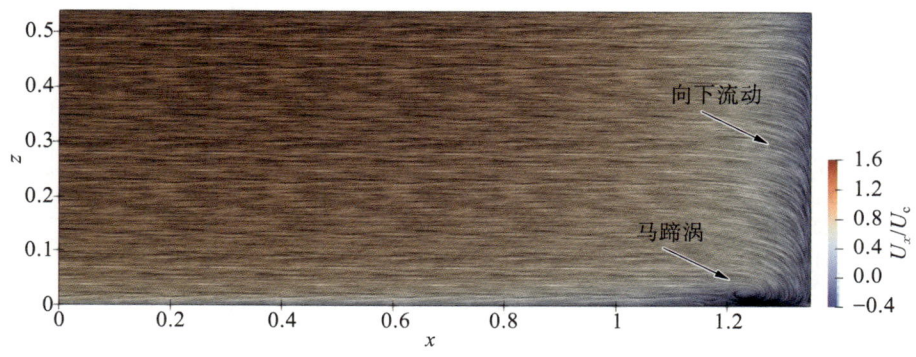

图5-29 x-z平面上的时均流线图

图 5-30 和图 5-31 分别展示了 6 个不同高度处（$z=0.2$ m、0.1 m、0.05 m、0.02 m、0.01 m、0.005 m）圆柱中心线上的流向平均速度和垂向平均速度。在图 5-30a～c 中，与实测结果相比，所有数值模型在圆柱前核心流动区域均能得到满意的结果。然而，在圆柱下游，当前的 CLBM 模拟结果虽然与实验数据相比存在微小差异，但仍优于其他数值模拟的结果。当前数值模拟与实验数据的差异主要源于数值模拟中取平均时间的截断误差和实验测量的不确定性。在图 5-30d～f 中，ibScourFoam（Song 等，2022）和 ElliSys 3D（Roulund 等，2005）的数值模拟结果在逆向速度的幅值和最大逆向速度在圆柱前近壁区域出现的位置上存在明显差异，而当前的 CLBM 模拟结果与实验数据吻合较好。在圆柱的下游区域，只有 CLBM 模型能够捕捉到与实验数据相同的速度剖面趋势，特别是在靠近圆柱的区域 $0.5 < x/D < 0.7$。对于图 5-31 中圆柱中心线上的垂向平均速度，ElliSys 3D 的数值模拟结果在圆柱前有明显的偏差 $-0.8 < x/D < 0.5$，而在圆柱后与实验数据中的趋势相反。总体来看，CLBM 的模拟结果在圆柱前与实验数据吻合较好，并能够成功地预测圆柱后不同高度处的垂直速度剖面的变化趋势，CLBM 模型是唯一能够捕捉这种趋势的数值模型。

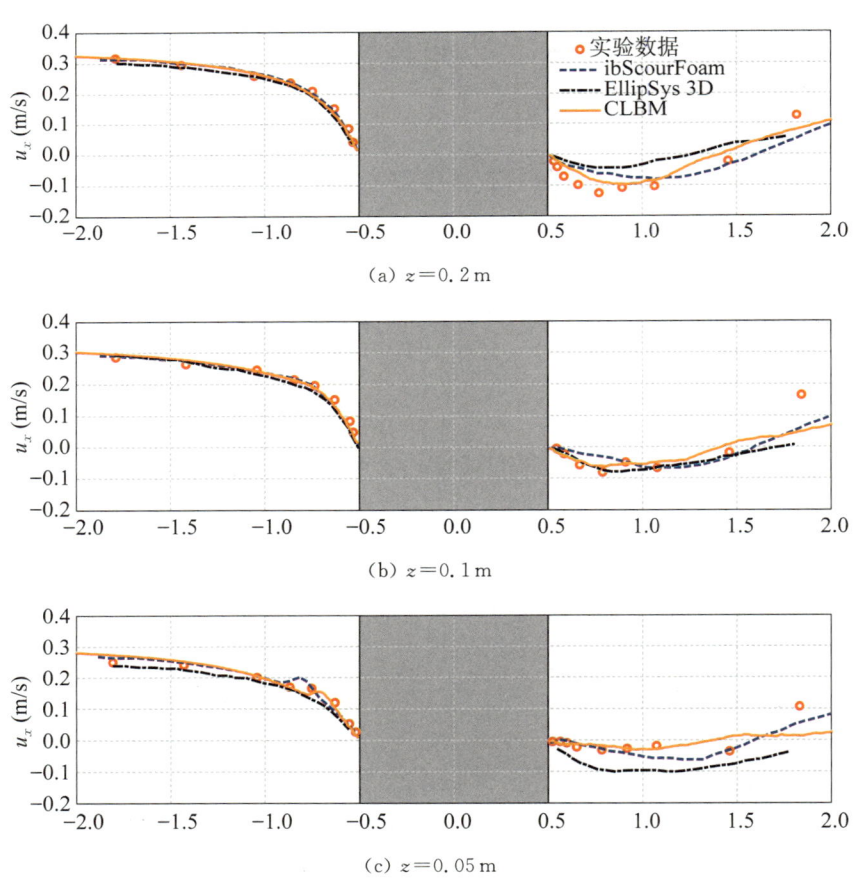

(a) $z=0.2$ m

(b) $z=0.1$ m

(c) $z=0.05$ m

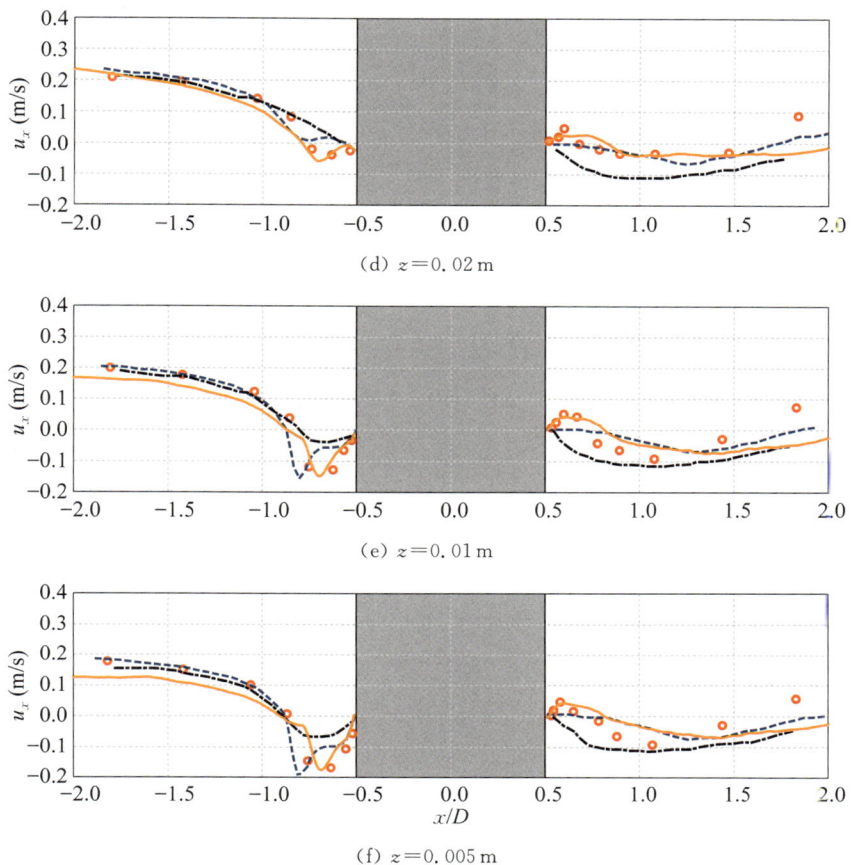

图 5-30 平滑刚性床算例中,不同高度处结构物前后中心线上的流向平均速度

实验数据代表 Roulund 等(2005)中 LDA 测量结果;ibScourFoam 代表 Song 等(2022)模拟结果;EllipSys 3D 代表 Roulund 等(2005)模拟结果;CLBM 代表本书的模拟结果。

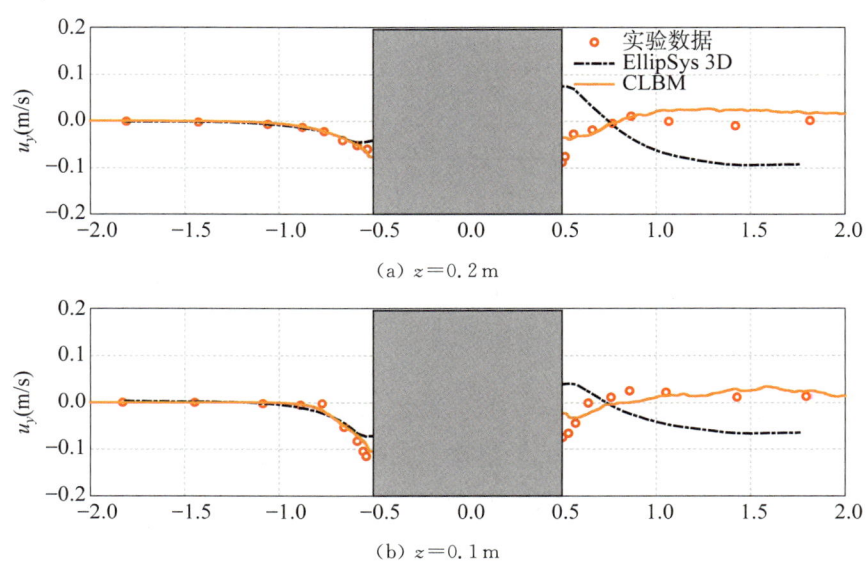

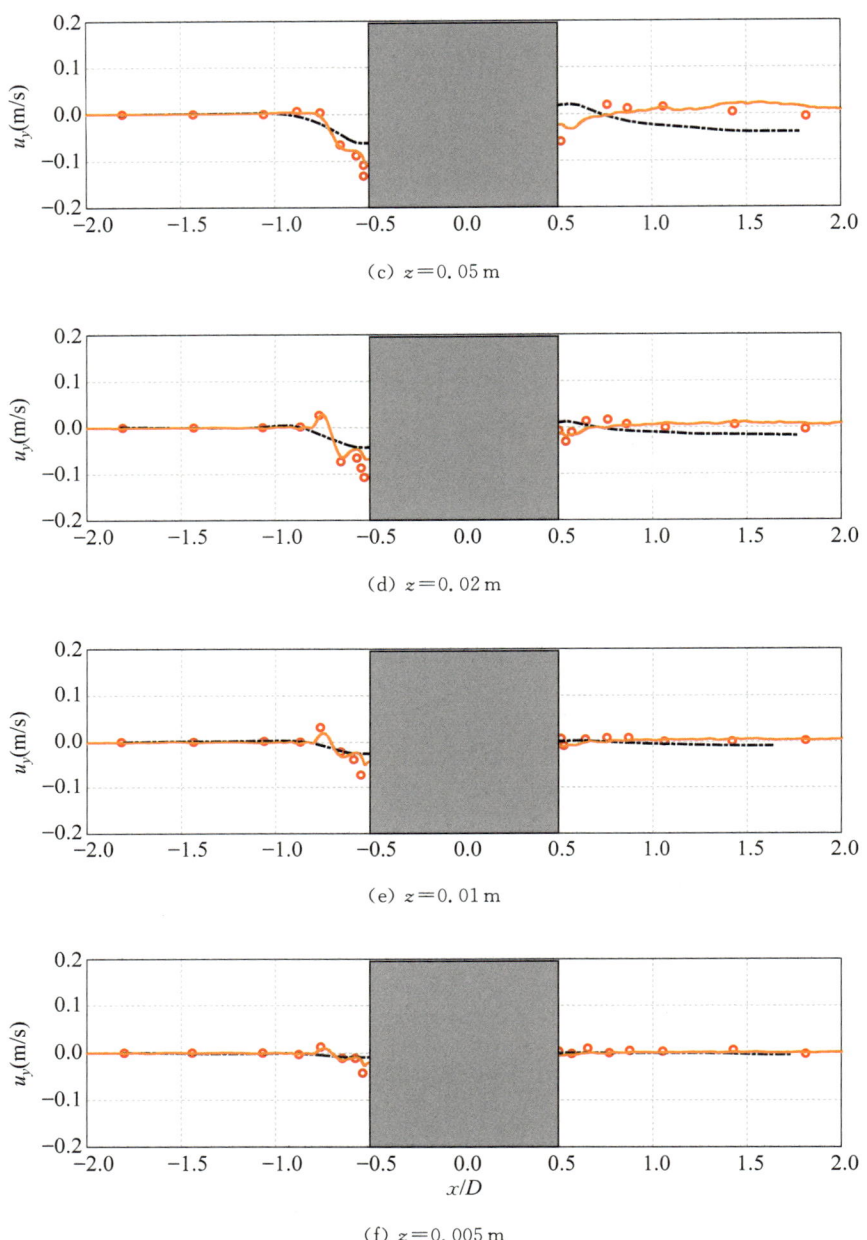

(c) $z=0.05\,\mathrm{m}$

(d) $z=0.02\,\mathrm{m}$

(e) $z=0.01\,\mathrm{m}$

(f) $z=0.005\,\mathrm{m}$

图 5-31 平滑刚性床算例中，不同高度处结构物前后中心线上的垂向平均速度

图例设置与图 5-30 相同。

图 5-32 对比了圆柱前床面剪应力放大系数，负向的剪应力区域代表出现马蹄形涡的范围。总体来看，所有的数值模拟结果相较于实验数据都低估了壁面剪应力的大小。本书的 CLBM 模拟成功地预测了最大床面剪应力出现的位置，但在马蹄形涡的范围预测上有所不足。在图 5-30e～f 中也出现了这种现象，当前模型对圆柱前逆向速度区域的预测

不足。造成这些差异的原因可能包括:首先,受限于计算资源,当前网格分辨率可能不足以完全准确地反映实验结果;其次,虽然应用对数流速剖面计算床面剪应力是一种常用方法(Roulund 等,2005;García-Maribona 等,2021;Song 等,2022),但该方法在出现马蹄形涡区域的适用性仍存在疑问。此外,由于马蹄形涡的动态特性,实验的测量结果也可能存在一定的不确定性。

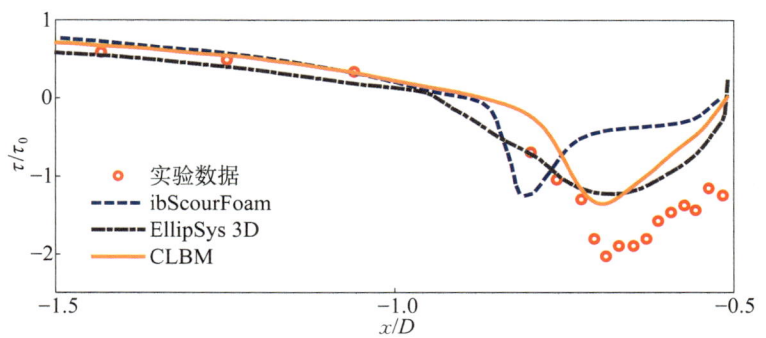

图 5-32　直立圆柱前的底床切应力放大系数

图例设置与图 5-30 相同。

直立圆柱前的压力系数 C_p 与实验数据的对比如图 5-33 所示,压力测量数据取自于 Dargahi(1989)的平滑刚性床实验。图 5-33a 显示的是圆柱上游沿水深方向的驻点压力系数;图 5-33b 显示的是圆柱上游沿对称线的靠近底床的压力系数。当前的 CLBM 模拟结果与实测数据吻合较好。值得注意的是,在图 5-33b 中,Dargahi(1989)将在圆柱上游靠近底床处出现的压力系数平台($-0.9 < x/D < -0.7$)与马蹄形涡的存在联系起来。尽管当前的数值模型略微低估了这个平台处压力系数的大小和出现的位置,但整体趋势在当前模拟中得到了体现。

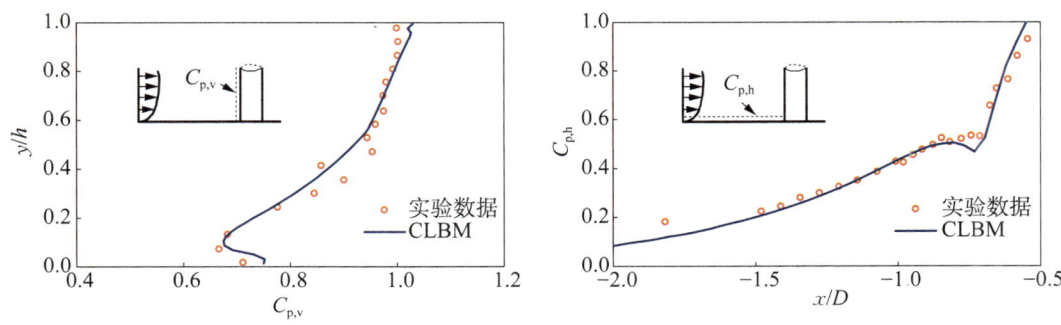

(a) 结构物前的压力系数垂向剖面　　　　(b) 结构物前靠近床面处的压力系数流向剖面

图 5-33　结构物前的压力系数 C_p

综上所述，当前CLBM模型的模拟结果与实验数据吻合良好，与其他数值模型相比，可以提供更精确的流场细节。

本章基于累积量LB模型，并结合速度入口和特征边界条件出口，构建了三维水流数值水槽。我们通过均匀流与无限长圆柱相互作用（$Re=3\,900$）以及水流与有限长圆柱相互作用（$Re=176\,000$）的算例来验证所提出的CLBM模型。当前CLBM模型的模拟结果与实验实测数据表现出良好的一致性。我们对模型中的自由参数—正则化参数的取值进行了讨论，并推荐将正则化参数的取值设为0.1。随后，在雷诺数$Re=3\,900\sim 2\times 10^5$的亚临界范围内进行了圆柱绕流模拟，分析了圆柱周围的流场和受力特性。CLBM模型展示了其在相对较粗的网格分辨率下（最高可达$y^+<50$）模拟结构附近复杂分离和回旋区域的实际工程流动的能力。

参考文献

[1] Beaudan P, Moin P. Numerical experiments on the flow past a circular cylinder at sub-critical Reynolds number[R]. Palo Alto: Stanford University, 1995.

[2] Cebeci T, Chang K C. Calculation of incompressible rough-wall boundary-layer flows[J]. AIAA Journal, 1978, 16(7): 730 – 735.

[3] Cheng W, Pullin D I, Samtaney R, et al. Large-eddy simulation of flow over a cylinder with from to: a skin-friction perspective[J]. Journal of Fluid Mechanics, 2017, 820: 121 – 158.

[4] Dargahi B. The turbulent flow field around a circular cylinder[J]. Experiments in Fluids, 1989, 8(1): 1 – 12.

[5] De Villiers E. The potential of large eddy simulation for the modeling of wall bounded flows[D]. London: Imperial College of Science, 2006.

[6] De Wilde J, Huijsmans R. Experiments for high Reynolds numbers VIV on risers[C]//ISOPE International Ocean and Polar Engineering Conference, 2001: ISOPE-I-01-292.

[7] Dong S, Karniadakis G E, Ekmekci A, et al. A combined direct numerical simulation-particle image velocimetry study of the turbulent near wake[J]. Journal of Fluid Mechanics, 2006: 569.

[8] García-Maribona J, Lara J L, Maza M, et al. An efficient RANS numerical model for cross-shore beach processes under erosive conditions[J]. Coastal Engineering, 2021: 170.

[9] Gehrke M, Banari A, Rung T. Performance of Under-Resolved, Model-Free LBM Simulations in Turbulent Shear Flows[C]//Progress in Hybrid RANS-LES Modelling, 2020: 3 – 18.

[10] Gehrke M, Rung T. Periodic hill flow simulations with a parameterized cumulant lattice Boltzmann method[J]. International Journal for Numerical Methods in Fluids, 2022, 94(8): 1111 – 1154.

[11] Gehrke M, Rung T. Scale-resolving turbulent channel flow simulations using a dynamic cumulant lattice Boltzmann method[J]. Physics of Fluids, 2022, 34(7).

[12] Gehrke M, Rung T. Scrutinizing Dynamic Cumulant Lattice Boltzmann Large Eddy Simulations for Turbulent Channel Flows[J]. Computation, 2022, 10(10).

[13] Geier M, Lenz S, Schönherr M, et al. Under-resolved and large eddy simulations of a decaying Taylor-Green vortex with the cumulant lattice Boltzmann method[J]. Theoretical and Computational Fluid Dynamics, 2020, 35(2): 169 – 208.

[14] Geier M, Pasquali A, Schönherr M. Parametrization of the cumulant lattice Boltzmann method for

fourth order accurate diffusion part I: Derivation and validation[J]. Journal of Computational Physics, 2017, 348:862-888.
[15] Geier M, Pasquali A, Schönherr M. Parametrization of the cumulant lattice Boltzmann method for fourth order accurate diffusion part II: Application to flow around a sphere at drag crisis[J]. Journal of Computational Physics, 2017, 348:889-898.
[16] Geier M, Schönherr M, Pasquali A, et al. The cumulant lattice Boltzmann equation in three dimensions: Theory and validation[J]. Computers & Mathematics with Applications, 2015, 70(4): 507-547.
[17] Gerrard J H. An experimental investigation of the oscillating lift and drag of a circular cylinder shedding turbulent vortices[J]. Journal of Fluid Mechanics, 1961, 11(2):244-256.
[18] Gerrard J H. The mechanics of the formation region of vortices behind bluff bodies[J]. Journal of Fluid Mechanics, 1966, 25(2):401-413.
[19] Heubes D, Bartel A, Ehrhardt M. Characteristic boundary conditions in the lattice Boltzmann method for fluid and gas dynamics[J]. Journal of Computational and Applied Mathematics, 2014, 262:51-61.
[20] Izquierdo S, Fueyo N. Characteristic nonreflecting boundary conditions for open boundaries in lattice Boltzmann methods[J]. Physical Review E, 2008, 78(4 Pt 2):046707.
[21] Jiang H, Cheng L. Large-eddy simulation of flow past a circular cylinder for Reynolds numbers 400 to 3900[J]. Physics of Fluids, 2021, 33(3).
[22] Keefe R T. Investigation of the fluctuating forces acting on a stationary circular cylinder in a subsonic stream and of the associated sound field[J]. The Journal of the Acoustical Society of America, 1962, 34(11):1711-1714.
[23] Kim J, Moin P, Moser R. Turbulence statistics in fully developed channel flow at low Reynolds number[J]. Journal of Fluid Mechanics, 1987, 177:133-166.
[24] Kravchenko A G, Moin P. Numerical studies of flow over a circular cylinder at $Re_D=3900$[J]. Physics of Fluids, 2000, 12(2):403-417.
[25] Lloyd T P, James M. Large eddy simulations of a circular cylinder at Reynolds numbers surrounding the drag crisis[J]. Applied Ocean Research, 2016, 59:676-686.
[26] Lysenko D A, Ertesvåg I S, Rian K E. Large-Eddy Simulation of the Flow Over a Circular Cylinder at Reynolds Number 2×10^4[J]. Flow, Turbulence and Combustion, 2013, 92(3):673-698.
[27] Moeller M J. Measurement of unsteady forces on a circular cylinder in cross flow at subcritical Reynolds numbers[D]. Cambridge: Massachusetts Institute of Technology, 1983.
[28] Molochnikov V M, Mikheev N I, Mikheev A N, et al. SIV measurements of flow structure in the near wake of a circular cylinder at $Re=3900$[J]. Fluid Dynamics Research, 2019, 51(5).
[29] Nezu I, Rodi W. Open-channel Flow Measurements with a Laser Doppler Anemometer[J]. Journal of Hydraulic Engineering, 1986, 112(5):335-355.
[30] Norberg C, Sunden B. Turbulence and reynolds number effects on the flow and fluid forces on a single cylinder in cross flow[J]. Journal of Fluids and Structures, 1987, 1(3):337-357.
[31] Norberg C. An experimental investigation of the flow around a circular cylinder: influence of aspect ratio[J]. Journal of Fluid Mechanics, 1994, 258:287-316.
[32] Norberg C. LDV-measurements in the near wake of a circular cylinder[C]//Proceedings of 1998 ASME Fluids Engineering Division, Advances in the Understanding of Bluff Body Wakes and Vortex-Induced Vibration, 1998:1281-1302.
[33] Parnaudeau P, Carlier J, Heitz D, et al. Experimental and numerical studies of the flow over a

circular cylinder at Reynolds number 3900[J]. Physics of Fluids, 2008, 20(8).

[34] Prsic M A, Ong M C, Pettersen B, et al. Large Eddy Simulations of flow around a smooth circular cylinder in a uniform current in the subcritical flow regime[J]. Ocean Engineering, 2014, 77: 61 – 73.

[35] Qiu W, Lee D-Y, Lie H, et al. Numerical benchmark studies on drag and lift coefficients of a marine riser at high Reynolds numbers[J]. Applied Ocean Research, 2017, 69: 245 – 251.

[36] Roulund A, Sumer B M, Fredsøe J, et al. Numerical and experimental investigation of flow and scour around a circular pile[J]. Journal of Fluid Mechanics, 2005, 534: 351 – 401.

[37] Schewe G. On the force fluctuations acting on a circular cylinder in crossflow from subcritical up to transcritical Reynolds numbers[J]. Journal of Fluid Mechanics, 1983, 133: 265 – 285.

[38] Schlaffer M B. Non-reflecting boundary conditions for the lattice Boltzmann method[D]. Münich: Technische Universität München, 2013.

[39] Son J S, Hanratty T J. Velocity gradients at the wall for flow around a cylinder at Reynolds numbers from 5×10^3 to 10^5[J]. Journal of Fluid Mechanics, 1969, 35(2): 353 – 368.

[40] Song Y, Xu Y, Ismail H, et al. Scour modeling based on immersed boundary method: A pathway to practical use of three-dimensional scour models[J]. Coastal Engineering, 2022, 171.

[41] Spalding D B. A Single Formula for the "Law of the Wall"[J]. Journal of Applied Mechanics, 1961, 28(3): 455 – 458.

[42] Stahl B, Chopard B, Latt J. Measurements of wall shear stress with the lattice Boltzmann method and staircase approximation of boundaries[J]. Computers & Fluids, 2010, 39(9): 1625 – 1633.

[43] Stringer R M, Zang J, Hillis A J. Unsteady RANS computations of flow around a circular cylinder for a wide range of Reynolds numbers[J]. Ocean Engineering, 2014, 87: 1 – 9.

[44] Szepessy S, Bearman P W. Aspect ratio and end plate effects on vortex shedding from a circular cylinder[J]. Journal of Fluid Mechanics, 1992, 234: 191 – 217.

[45] Tian G, Xiao Z. New insight on large-eddy simulation of flow past a circular cylinder at subcritical Reynolds number 3900[J]. AIP Advances, 2020, 10(8).

[46] Van Driest E R. On Turbulent Flow Near a Wall[J]. Journal of the Aeronautical Sciences, 1956, 23(11): 1007 – 1011.

[47] Wen P, Qiu W. Investigation of drag crisis phenomenon using CFD methods[J]. Applied Ocean Research, 2017, 67: 306 – 321.

[48] West G S, Apelt C J. Measurements of Fluctuating Pressures and Forces on a Circular Cylinder in the Reynolds Number Range 10^4 to 2.5×10^5[J]. Journal of Fluids and Structures, 1993, 7(3): 227 – 244.

[49] Ye H, Wan D. Benchmark computations for flows around a stationary cylinder with high Reynolds numbers by RANS-overset grid approach[J]. Applied Ocean Research, 2017, 65: 315 – 326.

[50] Yeon S M, Yang J, Stern F. Large-eddy simulation of the flow past a circular cylinder at sub- to super-critical Reynolds numbers[J]. Applied Ocean Research, 2016, 59: 663 – 675.

[51] 李旭晖,单肖文,段文洋. 格子玻尔兹曼正则化碰撞模型的理论进展[J]. 空气动力学学报, 2022, 40(3): 46 – 64.

[52] 张金凤,张庆河. 明渠流中分形絮团破裂的格子 Boltzmann 方法模拟[J]. 天津大学学报, 2009, 42(1): 17 – 23.

第 6 章

波浪与多孔结构相互作用的 LB 模拟

本章在已建立的三维数值波浪水槽/水池基础上，进一步给出了波浪和多孔介质相互作用的 LB 模型，主要包括孔隙介质内流体运动、自由表面模拟及典型验证算例，最后给出了波浪与复杂多孔介质相互作用算例。

6.1 孔隙介质内流体运动的 LBE 模型

6.1.1 均匀多孔结构 GLBE 格式

对于不可压缩流体在多孔介质内的等温流动，相关学者如 Nithiarasu 等（1997）提出了通用的非达西渗流模型。该模型可以表示为广义的 N‑S 方程形式，即控制方程中既包含线性阻力项（Darcy 项），又包含非线性阻力项（Forchheimer 项），方程如下：

$$\nabla \cdot \boldsymbol{u} = 0 \tag{6-1}$$

$$\frac{\partial \boldsymbol{u}}{\partial t} + (\boldsymbol{u} \cdot \nabla)\left(\frac{\boldsymbol{u}}{b}\right) = -\frac{1}{\rho}\nabla(bp) + \nu_e \nabla^2 \boldsymbol{u} + \boldsymbol{F} \tag{6-2}$$

式中，ρ_0 为平均流体密度；$\boldsymbol{u}$ 和 p 为体积平均的流体速度和压力；b 为孔隙率；ν_e 为有效运动黏滞系数；$\boldsymbol{F}$ 表示总的体积力，包括孔隙介质阻力和外部体积力 $\boldsymbol{G}$，表达式如下：

$$\boldsymbol{F} = -\frac{b\nu}{K}\boldsymbol{u} - \frac{bF_b}{\sqrt{K}}|\boldsymbol{u}|\boldsymbol{u} + b\boldsymbol{G} \tag{6-3}$$

式中，结构函数 F_b 和渗透率 K 与孔隙率 b 有关，在 Ergun(1952) 的经验公式中 $F_b = 1.75/\sqrt{150b^3}$，$k = b^3 d_p^2/150(1-b)^2$，对应的线性项阻力系数 α 取值为 150，非线性项阻力系数 β 取值为 1.75，d_p 为构成多孔介质的固体颗粒的直径。

Guo 和 Zhao(2002) 基于广义的非达西模型方程构造了用于求解广义渗流问题的 LBE 模型。通过在平衡态分布函数中引入孔隙率 b，并在作用力项中加入考虑孔隙率 b 的可渗多孔介质阻力，即线性阻力项和非线性阻力项。将多孔介质的影响加入 LB 模型中，称为渗流的广义 LBE 模型（GZ‑LB）。其 LB 演化方程如下：

$$f_i(\boldsymbol{x} + \boldsymbol{e}_i\Delta t, t + \Delta t) - f_i(\boldsymbol{x}, t) = -\frac{1}{\tau}[f_i(\boldsymbol{x},t) - f_i^{eq}(\boldsymbol{x},t)] + \Delta t F_i \tag{6-4}$$

其中，f_i 和 f_i^{eq} 为 REV 尺度的体积平均的密度分布函数与平衡态分布函数。f_i^{eq} 和 F_i 的表达式如下：

$$f_i^{eq} = \omega_i \rho \left[1 + \frac{\boldsymbol{e}_i \cdot \boldsymbol{u}}{c_s^2} + \frac{\boldsymbol{uu}:(\boldsymbol{e}_i\boldsymbol{e}_i - c_s^2\boldsymbol{I})}{2bc_s^2}\right] \tag{6-5}$$

$$F_i = \omega_i \rho \left(1 - \frac{1}{2\tau}\right) \left[\frac{\bm{e}_i \cdot \bm{F}}{c_s^2} + \frac{\bm{uF}:(\bm{e}_i\bm{e}_i - c_s^2\bm{I})}{bc_s^4}\right] \quad (6-6)$$

其中，$\bm{F}$ 由式(6-3)给出，当孔隙率 b 取值为 1 时，即格点全部是水的状态，二者变回标准 LB 中的形式。

此时，模型中的密度、速度和压强的定义为

$$\rho = \sum_i f_i \quad (6-7)$$

$$\rho_0 \bm{u} = \sum_i \bm{e}_i f_i + \frac{\Delta t}{2}\rho_0 \bm{F} \quad (6-8)$$

$$p = \frac{\rho c_s^2}{b} \quad (6-9)$$

式(6-8)为速度的二次非线性方程，通过引入一个临时的速度 $\bm{v}$，可直接求解流体的速度 $\bm{u}$：

$$\bm{u} = \frac{\bm{v}}{l_0 + \sqrt{l_0^2 + l_1|\bm{v}|}} \quad (6-10)$$

式中，$\bm{v}$ 和系数 l_0、l_1 的表达式如下：

$$\rho\bm{v} = \sum_i \bm{e}_i f_i + \frac{\Delta t}{2}b\rho\bm{G} \quad (6-11)$$

$$l_0 = \frac{1}{2}\left(1 + b\frac{\Delta t}{2}\frac{\nu}{K}\right), \quad l_1 = b\frac{\Delta t}{2}\frac{F_b}{\sqrt{K}} \quad (6-12)$$

6.1.2 不均匀多孔结构 LBE 格式

多孔介质流动的宏观控制方程是通过对不可压缩 N-S 方程进行体积平均得到的体积平均 N-S 方程(volume-averaged Navier-Stokes，VANS)。体积平均过程避免了对多孔介质复杂几何信息的描述，并通过与宏观介质特性相关的经验阻力参数将孔隙结构的影响概化。本节将提出一种新的 LBE 格式，使用 LBM 方法对 VANS 方程进行离散化。

6.1.2.1 考虑孔隙率的宏观控制方程

本节将 del Jesus 等(2002)提出的体积平均过程直接应用于不可压缩 N-S 方程，该方法应用广泛，可以用于处理非均质多孔介质中的流动。该方法的宏观控制方程为

$$\frac{\partial}{\partial x_i}\frac{\langle u_i \rangle}{\phi} = 0 \quad (6-13)$$

$$\frac{\partial}{\partial t}\frac{\langle u_i \rangle}{\phi} + \frac{\langle u_j \rangle}{\phi}\frac{\partial}{\partial x_j}\frac{\langle u_i \rangle}{\phi} = -\frac{1}{\rho}\frac{\partial}{\partial x_i}p + g_i + \frac{\partial}{\partial x_i}\left(\nu_{total}\frac{\partial}{\partial x_j}\frac{\langle u_i \rangle}{\phi}\right) - [CT]_p \quad (6-14)$$

其中，$\langle u \rangle$ 为平均速度（也称为达西速度）；p 为压强；ρ 为密度；g 为重力加速度；ϕ 为孔隙度，定义为 $\phi = V_f/V$，V 为控制体体积，V_f 为控制体中流体相所占的体积。物理量的表观平均和固有平均之间的关系为 $\langle a \rangle = \phi \langle a \rangle^f$。$\nu_{total}$ 为总黏度，定义为 $\nu_{total} = \nu + \nu_t$，其中 ν 为运动黏度，ν_t 为与紊流相关的涡流黏度。ν_t 可由大涡模拟计算 $\nu_t = (C_s \Delta)^2 \sqrt{2\langle S_{ij}\rangle^f \langle S_{ij}\rangle^f}$，其中 C_s 为 Smagorinsky 常数，可设置为 $0.05 \sim 0.18$。Δ 为滤波尺度，当采用网格尺度进行滤波时，滤波尺度可以计算为三个方向网格宽度的函数 $\Delta = (\phi \delta x \delta y \delta z)^{1/3}$。需要注意到滤波的长度只考虑流体占用的体积。$S_{ij}$ 为应变速率张量，其表达式为 $S_{ij} = (\partial u_i/\partial x_j + \partial u_j/\partial x_i)/2$。

式(6-14)中的最后一项表示多孔介质阻力的闭合项。为了保证 LB 计算宏观速度时为一元二次方程便于求解，本书选择不含过渡项的多孔介质阻力表达式，其形式为

$$[CT]_p = a\frac{\langle u_i \rangle}{\phi} + b\frac{\langle u_i \rangle}{\phi}\left|\frac{\langle u_i \rangle}{\phi}\right| + c\frac{\partial}{\partial t}\frac{\langle u_i \rangle}{\phi} \quad (6-15)$$

式中，等式右侧的第一项是线性项，在层流中占主导地位；第二项是非线性项，在紊流中占主导地位；第三项考虑非定常流动的影响。a、b、c 为需要用经验公式计算的三个常数。Van Gent(1995)修正 Engelund(1953)提出的公式可用于确定这些常数。公式如下：

$$a = \alpha\frac{(1-\phi)^3}{\phi^2}\frac{\nu}{D_{50}^2} \quad (6-16)$$

$$b = \beta\left(1 + \frac{7.5}{KC}\right)\frac{1-\phi}{\phi^2 D_{50}} \quad (6-17)$$

$$c = \gamma\frac{1-\phi}{\phi} \quad (6-18)$$

其中，D_{50} 为中值粒径，KC 为 Keulegan-Carpenter 数，考虑了非定常流（如波浪）振荡产生的阻力，其计算公式为 $KC = T_0 u_m/D_{50}\phi$，其中 u_m 为最大振荡速度，T_0 为特征周期。α、β 为需进一步率定的阻力系数。γ 被认为在大多数情况下影响较小，del Jesus 等(2002)建议 γ 可取 0.34。

6.1.2.2 孔隙率可变的 LBE 格式

本节将在已有的多松弛 LBM 模型基础上，提出孔隙率可变的 LBE 格式，并将在下一节中加以证明，表明新提出的 LBE 格式能够恢复到宏观控制方程 VANS 方程。本小节中与标准多松弛 LBM 模型相同的部分将不再赘述。

与标准多松弛 LBM 模型不同的是，孔隙率可变的 LBE 格式需要恢复的宏观控制方

程为 VANS 方程,即为式(6-13)~式(6-14)。因此,格式应包含多孔介质的孔隙率和孔隙阻力。孔隙率可变的平衡态分布函数为

$$f_\alpha^{eq} = \frac{\omega_\alpha}{c_s^2} \left[\langle p \rangle^f + \frac{e_\alpha \cdot \langle u \rangle}{\phi} + \frac{(e_\alpha \cdot \langle u \rangle)^2}{2\phi^2 c_s^2} - \frac{\langle u \rangle \cdot \langle u \rangle}{2\phi^2} \right] \quad (6-19)$$

式中,p 为第 2 章中提出的修正压强;$\langle u \rangle = (\langle u_x \rangle, \langle u_y \rangle, \langle u_z \rangle)$ 为三个方向上的表观平均速度。平衡态矩 m^{eq} 表示为

$$m^{eq} = \left[3p, \frac{\langle u_x \rangle}{\phi}, \frac{\langle u_y \rangle}{\phi}, \frac{\langle u_z \rangle}{\phi}, \frac{\langle u_x \rangle^2 + \langle u_y \rangle^2 + \langle u_z \rangle^2}{\phi^2}, \frac{2\langle u_x \rangle^2 - \langle u_y \rangle^2 - \langle u_z \rangle^2}{\phi^2}, \right.$$
$$\left. \frac{\langle u_y \rangle^2 - \langle u_z \rangle^2}{\phi^2}, \frac{\langle u_x \rangle \langle u_y \rangle}{\phi^2}, \frac{\langle u_y \rangle \langle u_z \rangle}{\phi^2}, \frac{\langle u_x \rangle \langle u_z \rangle}{\phi^2}, 0, 0, \cdots, 0 \right]^T$$
$$(6-20)$$

基于 Guo 等(2002)提出的作用力模型,考虑孔隙率和孔隙阻力的离散作用力项 G_α 表示为

$$G_\alpha = \omega_\alpha \left(I - \frac{S}{2} \right) \left[\frac{e_\alpha \cdot F}{c_s^2} + \frac{\langle u \rangle F : (e_\alpha e_\alpha - c_s^2 I)}{\varphi c_s^4} \right] \quad (6-21)$$

其中,$F = (F_x, F_y, F_z)$ 表示多孔介质在不同方向上产生的孔隙阻力,可用式(6-14)中的作用力项封闭,表示为

$$F = -[CT]_p \quad (6-22)$$

在存在作用力项时,多松弛碰撞模型为

$$\Omega(f) = M^{-1} SM(f - f^{eq}) + M^{-1} \Phi \delta t \quad (6-23)$$

其中,$\Phi = MG$ 为矩空间的离散作用力项,其表达式可以展开为

$$\Phi = \left[0, h_1 F_x, h_2 F_y, h_3 F_z, 2h_4 \frac{\langle u_x \rangle F_x + \langle u_y \rangle F_y + \langle u_z \rangle F_z}{\phi}, 2h_5 \frac{2\langle u_x \rangle F_x - \langle u_y \rangle F_y - \langle u_z \rangle F_z}{\phi}, \right.$$
$$2h_6 \frac{\langle u_y \rangle F_y - \langle u_z \rangle F_z}{\phi}, h_7 \frac{\langle u_x \rangle F_y + \langle u_y \rangle F_x}{\phi}, h_8 \frac{\langle u_y \rangle F_z + \langle u_z \rangle F_y}{\phi}, h_9 \frac{\langle u_x \rangle F_z + \langle u_z \rangle F_x}{\phi},$$
$$\left. 0, 0, \cdots, 0 \right]^T$$
$$(6-24)$$

通过取分布函数的零阶和一阶矩可以恢复宏观量,压力和表观速度如下:

$$p = c_s^2 \sum_\alpha f_\alpha \quad (6-25)$$

$$\frac{\rho_0 \langle \bm{u} \rangle}{\phi} = \sum_\alpha f_\alpha \bm{e}_\alpha + \frac{1}{2}\delta_t \bm{F} \tag{6-26}$$

由于作用力项的存在，宏观速度不能仅通过分布函数计算。此外，由于多孔介质引起的作用力项 $\bm{F}$ 与宏观速度有关。将式(6-22)和式(6-15)代入可得

$$\frac{\rho_0 \langle \bm{u} \rangle^n}{\phi} = \sum_\alpha f_\alpha \bm{e}_\alpha - \frac{1}{2}\delta_t \left(a\, \frac{\langle \bm{u} \rangle^n}{\phi} + b\, \frac{\langle \bm{u} \rangle^n}{\phi} \left| \frac{\langle \bm{u} \rangle^n}{\phi} \right| \right) - \frac{1}{2} c \left(\frac{\langle \bm{u} \rangle^n}{\phi} - \frac{\langle \bm{u} \rangle^{n-1}}{\phi} \right) \tag{6-27}$$

式中，上标代表时间步。虽然表观速度不能仅由分布函数计算，但由于式(6-27)为表观速度的一元二次方程，表观速度仍可以根据 Guo 和 Zhao(2002)提出的方式求解，其表达式为

$$\frac{\langle \bm{u} \rangle^n}{\phi} = \frac{\bm{v}}{c_0 + \sqrt{c_0^2 + c_1 |\bm{v}|}} \tag{6-28}$$

式中，$\bm{v}$ 为中间速度，定义为

$$\bm{v} = \sum_\alpha f_\alpha \bm{e}_\alpha + c\, \frac{\langle \bm{u} \rangle^{n-1}}{2\phi} \tag{6-29}$$

c_0、c_1 为两个计算参数，其表达式分别为

$$c_0 = \frac{1}{2}\left[1 + \frac{\delta t}{2}(a+c) \right] \tag{6-30}$$

$$c_1 = \frac{\delta t}{2} b \tag{6-31}$$

多孔介质内外的紊流强度采用 Krafczyk 等(2003)提出的 Smagorinsky 涡黏系数模型计算。

6.1.2.3 宏观控制方程

在上一节中提出的孔隙率可变的 LBE 格式仍包含未知量，需要进一步确定。这需要通过 Yong 等(2016)提出的 Maxwell 迭代，推导 LBE 格式所对应的宏观方程。通过与宏观控制方程比对确定待定系数。一阶和二阶迭代结果为

$$\bm{m} = [\bm{I} - \delta t \bm{S}^{-1} \cdot \bm{D}] \cdot \bm{m}^{\text{eq}} + \delta t \bm{S}^{-1} \cdot \bm{\Phi} + O(\delta t^2) \tag{6-32}$$

$$\bm{m} = \bm{m}^{\text{eq}} - \delta t \bm{S}^{-1} \cdot \tilde{\bm{D}} \cdot \left[\bm{I} - \delta t \left(\bm{S}^{-1} - \frac{\bm{I}}{2} \right) \cdot \tilde{\bm{D}} \right] \cdot \bm{m}^{\text{eq}} + \delta t (\bm{I} - \delta t \bm{S}^{-1} \cdot \tilde{\bm{D}}) \bm{S}^{-1} \cdot \bm{\Phi} + O(\delta t^3) \tag{6-33}$$

其中，$\tilde{\bm{D}} = \bm{M} \cdot \bm{D} \cdot \bm{M}$，$\bm{D}$ 为含有对角元素 $\partial_t + \bm{e}_\alpha \cdot \nabla$ 的对角矩阵算子。

将式(6-20)和式(6-24)代入一阶迭代结果，利用密度 m_0 和动量 (m_1, m_2, m_3) 的

精确表达式,可以得到欧拉方程:

$$\frac{\partial}{\partial x_i}\frac{\langle u_i \rangle}{\phi} = O(\delta t) \tag{6-34}$$

$$\frac{\partial}{\partial t}\frac{\langle u_i \rangle}{\phi} + \frac{\partial}{\partial x_i}\left(\frac{1}{\phi^2}\langle u_i \rangle \langle u_j \rangle\right) = -\frac{1}{\rho_0}\frac{\partial}{\partial x_i}p + \left(\frac{1}{2} + h_i\right)F_i + O(\delta t) \tag{6-35}$$

将式(6-35)与式(6-14)对比,可得 $h_1 = h_2 = h_3 = 0.5$。应用式(6-34)和式(6-35),$\tilde{D} \cdot m^{eq}$ 前十项元素可简化为

$$\tilde{D} \cdot m^{eq} = \begin{pmatrix} O(\delta_t) \\ F_x + O(\delta_t) \\ F_y + O(\delta_t) \\ F_z + O(\delta_t) \\ \frac{1}{\phi}\langle \boldsymbol{u} \rangle \cdot \boldsymbol{F} + O(\delta_t) + O(u^3) \\ -\frac{2}{3}\left(-2\frac{\partial}{\partial x}\frac{\langle u_x \rangle}{\phi} + \frac{\partial}{\partial y}\frac{\langle u_y \rangle}{\phi} + \frac{\partial}{\partial z}\frac{\langle u_z \rangle}{\phi}\right) + \frac{2}{\phi}(2\langle u_x \rangle F_x \\ -\langle u_y \rangle F_y - \langle u_z \rangle F_z) + O(\delta_t) + O(u^3) \\ \frac{2}{3}\left(-\frac{\partial}{\partial z}\frac{\langle u_z \rangle}{\phi} + \frac{\partial}{\partial y}\frac{\langle u_y \rangle}{\phi}\right) + \frac{2}{\phi}(\langle u_y \rangle F_y - \langle u_z \rangle F_z) + O(\delta_t) + O(u^3) \\ \frac{1}{3}\left(\frac{\partial}{\partial y}\frac{\langle u_x \rangle}{\phi} + \frac{\partial}{\partial x}\frac{\langle u_y \rangle}{\phi}\right) + \frac{1}{\phi}(\langle u_y \rangle F_x + \langle u_x \rangle F_y) + O(\delta_t) + O(u^3) \\ \frac{1}{3}\left(\frac{\partial}{\partial y}\frac{\langle u_z \rangle}{\phi} + \frac{\partial}{\partial z}\frac{\langle u_y \rangle}{\phi}\right) + \frac{1}{\phi}(\langle u_y \rangle F_z + \langle u_z \rangle F_y) + O(\delta_t) + O(u^3) \\ \frac{1}{3}\left(\frac{\partial}{\partial x}\frac{\langle u_z \rangle}{\phi} + \frac{\partial}{\partial z}\frac{\langle u_x \rangle}{\phi}\right) + \frac{1}{\phi}(\langle u_x \rangle F_z + \langle u_z \rangle F_x) + O(\delta_t) + O(u^3) \\ \cdots \end{pmatrix} \tag{6-36}$$

为推导出 N-S 方程,与二阶迭代结果相关的密度和速度可以写成:

$$(\tilde{D} \cdot m^{eq})_0 = \boldsymbol{\Phi}_0 + \delta_t \begin{cases} \frac{\partial}{\partial t}[\tilde{\tau}_0 (\tilde{D} \cdot m^{eq})_0 - \tau_0 \boldsymbol{\Phi}_0] \\ + \frac{\partial}{\partial x}[\tilde{\tau}_1 (\tilde{D} \cdot m^{eq})_1 - \tau_1 \boldsymbol{\Phi}_1] \\ + \frac{\partial}{\partial y}[\tilde{\tau}_2 (\tilde{D} \cdot m^{eq})_2 - \tau_2 \boldsymbol{\Phi}_2] \\ + \frac{\partial}{\partial z}[\tilde{\tau}_3 (\tilde{D} \cdot m^{eq})_3 - \tau_3 \boldsymbol{\Phi}_3] \end{cases} + O(\delta_t^2) \tag{6-37}$$

$$(\widetilde{\boldsymbol{D}} \cdot \boldsymbol{m}^{\text{eq}})_1 = \boldsymbol{\Phi}_1 + \delta_t \left\{ \begin{array}{l} \dfrac{\partial}{\partial t}[\widetilde{\tau}_1(\widetilde{\boldsymbol{D}} \cdot \boldsymbol{m}^{\text{eq}})_1 - \tau_1 \boldsymbol{\Phi}_1] \\[2mm] + \dfrac{\partial}{\partial x} \left[\begin{array}{l} \dfrac{1}{3}\widetilde{\tau}_0(\widetilde{\boldsymbol{D}} \cdot \boldsymbol{m}^{\text{eq}})_0 + \dfrac{1}{3}\widetilde{\tau}_4(\widetilde{\boldsymbol{D}} \cdot \boldsymbol{m}^{\text{eq}})_4 \\[2mm] + \dfrac{1}{3}\widetilde{\tau}_5(\widetilde{\boldsymbol{D}} \cdot \boldsymbol{m}^{\text{eq}})_5 \\[2mm] - \dfrac{1}{3}\tau_0 \boldsymbol{\Phi}_0 - \dfrac{1}{3}\tau_4 \boldsymbol{\Phi}_4 - \dfrac{1}{3}\tau_5 \boldsymbol{\Phi}_5 \end{array} \right] \\[2mm] + \dfrac{\partial}{\partial y}[\widetilde{\tau}_7(\widetilde{\boldsymbol{D}} \cdot \boldsymbol{m}^{\text{eq}})_7 - \tau_7 \boldsymbol{\Phi}_7] \\[2mm] + \dfrac{\partial}{\partial z}[\widetilde{\tau}_9(\widetilde{\boldsymbol{D}} \cdot \boldsymbol{m}^{\text{eq}})_9 - \tau_9 \boldsymbol{\Phi}_9] \end{array} \right\} + \dfrac{1}{2}F_x + O(\delta t^2)$$

(6-38)

$$(\widetilde{\boldsymbol{D}} \cdot \boldsymbol{m}^{\text{eq}})_2 = \boldsymbol{\Phi}_2 + \delta_t \left\{ \begin{array}{l} \dfrac{\partial}{\partial t}[\widetilde{\tau}_2(\widetilde{\boldsymbol{D}} \cdot \boldsymbol{m}^{\text{eq}})_2 - \tau_2 \boldsymbol{\Phi}_2] \\[2mm] + \dfrac{\partial}{\partial y} \left[\begin{array}{l} \dfrac{1}{3}\widetilde{\tau}_0(\widetilde{\boldsymbol{D}} \cdot \boldsymbol{m}^{\text{eq}})_0 + \dfrac{1}{3}\widetilde{\tau}_4(\widetilde{\boldsymbol{D}} \cdot \boldsymbol{m}^{\text{eq}})_4 \\[2mm] - \dfrac{1}{6}\widetilde{\tau}_5(\widetilde{\boldsymbol{D}} \cdot \boldsymbol{m}^{\text{eq}})_5 + \dfrac{1}{3}\widetilde{\tau}_6(\widetilde{\boldsymbol{D}} \cdot \boldsymbol{m}^{\text{eq}})_6 \\[2mm] - \dfrac{1}{3}\tau_0 \boldsymbol{\Phi}_0 - \dfrac{1}{3}\tau_4 \boldsymbol{\Phi}_4 + \dfrac{1}{6}\tau_5 \boldsymbol{\Phi}_5 - \dfrac{1}{2}\tau_6 \boldsymbol{\Phi}_6 \end{array} \right] \\[2mm] + \dfrac{\partial}{\partial x}[\widetilde{\tau}_7(\widetilde{\boldsymbol{D}} \cdot \boldsymbol{m}^{\text{eq}})_7 - \tau_7 \boldsymbol{\Phi}_7] \\[2mm] + \dfrac{\partial}{\partial z}[\widetilde{\tau}_8(\widetilde{\boldsymbol{D}} \cdot \boldsymbol{m}^{\text{eq}})_8 - \tau_8 \boldsymbol{\Phi}_8] \end{array} \right\} + \dfrac{1}{2}F_y + O(\delta t^2)$$

(6-39)

$$(\widetilde{\boldsymbol{D}} \cdot \boldsymbol{m}^{\text{eq}})_3 = \boldsymbol{\Phi}_3 + \delta_t \left\{ \begin{array}{l} \dfrac{\partial}{\partial t}[\widetilde{\tau}_3(\widetilde{\boldsymbol{D}} \cdot \boldsymbol{m}^{\text{eq}})_3 - \tau_3 \boldsymbol{\Phi}_3] \\[2mm] + \dfrac{\partial}{\partial z} \left[\begin{array}{l} \dfrac{1}{3}\widetilde{\tau}_0(\widetilde{\boldsymbol{D}} \cdot \boldsymbol{m}^{\text{eq}})_0 + \dfrac{1}{3}\widetilde{\tau}_4(\widetilde{\boldsymbol{D}} \cdot \boldsymbol{m}^{\text{eq}})_4 - \dfrac{1}{6}\widetilde{\tau}_5(\widetilde{\boldsymbol{D}} \cdot \boldsymbol{m}^{\text{eq}})_5 \\[2mm] - \dfrac{1}{2}\widetilde{\tau}_6(\widetilde{\boldsymbol{D}} \cdot \boldsymbol{m}^{\text{eq}})_6 - \dfrac{1}{3}\tau_0 \boldsymbol{\Phi}_0 - \dfrac{1}{3}\tau_4 \boldsymbol{\Phi}_4 \\[2mm] + \dfrac{1}{6}\tau_5 \boldsymbol{\Phi}_5 - \dfrac{1}{2}\tau_6 \boldsymbol{\Phi}_6 \end{array} \right] \\[2mm] + \dfrac{\partial}{\partial x}[\widetilde{\tau}_9(\widetilde{\boldsymbol{D}} \cdot \boldsymbol{m}^{\text{eq}})_9 - \tau_9 \boldsymbol{\Phi}_9] \\[2mm] + \dfrac{\partial}{\partial y}[\widetilde{\tau}_8(\widetilde{\boldsymbol{D}} \cdot \boldsymbol{m}^{\text{eq}})_8 - \tau_8 \boldsymbol{\Phi}_8] \end{array} \right\} + \dfrac{1}{2}F_z + O(\delta t^2)$$

(6-40)

其中，$\tau_k \equiv 1/s_k$ 且 $\widetilde{\tau}_k \equiv 1/s_k - 1/2(k=0、1、\cdots、9)$。假设正应力和切应力各向同性，则

与黏性相关的松弛时间是相等的 $\widetilde{\tau}_5 = \widetilde{\tau}_6 = \widetilde{\tau}_7 = \widetilde{\tau}_8 = \widetilde{\tau}_9$。通过式(6-36),式(6-38)~式(6-40)可以化简为

$$\frac{\partial}{\partial x_i} \frac{\langle u_i \rangle}{\phi} = O(\delta t^2) \tag{6-41}$$

$$\frac{\partial}{\partial t} \frac{\langle u_x \rangle}{\phi} + \nabla \cdot \left(\frac{\langle \boldsymbol{u} \rangle \langle u_x \rangle}{\phi} \right) = -\frac{1}{\rho_0} \frac{\partial}{\partial x} p + F_x + \frac{1}{3} \nabla \cdot \widetilde{\tau}_7 \nabla u_x + R_x \delta_t + O(\delta t^2) \tag{6-42}$$

$$\frac{\partial}{\partial t} \frac{\langle u_y \rangle}{\phi} + \nabla \cdot \left(\frac{\langle \boldsymbol{u} \rangle \langle u_y \rangle}{\phi} \right) = -\frac{1}{\rho_0} \frac{\partial}{\partial y} p + F_y + \frac{1}{3} \nabla \cdot \widetilde{\tau}_7 \nabla u_y + R_y \delta_t + O(\delta t^2) \tag{6-43}$$

$$\frac{\partial}{\partial t} \frac{\langle u_z \rangle}{\phi} + \nabla \cdot \left(\frac{\langle \boldsymbol{u} \rangle}{\phi} \frac{\langle u_z \rangle}{\phi} \right) = -\frac{1}{\rho_0} \frac{\partial}{\partial z} p + F_z + \frac{1}{3} \nabla \cdot \widetilde{\tau}_7 \nabla u_z + R_z \delta_t + O(\delta t^2) \tag{6-44}$$

其中,R_x、R_y、R_z 为误差项,其表达式为

$$R_x = -\frac{2(h_4 \tau_4 + 2h_5 \tau_5 - \widetilde{\tau}_4 - 2\widetilde{\tau}_5)}{3} \frac{\partial}{\partial x} \frac{\langle u_x \rangle}{\phi} F_x - (h_7 \tau_7 - \widetilde{\tau}_7) \frac{\partial}{\partial y} \left(\frac{\langle u_y \rangle}{\phi} F_x + \frac{\langle u_x \rangle}{\phi} F_y \right)$$
$$+ \frac{2(-h_4 \tau_4 + h_5 \tau_5 + \widetilde{\tau}_4 - \widetilde{\tau}_5)}{3} \frac{\partial}{\partial x} \left(\frac{\langle u_y \rangle}{\phi} F_y + \frac{\langle u_z \rangle}{\phi} F_z \right)$$
$$- (h_9 \tau_9 - \widetilde{\tau}_9) \frac{\partial}{\partial z} \left(\frac{\langle u_z \rangle}{\phi} F_x + \frac{\langle u_x \rangle}{\phi} F_z \right) \tag{6-45}$$

$$R_y = -\frac{2(h_4 \tau_4 + h_5 \tau_5 - \widetilde{\tau}_4 - \widetilde{\tau}_5)}{3} \frac{\partial}{\partial y} \frac{\langle u_x \rangle}{\phi} F_x - (h_7 \tau_7 - \widetilde{\tau}_7) \frac{\partial}{\partial x} \left(\frac{\langle u_y \rangle}{\phi} F_x + \frac{\langle u_x \rangle}{\phi} F_y \right)$$
$$- \frac{(2h_4 \tau_4 + h_5 \tau_5 + 3h_6 \tau_6 - 2\widetilde{\tau}_4 - \widetilde{\tau}_5 - 3\widetilde{\tau}_6)}{3} \frac{\partial}{\partial y} \left(\frac{\langle u_y \rangle}{\phi} F_y + \frac{\langle u_z \rangle}{\phi} F_z \right)$$
$$- (h_8 \tau_8 - \widetilde{\tau}_8) \frac{\partial}{\partial z} \left(\frac{\langle u_z \rangle}{\phi} F_y + \frac{\langle u_y \rangle}{\phi} F_z \right) \tag{6-46}$$

$$R_z = -\frac{2(h_4 \tau_4 - h_5 \tau_5 - \widetilde{\tau}_4 + \widetilde{\tau}_5)}{3} \frac{\partial}{\partial z} \frac{\langle u_x \rangle}{\phi} F_x - (h_8 \tau_8 - \widetilde{\tau}_8) \frac{\partial}{\partial y} \left(\frac{\langle u_z \rangle}{\phi} F_y + \frac{\langle u_y \rangle}{\phi} F_z \right)$$
$$- \frac{(2h_4 \tau_4 + h_5 \tau_5 - 3h_6 \tau_6 - 2\widetilde{\tau}_4 - \widetilde{\tau}_5 + 3\widetilde{\tau}_6)}{3} \frac{\partial}{\partial z} \left(\frac{\langle u_y \rangle}{\phi} F_y + \frac{\langle u_z \rangle}{\phi} F_z \right)$$
$$- (h_9 \tau_9 - \widetilde{\tau}_9) \frac{\partial}{\partial x} \left(\frac{\langle u_x \rangle}{\phi} F_z + \frac{\langle u_z \rangle}{\phi} F_x \right) \tag{6-47}$$

因此,为消除误差项,待定系数需要满足以下关系:

$$h_m = 1 - \frac{1}{2\tau_m}, \quad m = 4、5、\cdots、9 \tag{6-48}$$

此外，可以得到运动黏滞系数 ν 与松弛时间的关系为

$$\nu = \frac{1}{3}\delta t \tilde{\tau}_7 \tag{6-49}$$

对比新的 LBE 格式对应的宏观控制方程与 VANS 方程式(6-13)和式(6-14)，除误差项外，二者表达式一致，证明本书所提出的孔隙率可变 LBE 格式形式正确。

6.2 自由表面运动的 LBM 模型

6.2.1 自由表面追踪模型

对于波浪、溃坝等涉及自由表面的问题，本节采用单相流 VOF 方法进行界面捕捉。单相流模型不同于两相流模型，忽略了气相流体的计算，辅以自由界面边界条件，实现对两相交界面的精确捕捉。因此，单相流模型相较于两相流模型具有更高的计算效率，并在以往的数值计算中保持良好的精度(Thürey，2003)。

使用单相流模型在模拟自由表面运动时，根据界面模拟方式的不同，可以划分为：界面捕捉算法(Interface Capturing Method，ICM)和界面追踪算法(Interface Tracking Method，ITM)。从质量守恒的角度出发，求解质量守恒方程的模型即为界面捕捉算法模型，该方法的控制方程为

$$\frac{\partial \rho}{\partial t} + \nabla \cdot (\rho \boldsymbol{u}) = 0 \tag{6-50}$$

对式(6-50)进行有限体积法空间离散，再进行一阶欧拉向后时间离散，可得到离散后的单相流自由表面运动的控制方程：

$$\varepsilon(\boldsymbol{x},t) = \varepsilon(\boldsymbol{x},t-\delta_t) - \frac{\delta_t}{\delta_x}\sum_{i=1}^{n}\Phi_i + O(\delta_t^2) \tag{6-51}$$

式中，ε 代表单元内液相所占的体积分数。Φ_i 为第 i 个面上的流出通量，可表示为 $\Phi_i = \varepsilon_i(\boldsymbol{x},t-\delta_t)u_i$。根据液相体积分数，将所有单元区分为气相、界面和液相

$$相态 = \begin{cases} 气相, & \varepsilon = 0 \\ 界面, & \varepsilon \in (0,b) \\ 液相, & \varepsilon = b \end{cases} \tag{6-52}$$

相较于以往的区分方式，引入了单元孔隙率 b，为下文提出孔隙介质模型做铺垫。

当将上述界面捕捉算法应用于 LB 模型时，参考 Thürey(2003)的方法，将流出通量计算与密度分布函数建立联系，从格点 x 处迁移到相邻格点的密度分布函数相当于从格点控制体流出的质量，而由相邻格点迁移到格点 x 处的密度分布函数则相当于流入格点控制体的质量。流出通量 Φ_a 的表达式可写为

$$\Phi_\alpha = \frac{c\varepsilon_\alpha}{\rho_0}[f_\alpha(\boldsymbol{x}+\boldsymbol{e}_\alpha\delta_t, t) - f_\beta(\boldsymbol{x}, t)] \tag{6-53}$$

其中，ε_α 对应为 α 方向的面体积分数，可采用代数平均的方法进行近似计算：

$$\varepsilon_\alpha = \begin{cases} \frac{1}{2}[b(\boldsymbol{x}, t-\delta_t) + b(\boldsymbol{x}+\boldsymbol{e}_\alpha, t-\delta_t)], & \text{相邻格点为液相} \\ \frac{1}{2}[\varepsilon(\boldsymbol{x}, t-\delta_t) + \varepsilon(\boldsymbol{x}+\boldsymbol{e}_\alpha, t-\delta_t)], & \text{相邻格点为界面格点} \\ 0.0, & \text{相邻格点为气相} \end{cases} \tag{6-54}$$

由于式(6-53)中的密度分布函数包含两格点的压力，对于不可压流动，流出通量的计算仅与流体速度相关，因此还需对式(6-53)进行修正以消除压力差的影响，修正后的流出通量表达式为

$$\Phi_\alpha = c\varepsilon_\alpha\left[f_\alpha(\boldsymbol{x}+\boldsymbol{e}_\alpha\delta_t, t) - f_\beta(\boldsymbol{x}, t) - \frac{2\omega_\alpha}{\rho_0 c_s^2}(p_{ff} - p_f)\right] \tag{6-55}$$

在根据式(6-51)更新完界面格点的体积分数后，需要更新格点相态，并对不合理的格点相态进行修正。同时，还需要对修正相态格点时损失的质量进行重新分配和密度分布函数重构。具体实现细节可参考相关论文(Baraldi 和 Dodd，2014)，不再赘述。

6.2.2 阻力系数校准

本节利用 Lin(1998)的溃坝波与多孔结构相互作用实验，对多孔介质的阻力系数进行校准。实验在尺寸为 0.892 m×0.58 m×0.44 m 的水槽中进行。在 $x=0.3\sim0.59$ m 处放置两种尺寸均为 0.29 m×0.37 m×0.44 m 的多孔结构(由碎石或玻璃微珠制成)。两种多孔介质的中值粒径 D_{50} 和孔隙度 Φ 分别为 1.59 cm、0.49 和 0.3 cm、0.39。在多孔结构的前面放置一个厚度为 2 cm 的闸门。考虑闸门前(左)侧三个初始水位为 15 cm、25 cm 和 35 cm 的情况。实验开始时，闸门在 0.1 s 内被拉起，水被释放出来。在整个实验过程中，用相机记录多孔结构内外的自由表面高程变化。关于实验的更多细节可以在 Lin (1998)的研究工作中找到。

数值模型设置如图 6-1 所示。虽然 Liu 等(1999)和 Ren 等(2016)利用二维计算域进行模拟，但是在本测试算例中，仍采用三维计算域来验证 LBM 模型。为了减少总网格数，计算域的高度设置为 0.37 m，与多孔结构的高度相同。初始水位设置为 25 cm，以确保没有水溅到多孔结构上。初始时刻，水体与多孔结构之间存在厚度为 2 cm 的间隙，表示实验中的闸门。本书仅使用碎石多孔结构的溃坝波组来校准多孔阻力系数。在 Lin(1998)定义下，碎石多孔结构组次的孔隙雷诺数 Re 在 $O(10^3)$ 范围内，属于充分发展的紊流状态，与下文中的算例和工程实际孔隙雷诺数范围接近。根据 Lin(1998)和 Del Jesus 等(2002)的研究，在多孔介质中，当存在充分发展的紊流流动时，孔隙阻力的线性项与非线性项相

比可以忽略不计。因此,该模型仅标定了非线性阻力系数 β。线性摩擦参数 α 和附加质量系数 γ 采用 Burcharth 和 Andersen(1995)的建议取 $\alpha=10000$、$\gamma=0.34$。根据 Lin(1998)的建议,将碎石孔隙组次算例的特征时间尺度 T_0(水流经多孔结构的时间)设为 1.0,用于计算 KC 数。所有壁面均采用可滑移边界条件,自由表面采用零压力边界条件。依据 Hu 等(2012)的观点,大涡模拟中的 Smagorinsky 常数 C_s 设置为 0.15。

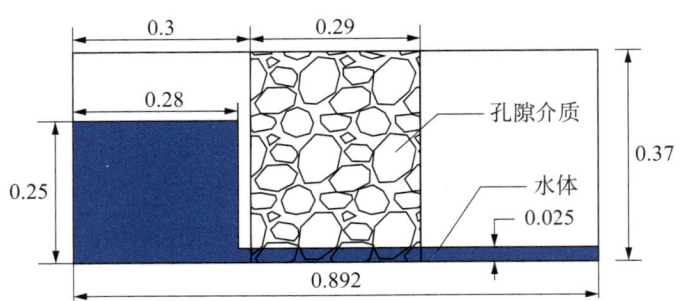

图 6-1　孔隙溃坝模拟计算域设置(单位:m)

首先,采用三种不同的网格尺寸研究了数值解的网格依赖性。网格尺寸分别为 0.01 m、0.005 m 和 0.0025 m。然后,将不同非线性阻力系数 $\beta=1.5$、3.0、6.0 的数值模拟结果与实验实测数据进行对比,对模型进行率定。并对数值解的绝对误差进行分析,以选择最佳的阻力系数。最后,将最佳阻力系数下的数值结果与实验数据和其他数值模型的结果进行比较。

阻力系数校准的第一步是进行网格无关性验证。在模拟中,马赫数 Ma 设置为 0.064,以反映流体的不可压缩性并确保数值稳定性。阻力系数的初始值根据 Burcharth 和 Andersen(1995)的建议设置。这三种网格大小下的总网格数分别为 144 892、1 159 136 和 9 299 136。模拟时间为 3.0 s。在多孔结构的内部和外部,中等网格和细网格的模拟结果没有显著差异。粗网格的模拟结果在多孔介质的上游和下游存在小的偏差。因此,为了减少计算时间并保持精度,以下的阻力系数校准均采用中等网格(图 6-2)。

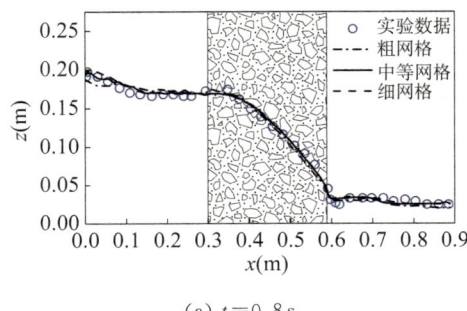

(a) $t=0.8$ s

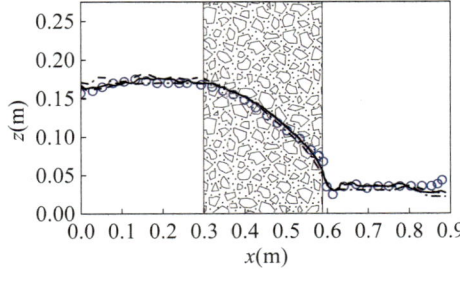

(b) $t=1.0$ s

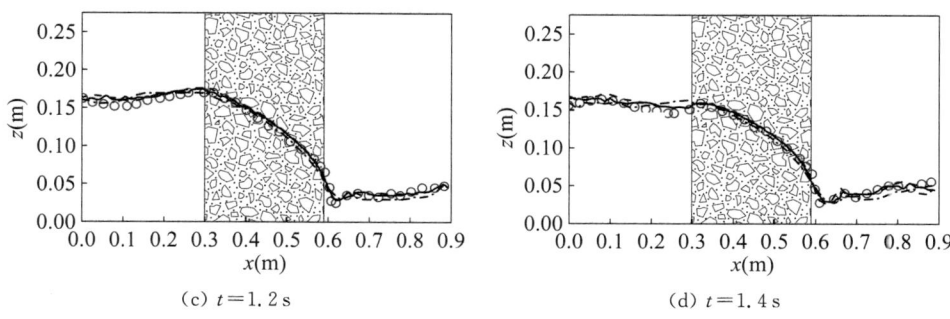

(c) $t=1.2$ s   (d) $t=1.4$ s

图 6-2 网格敏感性分析

实验中,多孔介质对流动的影响在数值模型中通过多孔介质产生的孔隙阻力进行概化。有许多形式的经验公式可以用来描述孔隙阻力,这些公式包含了不同的阻力系数。这些参数取决于流动状态和多孔介质的性质,如雷诺数、孔隙度、多孔介质的形状和级配。针对不同的模型,需要对经验参数进行校准。Engelund 公式考虑了多孔介质的不同性质。虽然之前的二维或三维 RANS 模型都进行了孔隙阻力校准(Del 等 2012;Higuera 等,2014),但使用 LES 的 LBM 模型的阻力系数仍然需要进行校准。

在保持线性阻力系数 $\alpha=10000$ 的情况下,考察非线性阻力系数 β 的取值,分析不同非线性阻力系数下数值模拟结果与实验数据的自由表面高程(图 6-3)。除了 $t=0.0\sim0.4$ s 时刻外,$\beta=3.0$ 的数值模拟结果与实验数据相比是最好的。由于在实验开始时人为地将多孔结构与水之间的闸门向上移动(耗时约 0.1 s),在水被释放的初期只有底部水体在加速运动。然而,在数值模拟中,多孔结构与水之间的界面被简化为一个间隙,这导致初期数值模拟中底部水体的运动相较于实验结果较慢,而顶部水体的运动则较快。因此,模拟结果出现了细微的误差。

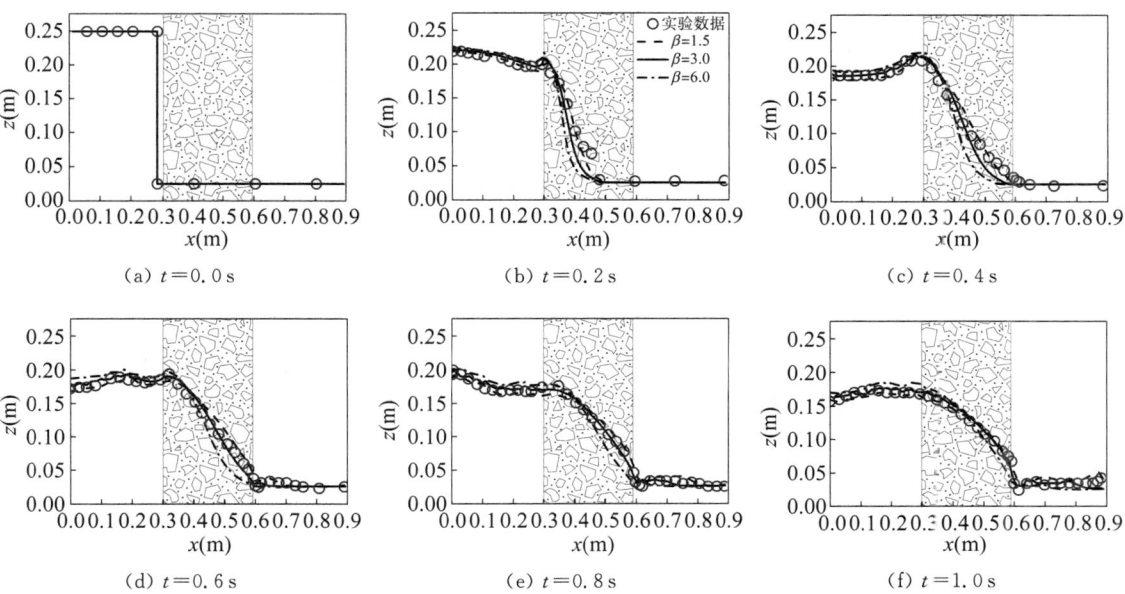

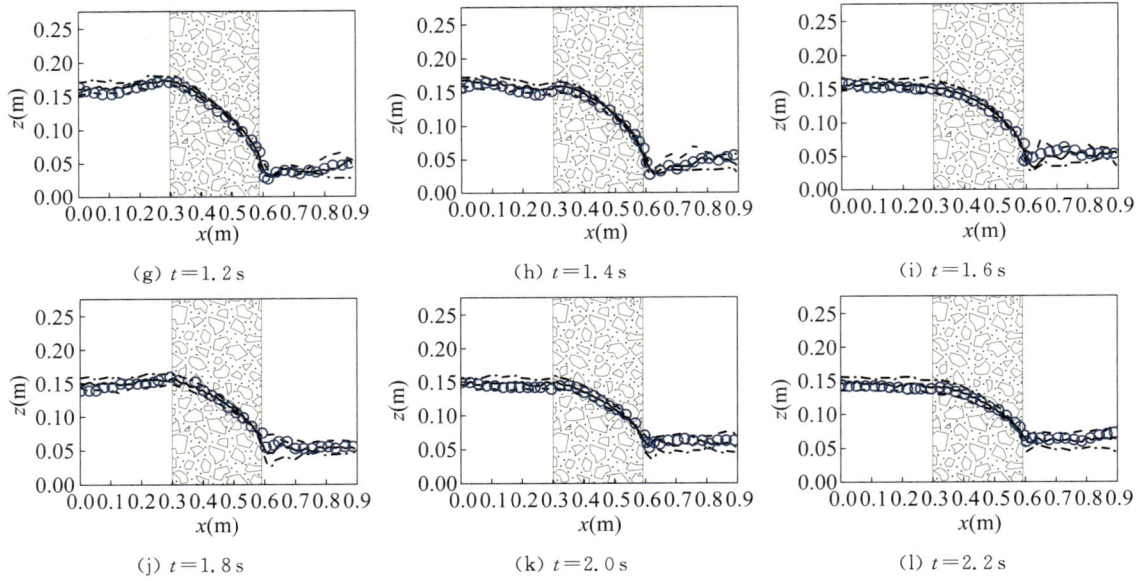

(g) $t=1.2$ s　　(h) $t=1.4$ s　　(i) $t=1.6$ s

(j) $t=1.8$ s　　(k) $t=2.0$ s　　(l) $t=2.2$ s

图 6-3　非线性阻力系数校准

为了进一步分析数值结果与实验数据之间的误差,引入如下误差指标:①绝对误差 $\Delta_i = h_{i,\text{sim}} - h_{i,\text{exp}}$,$h_{i,\text{sim}}$,$h_{i,\text{exp}}$ 分别为模拟和实验中同一位置的自由表面高程。最大绝对误差为 $\Delta_{\max} = \max(|\Delta_i|)$,绝对误差曲线下的面积为 $\Delta_{\text{area}} = \int |\Delta(x)| \mathrm{d}x$。②相对误差 $\Delta_{i,r} = (h_{i,\text{sim}} - h_{i,\text{exp}})/h_{i,\text{exp}} \times 100\%$,平均相对误差为 $\Delta_{\text{mean}} = \sum_{i=1}^{N} \Delta_{i,r}/N$。

不同参数下数值模拟与实验数据的绝对误差如图 6-4 所示,最大绝对误差、绝对误差曲线下面积和平均相对误差见表 6-1~表 6-3。统计计算误差的时间选择在 $t = 0.8 \sim 1.4$ s 的范围内,以免误差受到开闸过程或结束时水面反射的影响。从图 6-4 中可以看出,在整个计算域内,蓝线 $\beta = 3.0$ 比其他两条线更接近于零,说明 $\beta = 3.0$ 的绝对误差在各阻力系数中最小。从表 6-1 到表 6-3 可以得出相同的结论。在 $t = 0.8 \sim 1.4$ s 的时间范围内,$\beta = 3.0$ 的最大绝对误差、绝对误差曲线下面积和平均相对误差分别为 1.57 cm、32.2 cm² 和 6.9%,$\beta = 1.5$ 时分别为 2.50 cm、58.3 cm² 和 12.2%,$\beta = 6.0$ 时分别为 3.05 cm、83.3 cm²

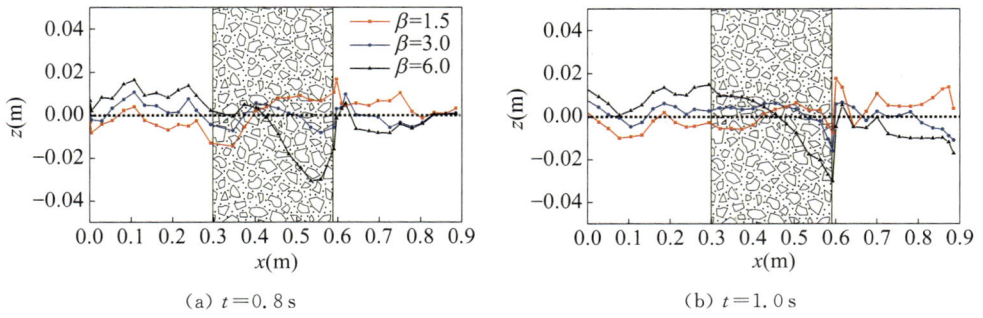

(a) $t=0.8$ s　　(b) $t=1.0$ s

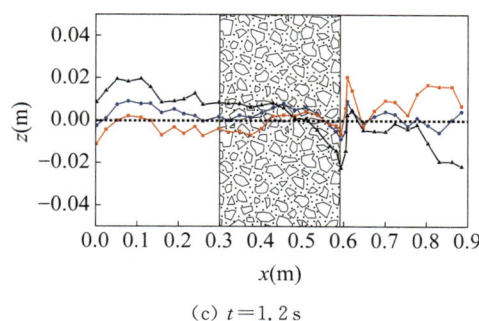 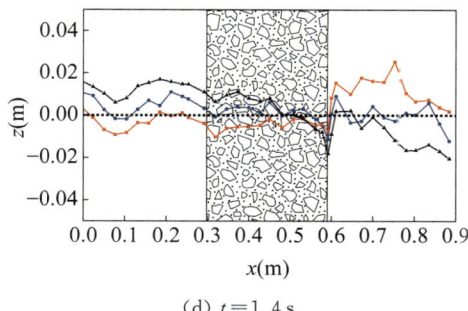

(c) $t=1.2$ s   (d) $t=1.4$ s

图 6-4 非线性阻力系数不同时溃坝自由表面高程数值模拟与实验数据的绝对误差对比

表 6-1 非线性阻力系数 $\beta=1.5$ 时的模拟结果误差分析

$t(s)$	0.8	1.0	1.2	1.4
$\Delta_{max}(cm)$	1.67	1.77	2.03	2.50
$\Delta_{area}(cm^2)$	50.1	45.6	49.1	58.3
$\Delta_{mean}(\%)$	9.5	11.0	12.2	11.5

表 6-2 非线性阻力系数 $\beta=3.0$ 时的模拟结果误差分析

$t(s)$	0.8	1.0	1.2	1.4
$\Delta_{max}(cm)$	1.08	1.57	0.91	1.20
$\Delta_{area}(cm^2)$	32.2	32.2	31.9	32.0
$\Delta_{mean}(\%)$	5.8	6.9	5.7	5.5

表 6-3 非线性阻力系数 $\beta=6.0$ 时的模拟结果误差分析

$t(s)$	0.8	1.0	1.2	1.4
$\Delta_{max}(cm)$	3.05	2.97	2.23	2.03
$\Delta_{area}(cm^2)$	76.9	78.6	82.0	83.3
$\Delta_{mean}(\%)$	11.4	14.0	12.7	11.8

和 14.0%。因此,非线性阻力系数的最佳拟合为 $\beta=3.0$,该系数被用于后续的模拟。

通过记录模拟前后网格单元中水相的体积来计算水体的总质量,结果显示质量损失了 2.1%。这主要是因为当液体单元被气体单元完全包围时,VOF 模型会消除飞溅的液滴,但这对模拟结果的影响不大。$\beta=1.5$ 和 $\beta=6.0$ 的情况在不同的时刻具有相似的绝对误差变化趋势。在 $\beta=1.5$ 的情况下,多孔结构上游的自由表面高程总是被低估,下游的自由表面高程总是被高估。在 $\beta=6.0$ 的情况下,得到相反的趋势。这是因为较小的阻力系数低估了多孔介质对水体施加的摩擦力,导致更多的水流过结构,而较大的阻力系数则会产生相反的效果。

将位于 $x=0.445\,\mathrm{m}$ 处的自由表面高程数值模拟结果,与 FDM(Lin 等,1998)、SPH(Ren 等,2016)等其他数值模拟结果进行比较。如图 6-5 所示所有模型在开始时的准确性都不佳,这是由于释放水体的方式导致的。在其他时刻,所有模型都得到了与实验数据吻合较好的模拟曲线。LBM 模型的精度与有限差分模型接近,但略低于 SPH 模型。事实上,LBM 模型和有限差分模型都使用相同的 VOF 模型来追踪自由表面,该模型的精度略低于 SPH 模型中使用的方法。然而,在大多数的情况下,这个误差是可以接受的。

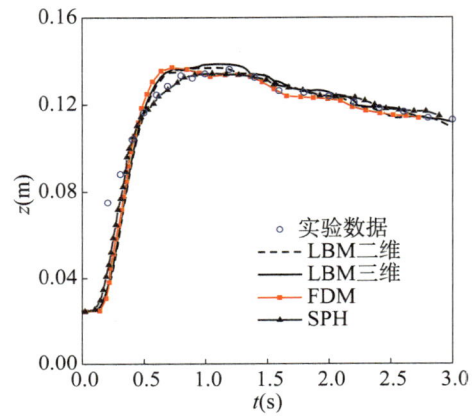

图 6-5　不同数值模型在 $x=0.445\,\mathrm{m}$ 处水位测点与实验数据对比

如图 6-6 所示,不同时间步下的速度矢量图和涡量图展示了模拟过程中的动态变化。在模拟开始时($t=0.2\,\mathrm{s}$),溃坝水体对多孔结构产生剧烈冲击。靠近多孔结构的水体水平流速约为 $0.2\,\mathrm{m/s}$,而靠近左侧壁面的水体则主要具有垂直速度。最大涡量出现在水体与多孔结构接触界面的顶部。溃坝波的破碎和反射等现象都发生在这个位置。在 $t=0.6\,\mathrm{s}$ 时,部分水体不断渗入多孔介质,另有部分水体被多孔结构反射,向左侧壁面移动。在 $t=1.0\,\mathrm{s}$ 时,水体开始从多孔介质中渗出。在多孔结构下游,流速达到 $0.15\sim0.25\,\mathrm{m/s}$。由于速度的差异,在多孔结构下游约 $x=0.6\sim0.62\,\mathrm{m}$ 处,流动区域变窄。在 $t=1.4\,\mathrm{s}$ 时,水体保持从多孔介质中渗出的状态。狭窄流动区域发展至 $x=0.6\sim0.65\,\mathrm{m}$ 处,该区域的涡量也达到最大。一个小的波动出现在多孔结构的下游,并向右侧壁面移动。在 $t=1.8\,\mathrm{s}$ 时,随着水体的不断渗出,水位达到约 $0.06\,\mathrm{m}$。右壁反射的波浪与渗出的水相互作用,在 $x=0.65\sim0.75\,\mathrm{m}$ 区域内产生循环流动。模拟结束时($t=2.2\,\mathrm{s}$),下游水位达到 $0.07\,\mathrm{m}$。由于水位差较小,渗流过程变缓,下游水面也趋于静止。

综上所述,当阻力系数选为 $\alpha=10\,000$ 和 $\beta=3$ 时,模拟结果最佳。在初步的模型评价中,本书新提出的孔隙率可变的 LBE 格式具有模拟多孔介质中水体流动的能力。

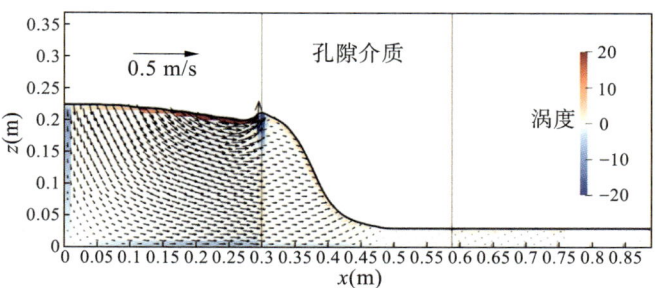

(a) $t=0.2$ s

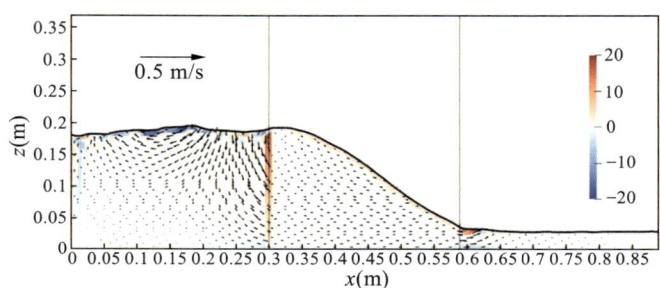

(b) $t=0.6$ s

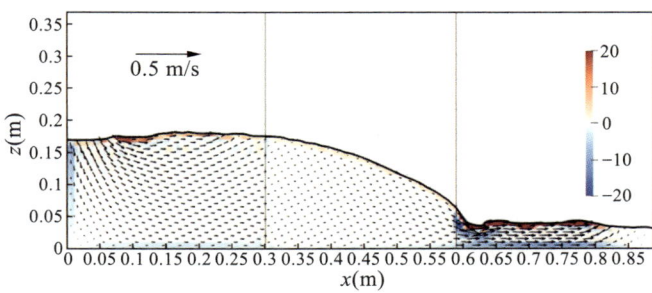

(c) $t=1.0$ s

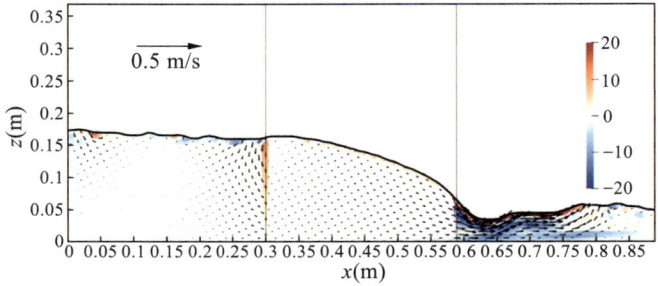

(d) $t=1.4$ s

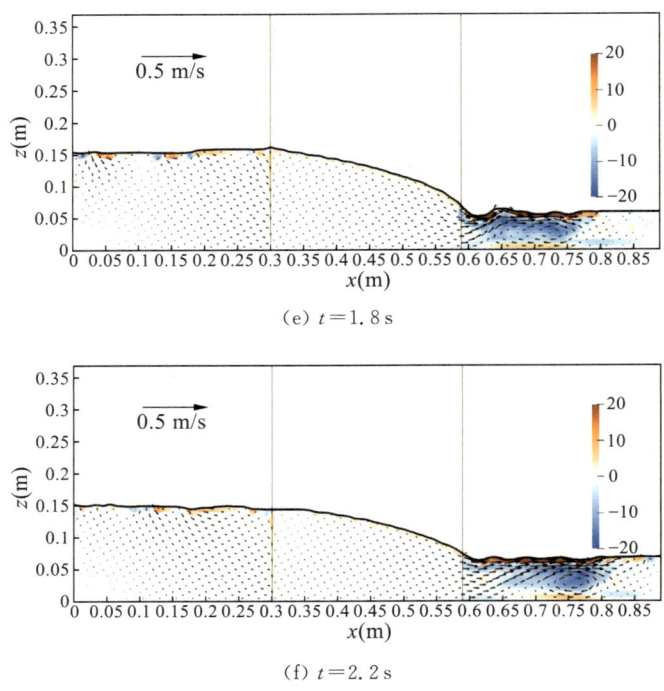

(e) $t=1.8\,\mathrm{s}$

(f) $t=2.2\,\mathrm{s}$

图 6-6 不同时刻水体速度矢量与涡度场图

6.3 典型算例验证

6.3.1 平板间充满多孔介质的 Poiseuille 流动

本章首先通过模拟两平板间充满多孔介质的 Poiseuille 流动，对 LBM 模型在流体与多孔介质相互作用中的模拟能力进行初步验证。对于高度为 H 的二维通道中的 Poiseuille 流，空间的孔隙率为 b。流动由沿通道方向（水平方向）的恒定力 G 驱动。当流体在通道中充分发展时，沿流向的速度满足以下方程：

$$\frac{\nu_e}{b}\frac{\partial^2 u}{\partial y^2}+G-\frac{\nu}{K}u-\frac{F_b}{\sqrt{K}}u^2=0 \tag{6-56}$$

上下两端的水平向流速为 0，即 $u(x,0)=u(x,H)=0$，垂向速度分量 v 处处为零。Poiseuille 流动的 Reynolds 数定义为 $Re=Hu_0/\nu$，其中 u_0 为沿中心线流动的峰值速度，表达式如下：

$$u_0=\frac{GK}{\nu}\left[1-\cosh^{-1}\left(\frac{rH}{2}\right)\right] \tag{6-57}$$

其中，$r=\sqrt{\nu\varepsilon/K\nu_e}$；$\nu_e=\nu$；$K$ 为渗透率；$Da=K/H^2$。因此，已知雷诺数 Re、达西数 Da 和孔隙率 b，可以推求出水平驱动力 G，表达式如下：

$$G = \frac{u_0 \nu}{K\left[1 - \cosh^{-1}\left(\frac{H\sqrt{b/K}}{2}\right)\right]} \quad (6-58)$$

在模拟过程中,孔隙率始终设为 0.1,使用 80×80 的正方形网格,马赫数设置为 0.02,入口和出口采用周期性边界条件,上下壁面均采用无滑移边界条件的非平衡态外推格式,初始时刻速度均为 0,运动黏滞系数 ν 取 0.1。本书选用在不同雷诺数和达西数情况下的四组算例进行验证,各个算例的具体参数见表 6-4。在层流运动中,可渗介质的阻力系数取值采用 Ergun(1952)经验关联公式,线性项阻力系数 α 取值为 150,非线性项阻力系数 β 的取值为 1.75。

表 6-4 多孔介质内 Poiseuille 流动数值模拟参数

算例	*Re*	*Da*	*H*	*G*	ν
1	0.01	10^{-5}	80	1.953×10^{-5}	0.1
2	10	10^{-5}	80	1.953×10^{-2}	0.1
3	100	10^{-5}	80	1.953×10^{-1}	0.1
4	0.1	10^{-3}	80	1.980×10^{-6}	0.1

图 6-7 给出流在充分发展即稳定后沿高度方向的 LBM 模拟流速分布与有限差分解的对比情况,从图中可以看出,LBM 模型的模拟结果与有限差分解的结果吻合良好。

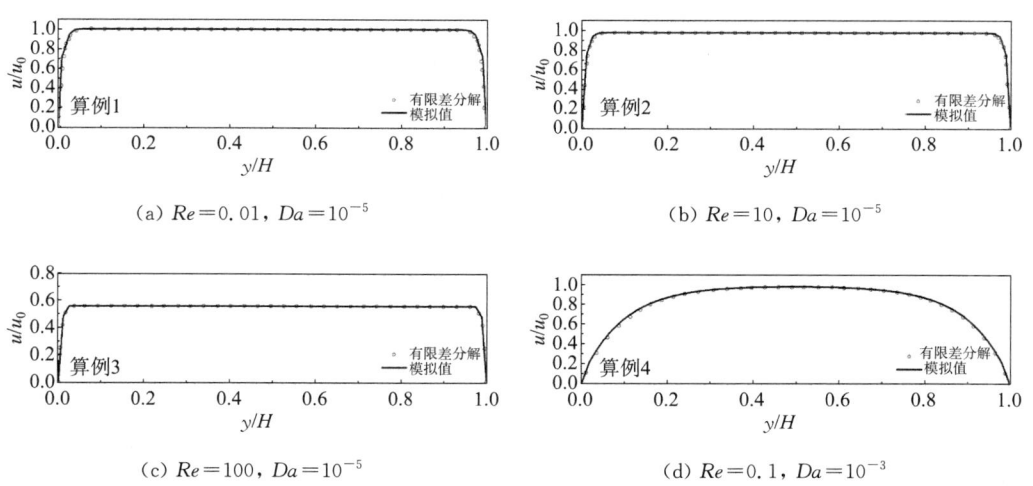

图 6-7 Poiseuille 渗流的计算结果

6.3.2 波浪在可渗三角形潜堤上的传播

本节对可渗三角形潜堤上的波浪传播实验进行了数值模拟,以检验 LBM 在模拟波浪与可渗介质相互作用方面的能力。

2002年,Hsiao 等(2002)在一个配有推板式造波机,两侧为玻璃壁面的实验水槽中进行了波浪在可渗三角形潜堤上方传播的实验。水槽长 30 m、宽 0.6 m、深 0.9 m,水槽末端有一个坡度为 1:10 的海滩用于消波。为进一步减小波浪的反射,在海滩上放置了一层伸缩网和半英寸厚的碎石。可渗三角形潜堤由中值粒径为 1.9 cm 的碎石组成,孔隙率为 0.42。三角形底边长 2.0 m、高 0.135 m,前侧坡度为 1:8.89,后侧坡度为 1:5.93。水槽中静水深为 0.175 m,入射波高为 0.027 m,波浪周期为 1.0 s。在水槽上方布置了 9 个测点,实验过程中使用波高仪测量测点处水位随时间的变化,波高仪的采样频率为 100 Hz。在物理模型试验过程中未发生波浪破碎现象。

数值波浪水槽的计算域设置如图 6-8 所示,结构物堤脚距离造波边界 4.4 m,采用主动吸收式速度入口造波和出流边界消波。在模拟之前,先在空水槽中对波浪条件进行滤波,造波结果如图 6-9 所示,计算值与理论值吻合良好,满足模拟波浪与可渗三角形潜堤相互作用的造波条件。

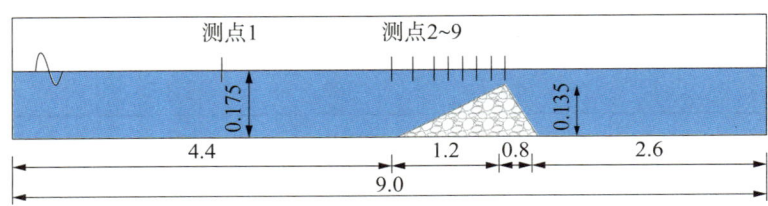

图 6-8 波浪在可渗三角形潜堤上的传播计算域设置(单位:m)

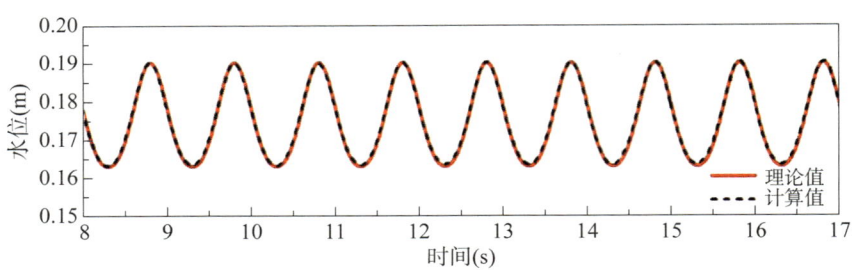

图 6-9 无结构物条件下的造波验证

在 LBM 模拟中,采用均匀的立方体网格,格子常数 dx 取值为波高的 1/16,马赫数取值为 0.064。多孔介质的线性项阻力系数取值为 10 000,非线性项阻力系数取值为 11。9 个测点的横坐标见表 6-5,图 6-10 所示为 1~9 号测点的水位历时曲线 LBM 模拟值与实验值的对比情况,圆圈为实验值,实线为模拟值。从图中可以看出,各个测点的水位历时变化的模拟值与实验值吻合较好,LBM 模型能够较好地捕捉波浪在可渗三角形潜堤上方传播过程中发生的变形。

表 6-5　水位测点坐标

测点编号	$x(m)$	测点编号	$x(m)$
1	2.4	2	4.4
3	4.7	4	5.0
5	5.2	6	5.4
7	5.6	8	5.3
9	6.0	—	—

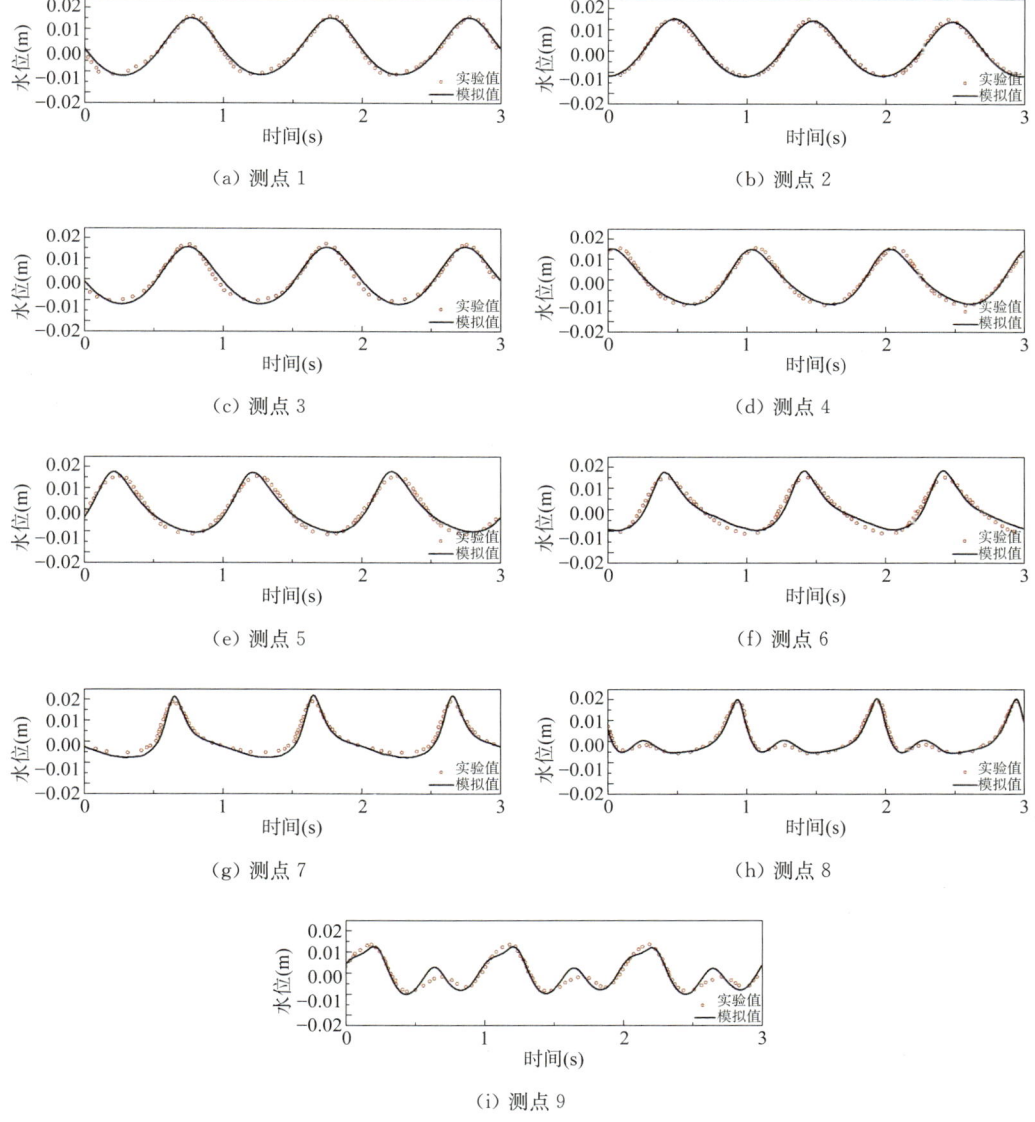

图 6-10　1～9 号测点水位的 LBM 模拟值与实验值比较

6.3.3 波浪在可渗梯形潜堤上的传播

本节利用建立的考虑渗流的 LBM 数值波浪模型,对规则波通过可渗梯形潜堤的过程进行模拟。与三角形潜堤实验不同的是,本实验过程中发生了波浪破碎现象,以此进一步检验 LBM 模型模拟波浪与可渗潜堤相互作用的能力。

2006 年,Hieu 和 Tanimoto(2006)在琦玉大学水力实验室的物理波浪水槽中进行了波浪与可渗梯形潜堤相互作用的实验研究。实验水槽长 18 m、高 0.7 m、宽 0.4 m。可渗潜堤由中值粒径为 0.025 m 的碎石组成,潜堤高 0.33 m、底宽 1.16 m、孔隙率 0.45。入射波浪为规则波,波高 0.092 m、周期 1.6 s、水深 0.376 m。在向岸侧、离岸侧及潜堤上方布置了测波仪。

数值波浪水槽的计算域设置如图 6-11 所示。水槽入口采用主动吸收式速度入口造波,出口采用出流边界消波,与物理模型试验相同。在结构物附近的相对位置布置了 6 个测点,其横坐标见表 6-6。在模拟之前,先在空水槽中进行滤波。图 6-12 给出了水槽中距离造波边界 7.47 m 处(与数值模拟中结构物堤脚距离造波边界处距离相同)测点的波面

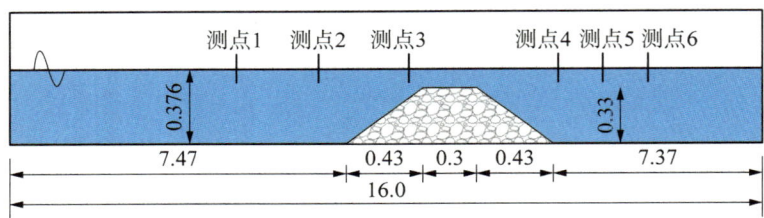

图 6-11 波浪在可渗梯形潜堤上的传播计算域设置(单位:m)

表 6-6 水位测点坐标

测点编号	$x(m)$	测点编号	$x(m)$
1	6.00	4	8.65
2	7.30	5	9.34
3	7.80	6	9.94

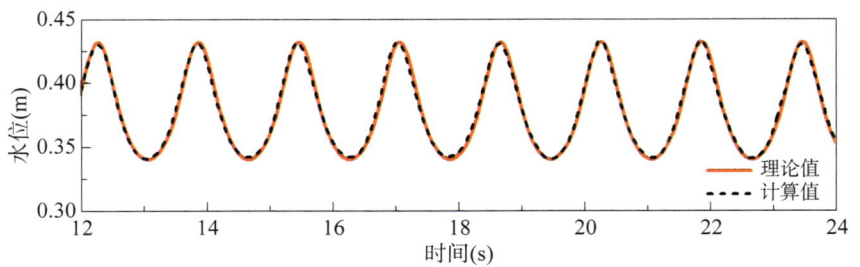

图 6-12 无结构物条件下的造波验证

历时曲线与理论值的对比,从图中可以看出造波良好,满足模拟波浪与可渗梯形潜堤相互作用的造波要求。

LB 模拟中采用均匀的立方体网格,格子常数 δx 取值为波高的 1/16,马赫数取值为 0.064。多孔介质的线性项阻力系数为 10 000,非线性项阻力系数为 2.5。

如图 6-13 给出了 1～6 号测点的水位历时曲线 LB 模拟值与 Hieu 和 Tanimoto (2006)的实验值的对比情况,圆圈表示实验值,实线表示模拟值。测点 1 和测点 2 位于潜堤前方的离岸侧,测点 3 位于潜堤前坡上方,测点 4、测点 5 和测点 6 位于潜堤后方的向岸侧。从图中可以看出,各个测点的水位随时间变化的模拟值与实验值吻合较好。测点 1 和测点 2,由于入反射波相互叠加作用波面出现了波峰变尖,波谷变平坦的非线性特征。测点 3 位于坡上,由于水深变浅、波浪反射等影响,波高明显增大。特别是,该数值模型能够较好地模拟在波浪破碎情况下,防波堤向岸侧的波浪行为。由于波浪在防波堤堤顶发生破碎,同时由于可渗介质的阻力作用,防波堤后方测点 4～6 的波高小于入射波高。同时,从水位历时曲线中可以观察到明显的次生波分离现象。因此,该模型能够再现波浪的演化和分解特征。

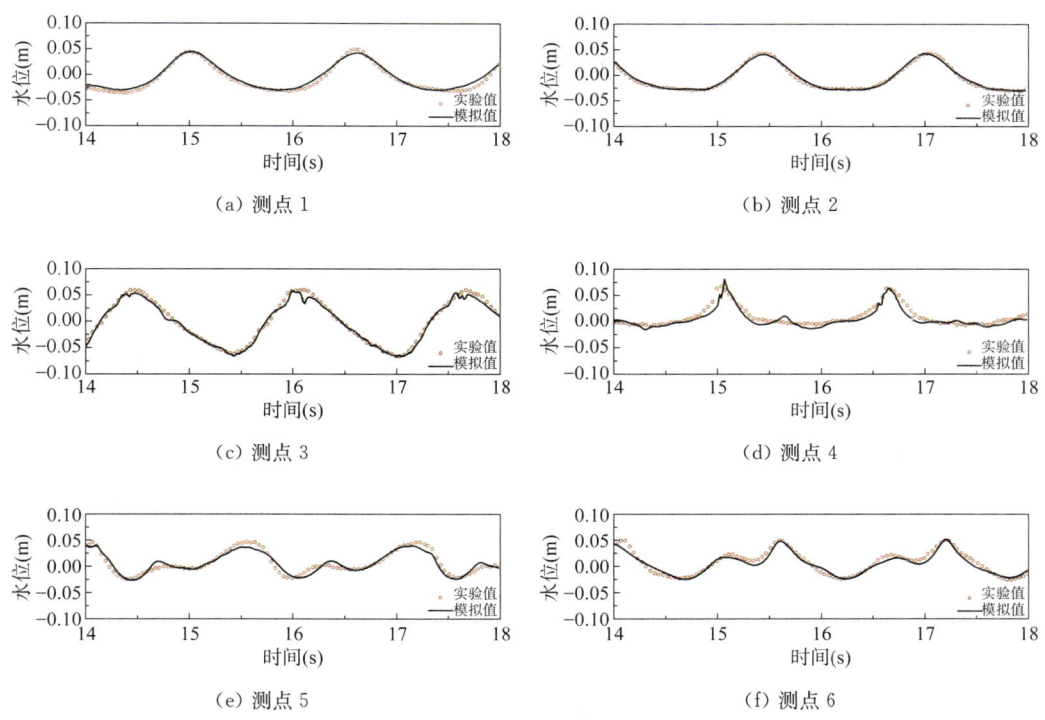

图 6-13 1～6 号测点水位的 LBM 模拟值与实验值比较

通过调节线性阻力系数和非线性阻力系数,可以使数值计算结果与实验数据较好地吻合。这证明了考虑多孔介质渗流的 LB 模型能够较好地模拟波浪与多孔介质的相互作用问题。

6.3.4 波浪与可渗出水堤的相互作用

本节利用建立的 LBM 渗流模型对规则波与可渗出水堤的相互作用进行了模拟。波浪在结构物上发生破碎,由于防波堤高度较高,未发生越浪。这进一步验证了 LBM 模型在模拟波浪与可渗出水堤相互作用方面的能力。前几节的算例只考虑了一种多孔介质,而本节中的可渗出水堤由两种孔隙率不同的多孔介质材料组成。选择此实验的原因还包括:在模拟实际工程中的防波堤时,堤心石和垫层都需要考虑为可渗介质。本实验正好对应两种不同的可渗介质,而且其断面型式与实际工程中堤心石和垫层的布置类似。

2004 年,Garcia 等(2004)在坎塔布里亚大学海岸实验室的波浪水槽中对低顶结构物(Low-crested structures,LCS)进行了研究。该波浪水槽长 24.05 m、宽 0.60 m、高 0.80 m。水槽配备有推板式造波机,并集成了能够吸收反射波的主动吸收系统。水槽的底部和侧壁由玻璃制成。研究共对两种不同堤顶宽度的结构物进行了试验,本书选择其中一种类型进行数值模拟。

防波堤模型建立在一个高为 0.1 m 的水平台阶上,台阶前侧通过一个坡度为 1:20 的斜坡与水平底槽相连接。防波堤顶部宽度为 1.0 m,高度为 0.25 m,两侧的坡度均为 1/2。结构物由两种不同的块石组成,分别为堤心碎石和护面碎石,结构物参数见表 6-7。堤心石和护面块石的中值粒径可以通过 W_{50} 和 ρ 计算得到。堤心块石的中值粒径和孔隙率分别为 1.2 cm 和 0.49,而护面块石的中值粒径和孔隙率分别为 3.9 cm 和 0.53。本书选取的实验波要素为:波高 0.07 m、周期 1.6 s、水深 0.3 m。防波堤的出水高度为 0.05 m,即干舷高度为 0.05 m。

表 6-7 模型块石参数

块石类型	W_{15}(g)	W_{50}(g)	W_{85}(g)	孔隙率 b	ρ(kg/m³)
护面块石	119	153	206	0.53	2 647
堤心石	3.14	4.31	5.60	0.49	2 607

数值波浪水槽的计算域设置如图 6-14 所示。水槽入口采用主动吸收式速度入口造

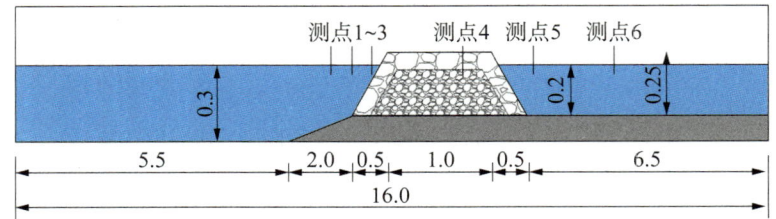

图 6-14 波浪透过可渗梯形出水堤计算域设置(单位:m)

波,出口采用出流边界消波。与物理模型试验相同,在结构物附近的相对位置布置了6个测点,其横坐标见表6-8。在模拟之前,先在空水槽中对波浪条件进行滤波。图6-15给出了水槽中距离造波边界5.5m处(数值模拟中结构物堤脚距离造波边界处距离)测点的波面历时曲线与理论值的对比,从图中可以看出造波良好,满足模拟波浪与可渗梯形出水堤相互作用的造波要求。

表6-8 水位测点坐标

测点编号	$x(\mathrm{m})$	测点编号	$x(\mathrm{m})$
1	7.000	4	8.637
2	7.500	5	9.102
3	7.750	6	10.045

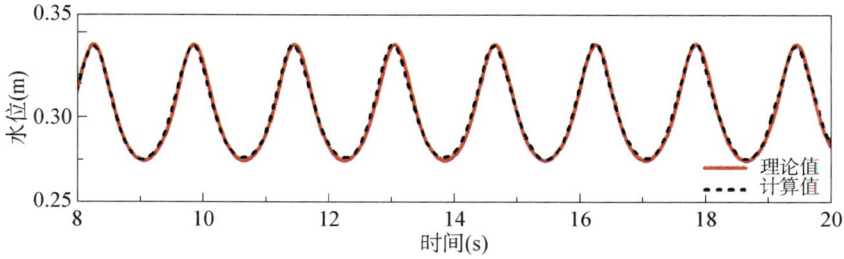

图6-15 无结构物条件下的造波验证

LB模拟中采用均匀的立方体网格,格子常数dx取值为波高的1/16,马赫数取值为0.064。堤心石的线性项阻力系数β的取值为1000,非线性项阻力系数β的取值为1.2。护面块石的线性阻力项系数β的取值为1000,非线性项阻力系数β的取值为0.8。

图6-16给出了1～6号测点的水位历时曲线LB模拟值与Garcia等(2004)的实验值的对比情况,圆圈代表实验值,实线代表模拟值。测点1和测点2位于防波堤前方的离岸侧,测点3位于潜堤前坡上方,测点4位于结构物堤顶上方,测点5和测点6位于防波堤后方的向岸侧。从图中可以看出,各个测点的水位随时间的变化,模拟值与实验值吻合较好,无论是结构物前方的测点还是后方的测点。

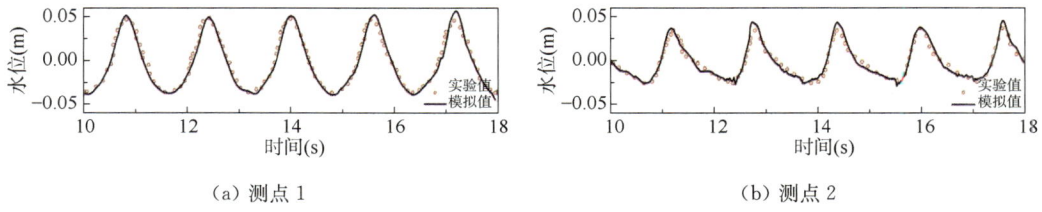

(a) 测点1　　　　　　　　　　(b) 测点2

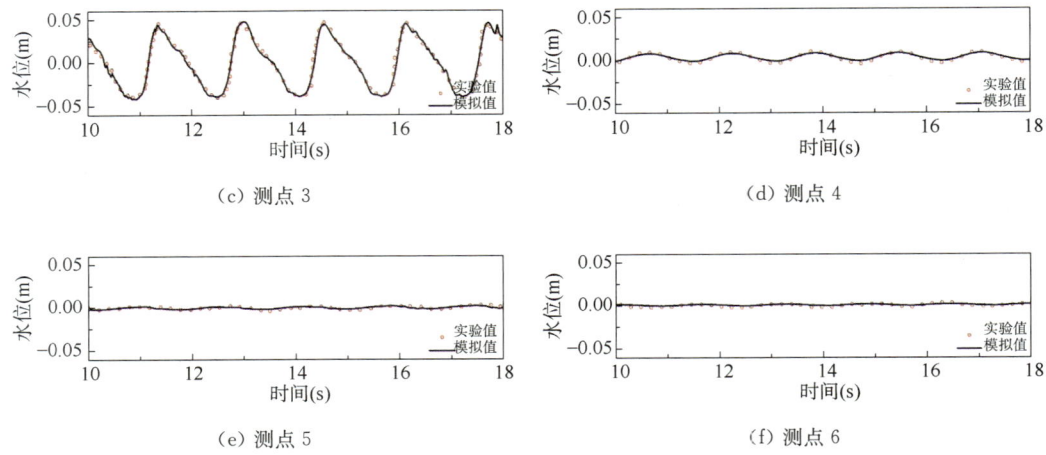

(c) 测点 3 (d) 测点 4

(e) 测点 5 (f) 测点 6

图 6-16　1~6 号测点水位的 LBM 模拟值与实验值比较

数值计算结果与实验数据吻合较好,证明了参考 Guo 和 Zhao(2002)开发建立的考虑多孔介质的 LB 模型能够较好地模拟波浪与可渗出水防波堤的相互作用,准确捕捉波浪在出水堤上的浅水变形、反射及出水堤内的流动。

6.3.5　三维溃坝与多孔桩柱的相互作用

利用三维溃坝波与方柱相互作用的实验来验证 LBM 模型,该实验由 Wu(2004)完成。实验和数值模型设置如图 6-17 所示。水箱长 1.6 m、宽 0.6 m、高 0.6 m。棱柱的中心位于(0.96 m、0.3 m、0.3 m)处。方柱长 0.12 m、宽 0.12 m、高 0.6 m。水箱左侧初始水体位于长 0.4 m、宽 0.6 m、高 0.3 m 的长方体区域。水箱的其余部分的蓄水高度为 1 cm。在模

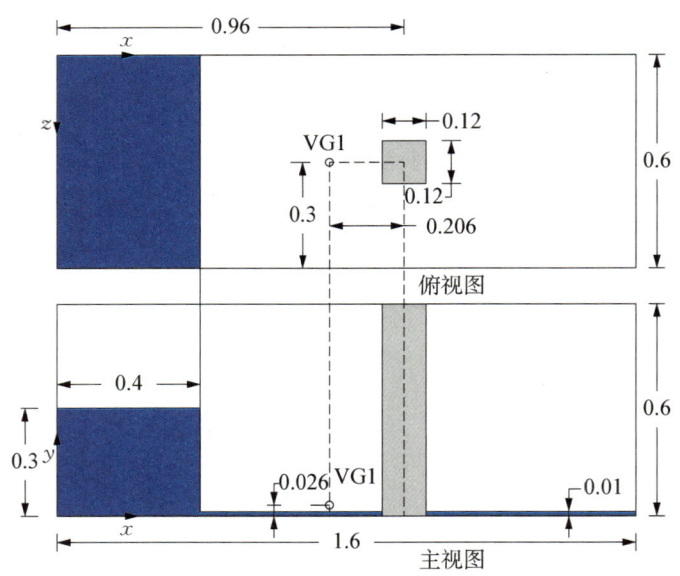

图 6-17　三维溃坝与方形桩柱相互作用模型设置(单位:m)

型实验和数值模拟中,一个多普勒激光测速仪放置在方柱上游 0.146 m,距离水箱底部 0.026 m 处。在实验中,方柱的受力通过力传感器进行测量。根据 Wu(2004)的方法,数值结果中的作用力是通过对结构物前后的压力积分得到的,忽略了方柱侧边的切向作用力。被忽略的切向作用力约占法向作用力的 1%。在该实验中,仅对实体方柱进行了测量。然而,多孔方柱的组次已有采用 FVM(Lara 等,2012)和 SPH(Wen 等,2018)进行的数值模拟结果。因此,本小节将采用实体和多孔两种情况来验证本书的模型。多孔方柱的孔隙率为 0.5,中值粒径 0.015 m。本书采用的多孔介质阻力系数与率定时相同,为 $\alpha=10\,000$、$\beta=3$、$\gamma=0.34$。在所有物理边界上施加可滑移边界条件。在自由表面上,采用零压力边界条件。Smagorinsky 常数设置为 0.1。在实体和多孔介质下均采用各方向网格长度 $\delta x = 0.75$ cm 的均匀网格。网格总数为 1 363 200,模拟时间为 2.5 s。

图 6-18 将 LB 模型的数值模拟结果与实验数据及 FVM 模型和 SPH 模型的模拟结果进行了对比。图 6-18a 和图 6-18b 为实体方柱组次的结果,不同系列的实验数据分别形成上下包络线。图 6-18c 和图 6-18d 为多孔方柱组次的结果,其中包括了 FVM 模型和 SPH 模型的数值模拟结果,用于验证 LBM 模型在多孔方柱组次下的模拟结果。从图 6-18a 可以看出,LBM 模型计算得到的测点速度几乎始终位于实验数据的包络线内,并且与其他数值模拟结果非常吻合。LBM 模型与 FVM 模型在计算开始时存在一些差异,这主要是因为 LBM 模型采用了单相流的 VOF 方法,而 FVM 模型采用了两相流的 VOF 方法。在模拟初期,气泡会被包裹在流体内,而单相流自由表面模型忽略了空气的速度,这导致模拟结果略有不同。从图 6-18b 可以看出,在 LBM 模型中采用压力积分法计算的总力与 FVM 模型和 SPH 模型的结果相似。所有数值模型在 $t=0.3$ s 时低估了总力峰值约 5%,而在 $t=0.4 \sim 0.7$ s 时高估了总力峰值约 7%。这种现象主要是由于模型实验和数值模拟中采用了不同的水体释放方式所致。虽然 LBM 模型预测了负向总力的峰值,但它未能及时捕捉到峰值的位置(延迟约 0.1 s)。尽管如此,在负向总力的预测方面,LBM 模型仍然是所有数值模型中表现最好的。图 6-18c 显示了多孔方柱组次下不同模型的测点速度结果。三种不同模型在初始阶段存在差异,但随后都能得到相似的结果。初始时刻差异的原因与实体方柱组次下的原因相同。对比图 6-18a 和 c 可以看出,测点速度的峰值及其出现的时刻几乎不受方柱类型的影响。然而,由于多孔方柱组次中部分水体会渗透进多孔结构中,被方柱反射回来的水体减少,这导致在多孔方柱组次中测点的反向速度较小。因此,在速度测点达到峰值后,多孔方柱组次的速度要大于实体方柱组次。图 6-18d 显示了多孔方柱组次下不同模型计算得到的总力历时,整体上表现出相同的趋势。总力峰值出现的时刻与实体方柱的组次相同。作用在多孔方柱上的最大总力为 20 N,而作用在实体方柱上的最大总力为 30 N。与 FVM 模拟结果相比,LBM 和 SPH 在多孔方柱的组次中得到更大的总力峰值。这可能是由于 FVM 模型采用了两相流 VOF 方法。当水体被释放时,水前面的空气被推向多孔方柱,多孔介质的阻力首先施加在空气

上。因此,在 FVM 模拟中,模拟结果立即受到了多孔介质的影响。但在 LBM 模型和 SPH 模型中,由于均使用了单相流 VOF 方法,只有当水撞击多孔结构时,模拟结果才受到多孔介质的影响。这可能导致在初始阶段出现更大的总力峰值。通过对水体质量进行统计,实体和多孔方柱组次的质量损失分别为 4% 和 1.4%。与多孔组次相比,实体组次的质量损失更大,这是因为其破碎现象更剧烈。

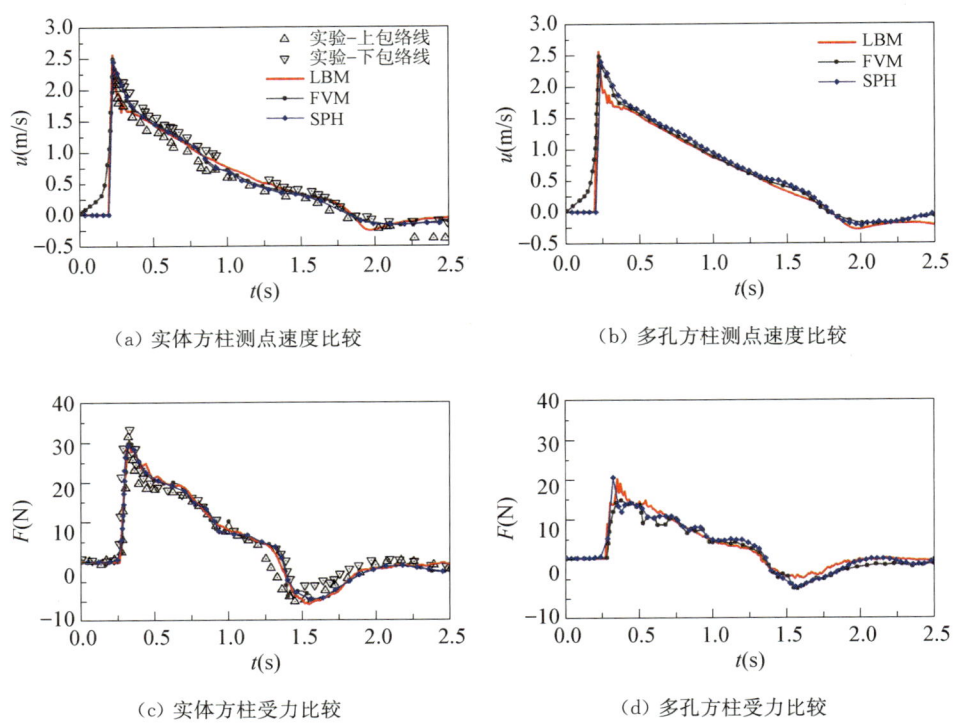

图 6-18 实体或多孔方柱算例测点速度历时曲线与受力与实验结果对比

图 6-19 和图 6-20 分别展示了实体与多孔方柱在整个区域内和 $y=0.3\,\mathrm{m}$ 处的自由表面。自由表面由水体体积分数 $\varepsilon=0.5$ 的等值线表示。在 $t=0.3\,\mathrm{s}$ 时,水体方柱前表面。在水体未渗入多孔介质时,两种不同组次的自由表面没有明显区别。在 $y=0.3\,\mathrm{m}$ 处,实体与多孔组次均存在空泡现象。在 $t=0.5\,\mathrm{s}$ 时,水在实体方柱的前表面和两侧面的飞溅比多孔方柱更高,这是由于多孔方柱组次中水体不断向孔隙中渗透。此时,水开始从多孔方柱后侧渗出,而在实体方柱组次中水尚未通过绕射到达后侧中间位置。随着溃坝波继续向前移动,实体与多孔方柱的上下游流动差异更加明显。在 $t=0.7\,\mathrm{s}$ 时,水体开始被方柱反射。与实体方柱相比,多孔方柱组次中的反向流速更小,此时水体仍在前表面出现一定程度的上升。方柱下游呈现出清晰的三维特性。在多孔方柱组次中,由于渗流作用,靠近方柱后侧中间位置的水位略微升高。相比之下,实体方柱组次中的绕射水流在下游区

域的中部速度更快,碰撞也更剧烈,因此形成了更大的水位抬升。在这两种组次下,当水流到达右边界时,水体中均会出现空泡。在 $t=0.9$ s 时,水体被右边界反射回来。在实体方柱组次下,方柱下游的水面高度和边界处的水面上升幅度相较于多孔方柱组次更大。

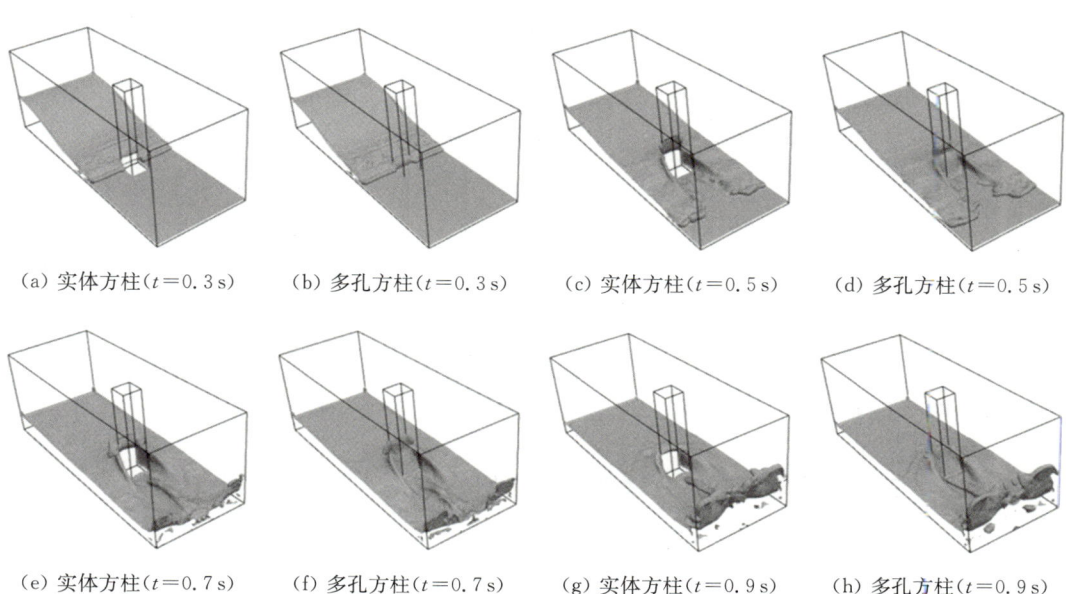

(a) 实体方柱($t=0.3$ s)　　(b) 多孔方柱($t=0.3$ s)　　(c) 实体方柱($t=0.5$ s)　　(d) 多孔方柱($t=0.5$ s)

(e) 实体方柱($t=0.7$ s)　　(f) 多孔方柱($t=0.7$ s)　　(g) 实体方柱($t=0.9$ s)　　(h) 多孔方柱($t=0.9$ s)

图 6-19　三维溃坝冲击实体和多孔方柱不同时刻自由表面

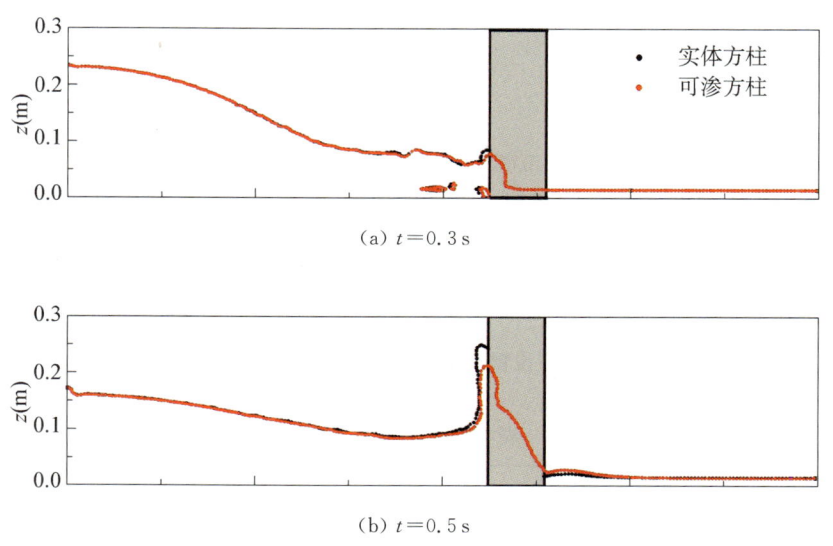

(a) $t=0.3$ s

(b) $t=0.5$ s

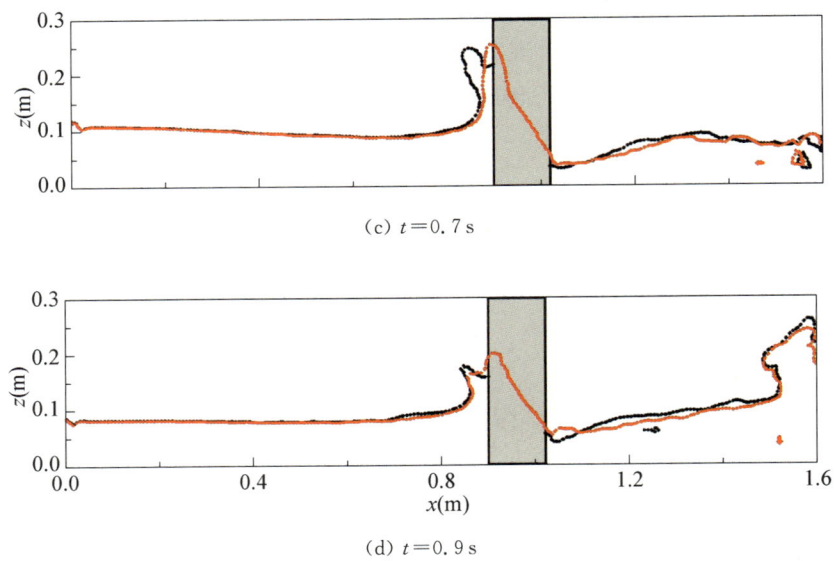

(c) $t=0.7$ s

(d) $t=0.9$ s

图 6-20 $y=0.3$ m 截面实体方柱与多孔方柱算例不同时刻自由表面

6.3.6 三维波浪与可渗直立堤的相互作用

采用波浪与直立堤相互作用的实验(Lara 等,2012)进一步验证 LB 模型在多孔模拟时的能力。在实验中,分别考虑了不透水防波堤和可渗防波堤的组次。在可渗防波堤组次中,波浪水槽内放置一个长 0.24 m、宽 0.24 m、高 0.70 m 的多孔结构,如图 6-21 所示。在实验中,多孔结构利用 6 cm 宽的不透水有机玻璃进行固定。多孔结构由中值粒径 D_{50} 为 0.83 cm、孔隙率 ϕ 为 0.48 的碎石组成。在多孔结构附近放置 12 个波高仪测量水位。波高仪位置见表 6-9。

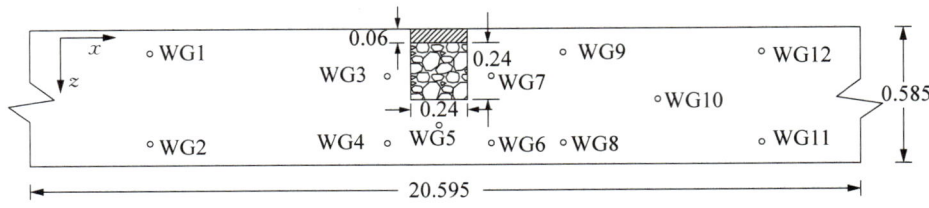

图 6-21 模型设置及结构物附近水位测点布置示意图

表 6-9 波高仪位置

编号	x(m)	z(m)	编号	x(m)	z(m)
WG1	9.757	0.100	WG2	9.757	0.485

(续表)

编号	x(m)	z(m)	编号	x(m)	z(m)
WG3	10.757	0.200	WG8	11.557	0.485
WG4	10.757	0.485	WG9	11.557	0.100
WG5	10.957	0.395	WG10	11.957	0.300
WG6	11.257	0.485	WG11	12.357	0.485
WG7	11.257	0.200	WG12	12.357	0.100

用于模拟的孤立波和椭圆余弦波实验组次参考 Del Jesus 等(2012)。波浪条件见表 6-10。实验中的孔隙雷诺数为 $O(10^3)$ 数量级；因此，孔隙阻力系数为 $\alpha=10\,000$、$\beta=3$、$\gamma=0.34$ 与前文的校准算例相同。Smagorinsky 常数为 0.15。在两侧壁上采用可滑移边界条件。其余边界采用不可滑移边界条件。波高仪的采样频率为 100 Hz。除波浪水槽高度不同外，数值模拟的计算域与实验布置相同。在孤立波和椭圆余弦波情况下，数值模拟计算域的高度分别降低到 0.48 m 和 0.375 m，以减少总网格数。由于 Liu 等(2021)已经对不透水防波堤工况算例进行了网格敏感性分析，因此本书在孤立波和椭圆余弦波两种工况下均采用 $\delta x=0.375$ cm 的均匀网格、网格尺寸满足 $H_{LB}=H/\delta x=16$ 总网格数分别为 110 822 400 和 86 580 000。模拟总时间为 24 s。算例在天河 3 号原型机上使用 Phytium MT2000+/32@2.2GHz 处理器计算，使用 1600 个 CPU 核心，完成孤立波和椭圆余弦波的模拟分别需要 12.11 h 和 9.62 h。

表 6-10 波浪条件

组次	水深 h(m)	波高 H(m)	周期 T(s)
孤立波	0.35	0.06	—
椭圆余弦波	0.25	0.06	2.0

图 6-22 所示为水位计算结果与实验数据的对比。模拟结果与实验波高的相对误差定义为 $\Delta_{cr}=|\eta_{s,\max}-\eta_{m,\max}|/H\times100\%$。12 个测点的入射和反射波波高相对误差 ($\Delta_{i,cr}$, $\Delta_{r,cr}$) 见表 6-11。入射波波高和反射波波高的平均相对误差分别为 6.3% 和 7.0%。测点 3 和测点 4 的入射波波高略高。产生这种误差的主要原因是对多孔介质的简化，多孔介质的材质、固体骨架的形状和表面粗糙度不能在封闭方程中完全体现出来，但多孔结构附近的流场却受到这些因素的影响，从而不可避免地会导致模拟结果与实验数据之间的差异。然而，在整个计算域内，模拟的误差是可以接受的，因此可以认为目前的多孔介质模型是合理的。

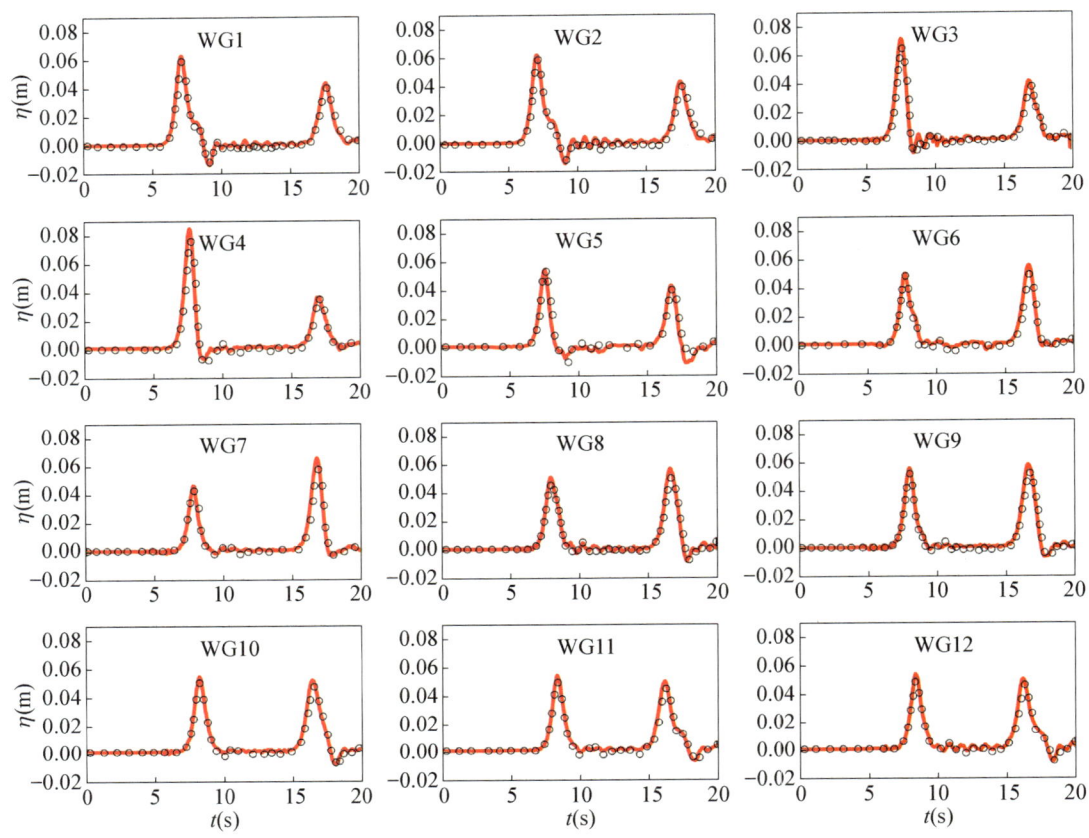

图 6-22 孤立波算例中不同波高测点数模结果与实验数据对比

实线表示数值模拟结果,圆圈表示实验数据。

表 6-11 孤立波组次下入射和反射波波高相对误差

编号	$\Delta_{i,cr}(\%)$	$\Delta_{r,cr}(\%)$	编号	$\Delta_{i,cr}(\%)$	$\Delta_{r,cr}(\%)$
WG1	5.4	4.9	WG7	5.0	11.3
WG2	4.6	5.3	WG8	6.6	10.5
WG3	9.5	5.9	WG9	5.4	9.7
WG4	11.0	1.9	WG10	3.7	6.8
WG5	1.3	4.1	WG11	10.3	7.9
WG6	2.5	9.4	WG12	8.1	5.9

图 6-23 也给出了孤立波与可渗直立堤相互作用时自由表面高程的时间变化。从 $t = 7.0\,\text{s}$ 到 $t = 7.2\,\text{s}$,孤立波波峰到达多孔结构的前方,在多孔结构前后产生压力差。从 $t = 7.4\,\text{s}$ 到 $t = 7.6\,\text{s}$,孤立波与可渗直立堤的相互作用较剧烈。波浪在直立堤处同时发生反

射、绕射和渗流。由于波浪的绕射作用,在直立堤的转角处出现了两个明显的漩涡。由渗流产生的小波纹出现在靠近多孔结构背面的地方。从 $t=7.8\,\text{s}$ 到 $t=8.2\,\text{s}$,孤立波离开多孔结构。在直立堤的转角处,漩涡仍然存在,同时水面趋于平静,水头差逐渐消失。可渗直立堤的内部和外部的水面高度都变成了静水位。在 $t=7.5\,\text{s}$ 和 $t=8.0\,\text{s}$ 时,x-z 平面 $y=0.2\,\text{m}$ 处的速度矢量和涡量如图 6-24 所示。直立堤附近孤立波变形的物理特性被很好地捕获。波浪的能量大部分以绕射的方式在直立堤周围传递,在结构的转角处出现较大的涡量。

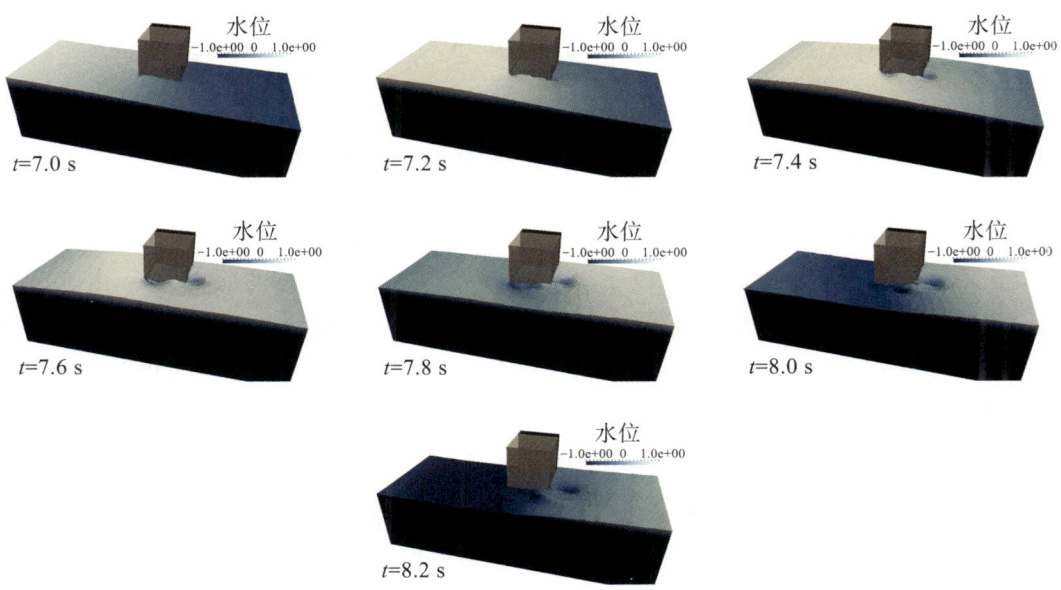

图 6-23 孤立波在可渗直立防波堤附近的波浪变形

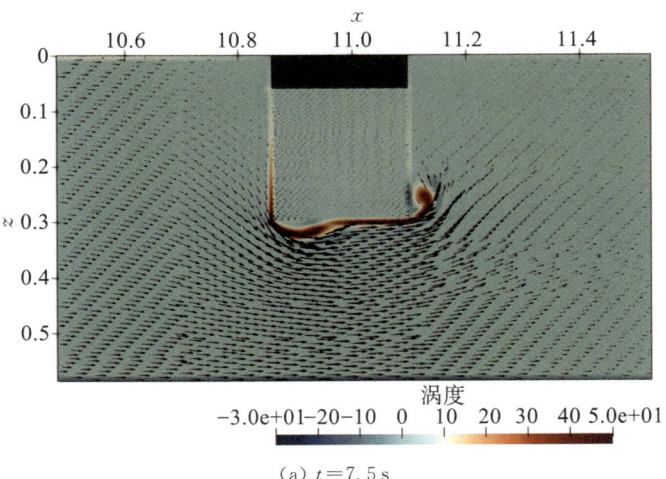

(a) $t=7.5\,\text{s}$

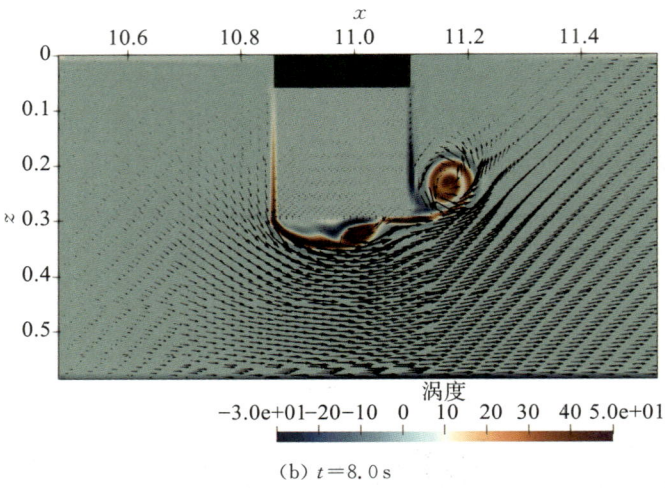

(b) $t=8.0\,\mathrm{s}$

图 6-24　孤立波算例 $y=0.2\,\mathrm{m}$ 处速度矢量及涡度场图

图 6-25 展示了椭圆余弦波情况下本书模型与 FVM 模型模拟结果及实验数据的对比(2012)。选择 12 个波高仪中可以获得 Lara 等(2012)实验数据的前 10 个。由于 Lara 等(2012)在论文中并未提及出口边界条件，因此图 6-25 只显示了 $t=0\sim17\,\mathrm{s}$ 的结果。水位变化对反射波的相位和波高比较敏感，而反射波取决于实验中的出口边界条件。由于在数值研究中难以确定应采用哪一种出口边界条件，因此仅使用未受反射波影响的前五个波来评估模型的精度。波高的相对误差为前五个波的平均值，结果见表 6-12。LBM 模型和 FVM 模型的波高平均相对误差分别为 6.85% 和 6.87%，表明 LBM 模型能够较好地模拟椭圆余弦波与可渗直立堤的相互作用，且精度与 FVM 模型相当。对于测点 WG1 和 WG2，第一个波存在较大误差，对应的相对误差分别为 13.1% 和 15.3%。造成这一现象的可能原因是数值模型和实验之间的造波方式存在差异。如图 6-25 所示，FVM 模型在该处也出现了与 LBM 模型相似的差异，相对误差分别为 14.6% 和 18.7%。在第五个波峰(测点 WG4、WG7 和 WG8)和波谷(测点 WG5、WG7 和 WG9)处也出现了一定的偏差，这与 FVM 的结果类似。Lara 等(2012)指出，在造波边界处不同的反射可能导致波峰处差异的累积。另一个原因是，多孔介质的封闭方程不能完全再现实验中多孔结构的边角。因此，在可渗直立堤的拐角处产生的小波纹与在波谷处的实验数据会有轻微的差异。

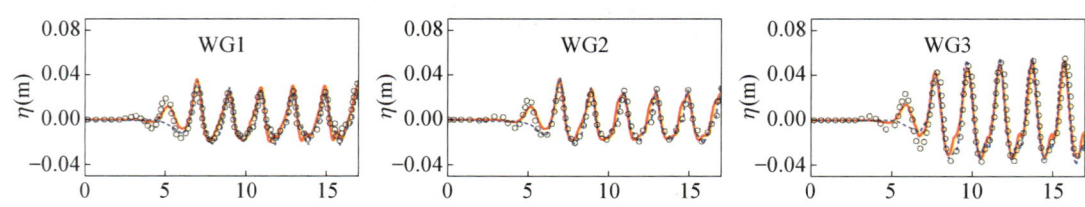

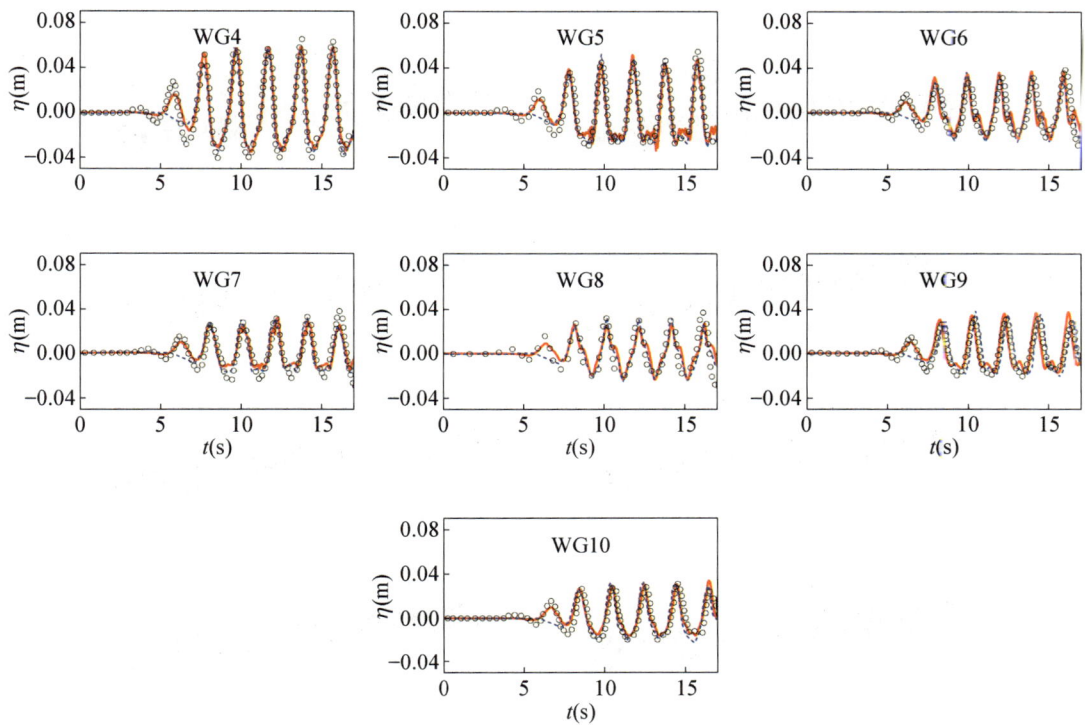

图 6-25 椭圆余弦波算例中不同波高测站数模结果与实验数据对比

红色实线表示本书模型的结果,蓝色虚线表示FVM模型的结果,黑色圆圈表示实验数据。

表 6-12 椭圆余弦波组次 LBM 模型和 FVM 模型与实验波高的相对误差

编号	$\Delta_{LBM}(\%)$	$\Delta_{FVM}(\%)$	编号	$\Delta_{LBM}(\%)$	$\Delta_{FVM}(\%)$
WG1	7.93	6.17	WG7	6.73	6.38
WG2	7.54	6.08	WG8	9.38	5.85
WG3	2.05	5.40	WG9	9.16	7.44
WG4	5.36	8.15	WG10	4.73	5.40
WG5	6.74	8.29	平均值	6.85	6.87
WG6	8.90	9.51	—	—	—

图 6-26 显示了一个波周期内直立堤附近的瞬时水位。椭圆余弦波与直立堤相互作用时所发生的现象与孤立波相似。多孔结构内部水面高程由于孔隙阻力的存在出现延迟。从 $t=9.2$ s 到 $t=9.6$ s,波浪到达多孔结构,在同一 x 平面上,直立堤内部的水面高程低于外部。从 $t=10.0$ s 到 $t=10.2$ s,波浪离开多孔结构,在同一 x 平面上,直立堤内部的水面高程略高于外部。

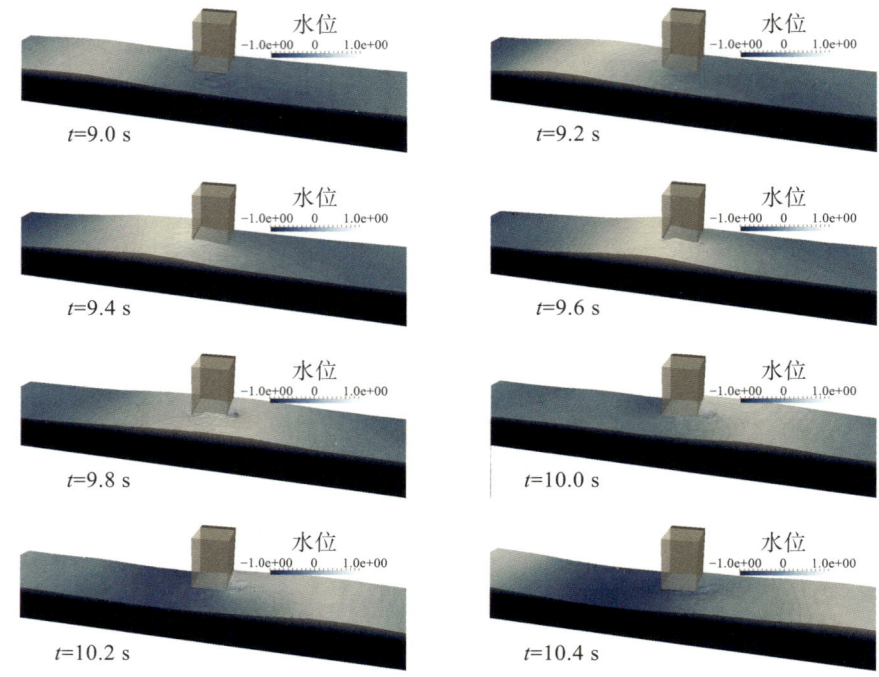

图 6-26 椭圆余弦波在可渗直立防波堤附近的波浪变形

6.4 波浪与复杂多孔结构相互作用的 LBM 模拟

6.4.1 三维规则波与抛石防波堤的相互作用

采用规则波与斜坡式抛石防波堤的相互作用实验(Losada 等,2008),评估所建立的数值模型在模拟多孔介质中水体流动能力方面的表现。实验在尺寸为 60.0 m×2.0 m×2.0 m 的波浪水槽中进行。图 6-27 所示为斜坡式抛石防波堤的示意图。防波堤的沉箱长度为 1.04 m,高度为 0.3 m,距离造波板 45.0 m,占据水槽的整个宽度。在沉箱的下方,防波堤的堤心由砾石制成,高度为 0.7 m,堤心的顶部距离静水面 10 cm。堤心石的平均粒径为 0.01 m,孔隙度为 0.49。堤心石的两侧分别有一层厚度为 10 cm 的垫层。垫层的平均粒径和孔隙度分别为 0.035 m 和 0.493。两侧的垫层上铺设厚度为 12 cm 的护坡,沉箱

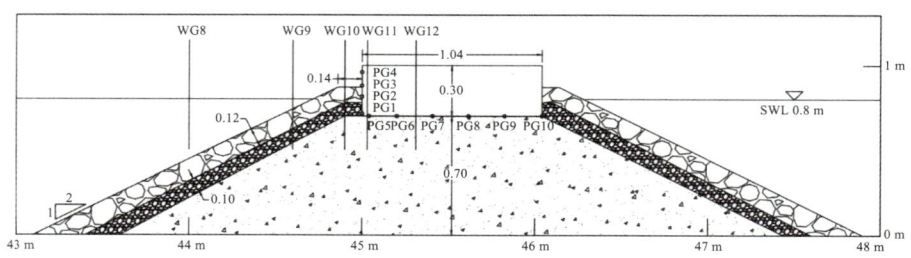

图 6-27 模型设置及结构物附近水位及压力测点布置示意图

前的护坡宽度为 14 cm。护坡碎石的平均直径为 0.12 m,孔隙度为 0.5。斜坡堤的坡度为 1∶2。波高仪和压力测点的位置分别在表 6-13 和表 6-14 中给出。

表 6-13 波高仪位置

编号	$x(m)$	编号	$x(m)$	编号	$x(m)$
WG1	17.00	WG5	40.00	WG9	44.60
WG2	37.20	WG6	41.00	WG10	44.90
WG3	38.00	WG7	42.50	WG11	45.03
WG4	38.70	WG8	44.00	WG12	45.31

表 6-14 压力测点位置

编号	$x(m)$	$y(m)$	编号	$x(m)$	$y(m)$
PG1	45.000	0.715	PG6	45.200	0.700
PG2	45.000	0.815	PG7	45.408	0.700
PG3	45.000	0.860	PG8	45.616	0.700
PG4	45.000	0.960	PG9	45.824	0.700
PG5	45.040	0.700	PG10	46.040	0.700

表 6-15 速度测点位置

编号	$x(m)$	$y(m)$	编号	$x(m)$	$y(m)$
VG1	44.425	0.6	VG4	46.575	0.6
VG2	44.675	0.6	VG5	46.325	0.6
VG3	44.925	0.6	VG6	46.075	0.6

数值波浪水槽的计算域被设置为三维,长度和高度与实验尺度相同,但宽度仅设为 0.1 m,以减少总网格数量。水槽的两侧边界采用周期性边界条件,其他边界及实体沉箱采用不可滑移边界条件。波浪条件与 Higuera 等(2014)所采用的相同。静水位为 0.8 m;因此,胸墙位于静水面以上的高度为 0.2 m。波高为 20 cm,波周期 3.0 s。采用椭圆余弦波理论进行造波。在对多孔介质的阻力系数进行率定后,所有多孔介质的线性阻力系数均设定为 5 000。护坡、垫层和堤心石的非线性阻力系数分别为 2.0、3.0 和 1.0。采用大涡模拟 LES 方法研究抛石防波堤内部和外部的紊流。Smagorinsky 参数设置为 0.15。采用的粗网格尺寸为 0.025 m,细网格尺寸为 0.012 5 m,分别对应一个波高分为 8 和 16 个网格,马赫数均设置为 0.064。总网格数分别为 497 280 和 3 978 240,总模拟时间均为 160 s。

图 6-28 展示了 $t=100\sim115\,s$ 时,波高仪的模拟结果与实验数据和 FVM(2014)模型

模拟结果的对比。前七个波高仪放在防波堤前面。其他的波高仪和测压计放在防波堤上。其中,有两个波高仪被放置在沉箱的顶部,用于测量剧烈的波浪破碎和飞溅现象。

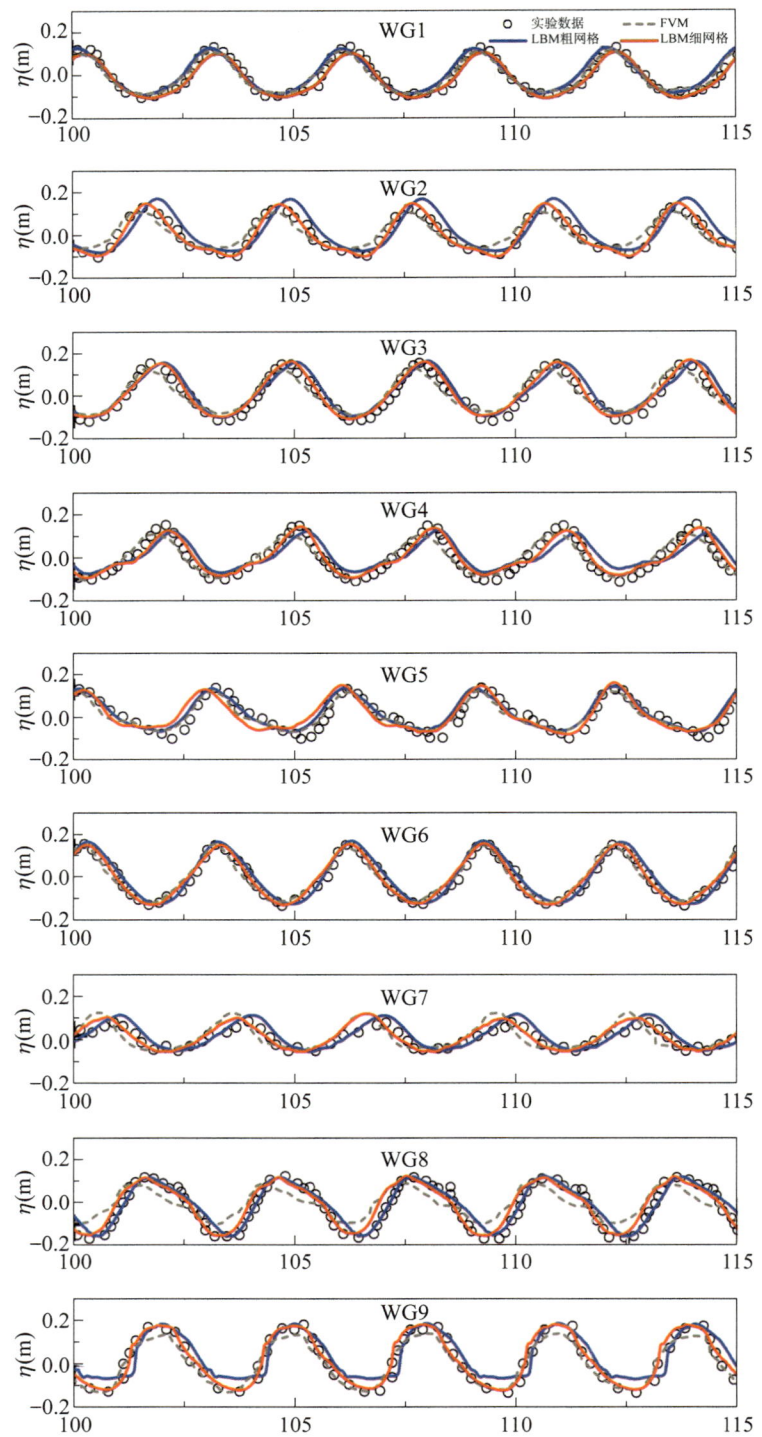

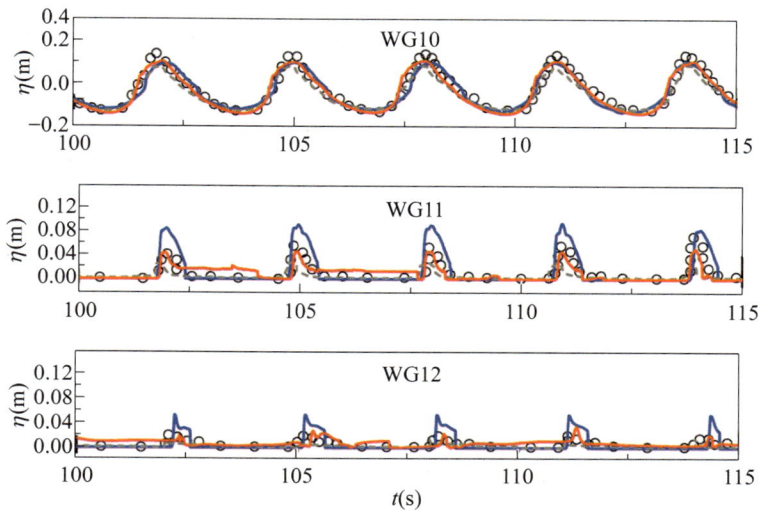

图 6-28　不同水位测点数模结果与实验数据对比

对于前七个波高测点,粗网格和细网格模型在波高和相位方面的数值结果与实验数据吻合良好。结果表明,基于 LB 格式的数值波浪水槽成功地模拟了多层孔隙结构附近波浪的传播、反射和渗透。对于护坡上方的波高测点(WG8～WG10 号),细网格的模拟结果与实验数据吻合良好。在胸墙上方的 WG11 和 WG12 波高测点处,采用细网格计算得到的模拟结果能够准确反映越浪的峰值。然而,由于该区域的剧烈破碎,所有的模拟结果与实验数据存在一定的差异。造成这些差异的原因可以归结为两个方面:首先,由于对多孔结构进行概化是一种近似方法,它将多孔结构的表面简化为一条线或一个平面。然而,在实际的物理模型实验中,护坡是由岩石组成的,表面复杂,有突出和凹陷的孔隙。这也可以解释压力测点 PG2 和 PG3 与实验数据的差异。Higuera 等(2015)也提出了类似的解释。其次,单相流 VOF 追踪自由表面的方法不能有效地处理较大的波浪变形。WG11 和 WG12 波高测点位于胸墙上方,该处波浪破碎比较剧烈,会产生许多飞溅的液滴。对于所有基于 VOF 方法的模型来说,描述剧烈的破碎都是一个挑战。综上所述,所有的波高测点都得到了合理的模拟结果,虽然存在误差,但误差量级可以接受。

动水压强的模拟结果如图 6-29 所示。前四个压力计位于胸墙的面向波浪的一侧,其他压力计位于胸墙的下方。总体而言,细网格的数值模拟准确地预测了动压,尤其是反映了胸墙下方多孔结构的阻尼作用。仅在胸墙的直立面上,动压出现了轻微的振荡,主要体现在压力测点 PG2 和 PG3 处的结果。这两个测点处的动水压强偏小,主要是因为孔隙阻力模型将特定区域内的多孔结构进行概化,并使用相同的概化参数进行简化。这意味着在数值模拟中,压力计被多孔结构完全埋没,而在物理实验中,压力计是部分暴露的。类似的差异也出现在 FVM 的模拟结果中。

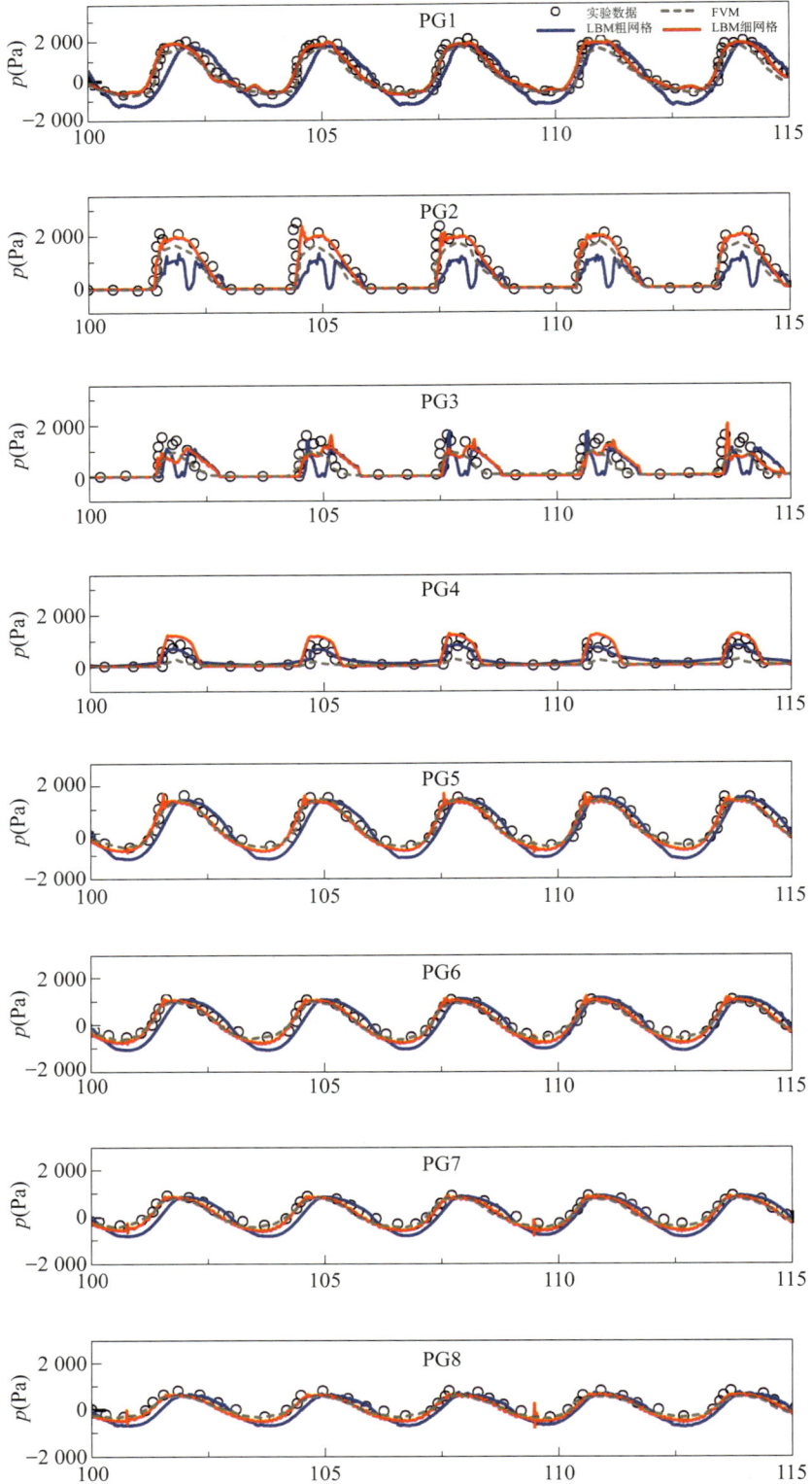

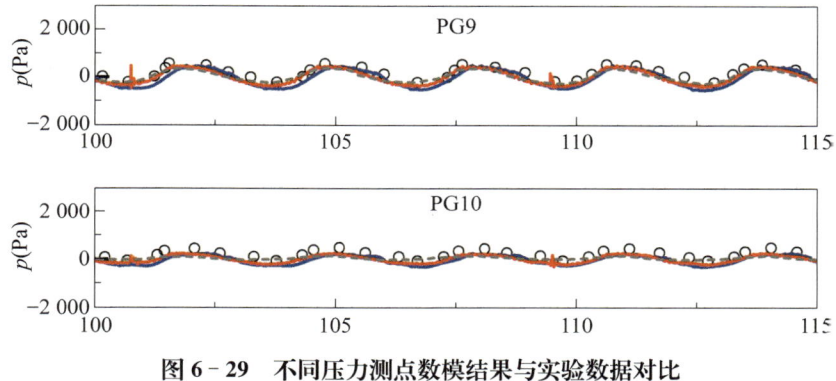

图 6-29 不同压力测点数模结果与实验数据对比

图 6-30 所示为一个波浪周期内斜坡式抛石防波堤附近的速度矢量图和涡量图。数值模型成功地再现了防波堤附近的波浪爬坡、破碎和越浪现象。此外,防波堤不同层内的流速测点的布置见表 6-15,50~70 s 期间不同流速测点处的模拟结果如图 6-31 所示。在防波堤迎浪侧,流速具有明显的周期性,不同层的最大流速与已有的斜坡式抛石防波堤随机越浪研究结果一致(Li 等,2021)。在防波堤背浪侧,由于波浪的能量大部分被耗散,流速与上游相比较小,只有少部分波浪能通过透水防波堤。此外,由于受到越浪的影响,尽管背浪侧的流速模拟结果也显示出一定的周期性,但这种周期性并不明显。

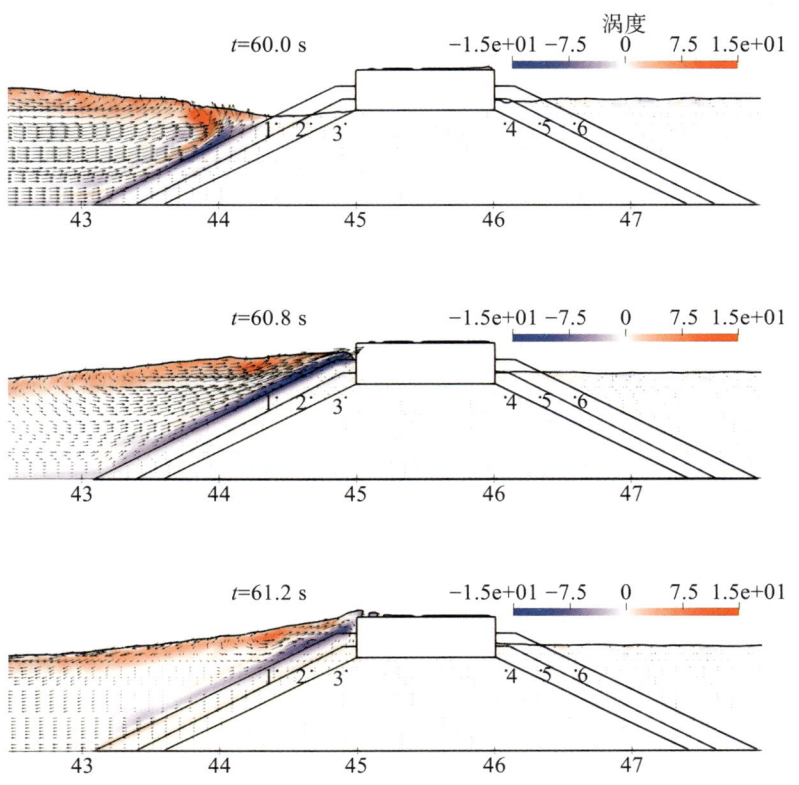

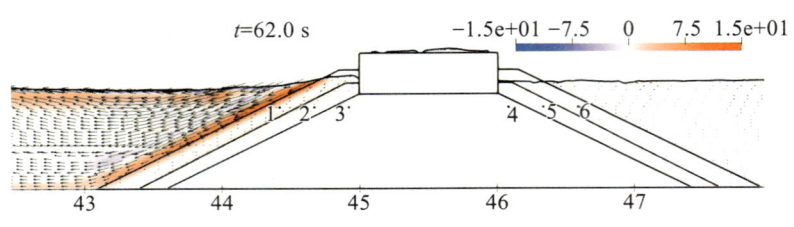

图 6-30　$z=0.05\,\mathrm{m}$ 截面抛石防波堤附近速度矢量及涡度场图

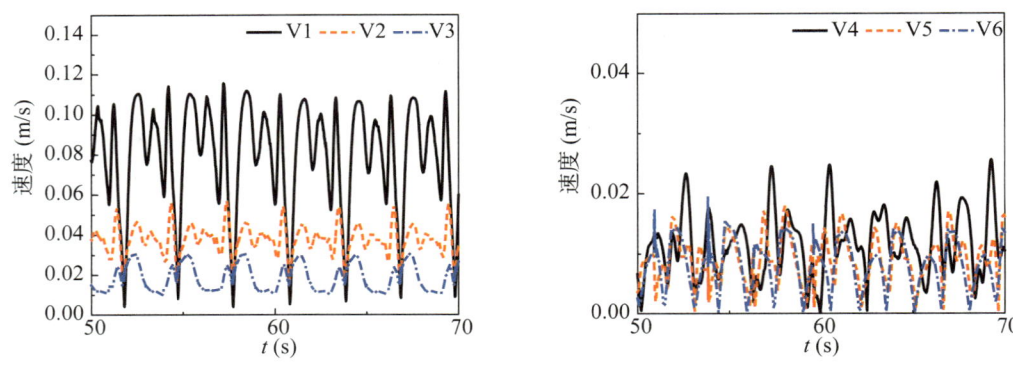

图 6-31　抛石防波堤内不同层速度测点历时曲线

6.4.2　扭王块体护面斜坡上不规则波越浪

本节在已建立的波浪与多孔介质相互作用的数值波浪模型和三维复杂结构物网格生成模块的基础上,对扭王块体护面可渗堤心斜坡堤上不规则波越浪进行了模拟,以检验模型的性能。处理方法如下:将扭王块体与堤顶的胸墙视为不透水结构物,通过三维复杂结构物的网格生成模块进行刻画;斜坡堤的堤心石和垫层块石视为多孔介质,作为计算域的一部分参与计算。在 LB 模型中,通过多孔介质区域的孔隙率、块石的中值粒径、线性阻力系数、非线性阻力系数等参数来表示其对水体的阻力作用。

Bruce 等(2004,2009)为了确定不同类型护面块体越浪特性的相对差异,在爱丁堡大学工程与电子学院的波浪水槽中进行了一系列小尺度不规则波越浪的物理模型试验。波浪水槽长 20 m、宽 0.4 m,采用摇板式造波。为了确定 13 种护面类型/配置下越浪的相对差异,共进行了 179 项测试,确定了块石(两层)、四角锥体、扭王块体等的粗糙因子。这些粗糙因子已经包含在 CLASH 数据库中,并用于神经网络预测越浪量。

由于目前国内工程中较常见的护面块体为扭王块体,因此本节选择了一组护面块体为扭王块体的越浪工况进行数值模拟,针对的是越浪量较小的情况。将模拟得到的平均越浪量与实验结果进行对比,以验证模型在模拟复杂结构物时的能力。此外,还将展示斜坡堤附近某些时刻的波浪爬坡过程,以直观显示波浪与扭王块体护面斜坡堤之间的相互作用。

结构物的尺寸在试验中保持一致。结合 Pearson 等(2004)的文章和 Bruce 等(2009)

报告并与作者沟通后,实际参考了 CLASH 数据库中的信息,确定结构物从堤底到胸墙顶面的总高度为 0.813 m。数值模拟中,结构物的断面如图 6-32 所示。斜坡堤的前侧坡度为 1:1.5,堤顶设有高度为 0.0564 m 的直立式胸墙。斜坡堤的上部表面覆盖有一层扭王块体,其高度为 0.0315 m,下方还有一段高度为 0.4375 m 高的斜坡。扭王块体下方设置有 $2D_{50}$ 的垫层块石,垫层块石和堤心石的结构信息见表 6-16。

表 6-16　堤心石和垫层块石特性

块石类型	$W_{50}(g)$	D_{80}/D_{15}
堤心石	0.86	1.3
垫层块石	7.42	1.19

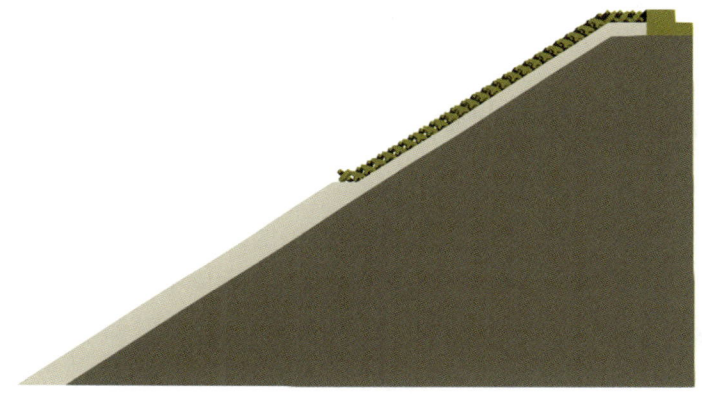

图 6-32　斜坡堤断面图

在物理实验过程中,通过放置在堤顶的溜槽来收集胸墙前沿的越浪水体。在数值模拟中,也采用相同的位置。为了更准确地刻画扭王块体,格子常数的取值不再根据波高来划分,而是依据扭王块体的尺寸进行划分。扭王块体在单个方向上被划分为 12 个网格,马赫数取值为 0.064。数值模拟采用与物理模型试验相同的波谱,即 JONSWAP 谱。数值模拟中选用的试验参数与计算结果见表 6-17。

表 6-17　扭王块体护面斜坡堤越浪的试验参数与结果

参数	有效波高	谱峰周期	水深	越浪量实验值	越浪量模拟值	相对误差
数值	0.074 m	1.037 s	0.674 m	4.49E−7 m²/s	3.58E−7 m²/s	20%

为减小计算量,在计算过程中,宽度方向选择了三列扭王块体,斜坡堤坡脚与造波边界的距离为 0.8 m。同时,在斜坡堤坡脚附近布置了一个水位测点。在模拟过程中,采用主动吸收式速度入口造波,出流边界进行消波。水槽入口、水槽出口、扭王块体及堤顶胸

墙表面均采用无滑移边界条件。由于物理模型试验中水槽侧壁和底部都是由玻璃制成，因此数值模拟中对侧壁和底部均采用滑移边界条件，水槽顶部同样采用滑移边界条件。数值格式采用非平衡态外推格式。为了更好地模拟紊流运动，采用了 Smagorinsky 紊流模型，Smagorinsky 常数 C_s 取 0.15。

由于模拟的是不规则波越浪，计算了 $110T_p$ 的时间，去掉前 10 个周期，取后 100 个周期的波浪计算平均越浪量。结果见表 6-17，模拟误差为 20%。

图 6-33 显示了斜坡堤坡脚附近测点的波面历时曲线，可以看出波面变化不规律，符合不规则波的特性。统计的 $10\sim110~T_p$ 时间段内，胸墙前沿垂直面的越浪历时曲线如图 6-34 所示，而累计越浪历时曲线如图 6-35 所示。从越浪相关图中可以看出，不规则波向扭王块体护面可渗斜坡堤传播的过程中，只有一个大波发生了越浪。

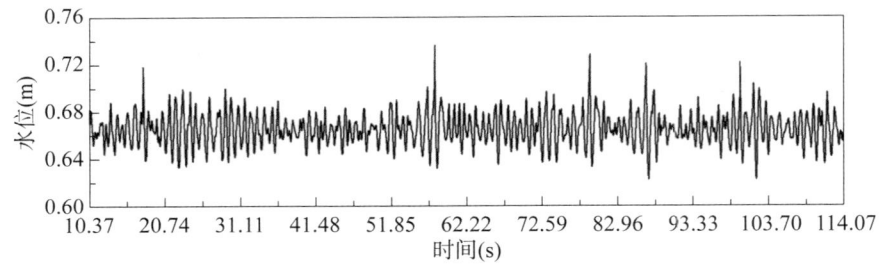

图 6-33　斜坡堤堤脚附近测点波面历时曲线

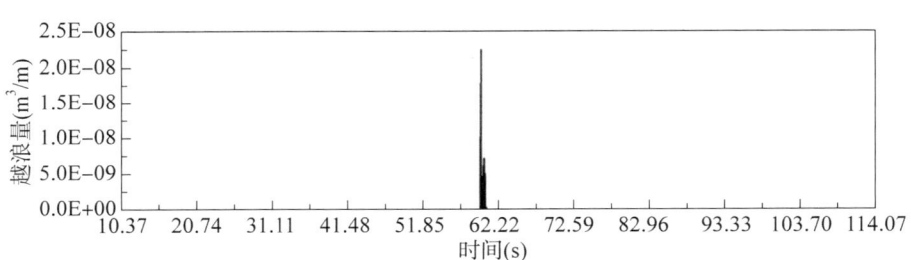

图 6-34　胸墙前沿垂直面越浪历时

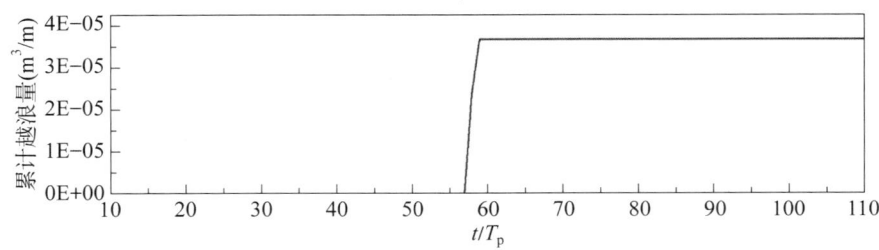

图 6-35　胸墙前沿垂直面累计越浪量

根据图 6-36 所示的斜坡堤堤脚附近测点的波面历时曲线，可以分析，在 58.2 s 时出现整个不规则波造波过程中最大的波浪。从图 6-37 所示的越浪历时曲线的放大图中可以看到,发生越浪的时间点约为 59.8 s。因此可以推断整个造波过程中,在 58.2 s 时斜坡堤堤脚处出现最大的波浪沿着扭王块体护面斜坡堤向前传播,并在 59.8 s 时刻传播至堤顶,越过堤顶胸墙前沿垂直面,产生越浪过程,因此形成了这样的越浪结果。

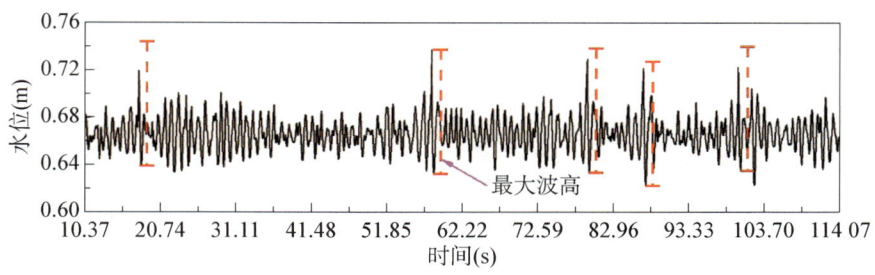

图 6-36　测点波面历时曲线波高分析

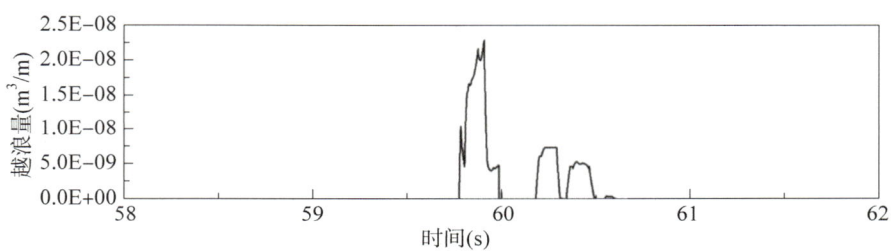

图 6-37　越浪历时曲线部分放大图

图 6-38 所示为 110～112 s 内斜坡堤附近的波浪爬坡过程示意图,时间间隔为 0.25 s。从图中可以看出,波浪逐渐传至斜坡堤坡面处,与斜坡堤坡面上的扭王护面块体等发生相互作用,沿着坡面逐渐爬坡至最高点,随后,由于重力的作用,波浪前沿整体后退。

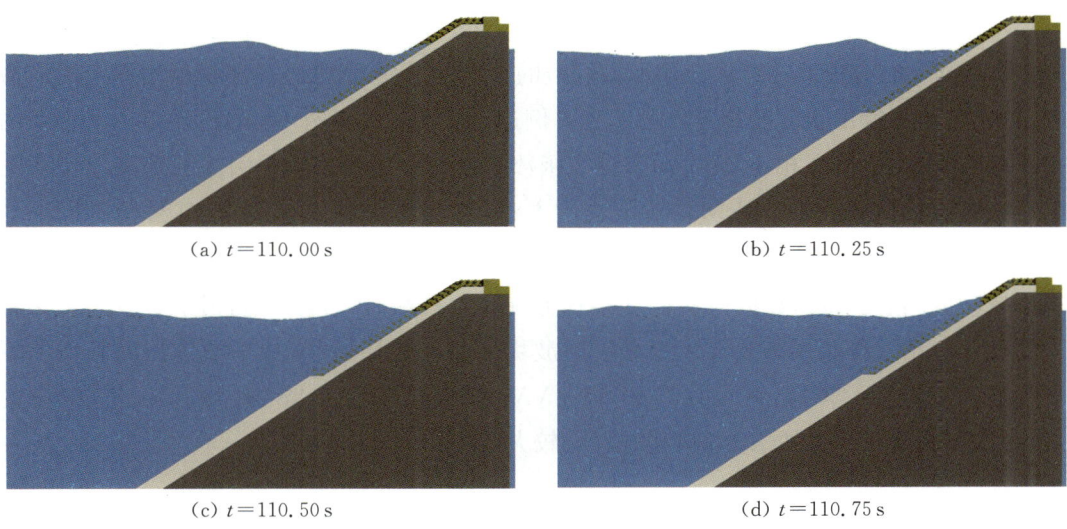

(a) $t=110.00$ s　　(b) $t=110.25$ s

(c) $t=110.50$ s　　(d) $t=110.75$ s

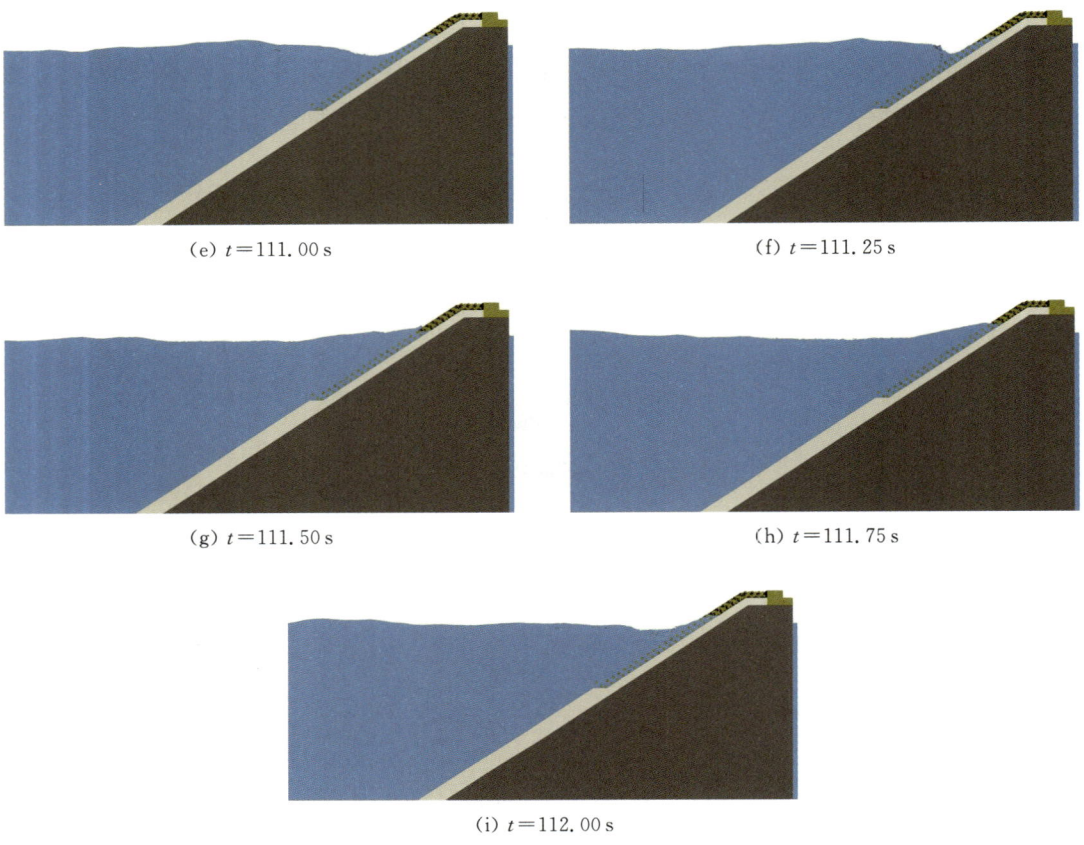

图6-38 模拟时间110～112 s内,斜坡堤附近爬坡过程示意图

数值模拟在"天河-1A"上进行,格点数量约为10.65 M,使用了300个CPU核,计算时间为20.16 h。

本章基于广义LB方程开发了数值波浪水槽,并先后对两平板间充满多孔介质的Poiseuille流动、行进波在可渗三角形潜堤上的传播变形、行进波在可渗梯形潜堤上的传播变形、波浪与可渗出水堤的相互作用4个算例进行了验证。此外,本章还介绍了一种新的多松弛格式,与原格式相比,在平衡态分布函数和离散作用力格式中引入孔隙率以考虑孔隙介质对波浪的阻力;利用Maxwell迭代方法,可以由该格式推导得到宏观体积平均Navier-Stokes方程;利用溃坝波与多孔介质相互作用的实验对孔隙阻力系数进行率定。模型成功应用于三维溃坝波与实体和多孔方柱相互作用、孤立波和椭圆余弦波与可渗直立堤相互作用过程及规则波与多层抛石防波堤的相互作用过程、扭王块体护面斜坡上不规则波越浪过程的模拟,并具有与FDM、FVM和SPH模型相当的精度。在计算效率的对比中,新的多松弛格式LBM模型也具有较大优势。

参考文献

[1] Baraldi A, Dodd M S, Ferrante A. A mass-conserving volume-of-fluid method: Volume tracking and droplet surface-tension in incompressible isotropic turbulence[J]. Computers & Fluids, 2014, 96:322-337.

[2] Bruce T, Der Meer J W V, Franco L, et al. Overtopping performance of different armour units for rubble mound breakwaters[J]. Coastal Engineering, 2009,56(2):166-179.

[3] Burcharth H F, Andersen O K. On the one-dimensional steady and unsteady porous flow equations [J]. Coastal Engineering, 1995,24(3-4):233-257.

[4] Del Jesus M. Three-dimensional interaction of water waves with maritime structures [D]. Cantabria: University of Cantabria, 2011.

[5] Del Jesus M, Lara J L, Losada I J. Three-dimensional interaction of waves and porous coastal structures Part I: Numerical model formulation[J]. Coastal Engineering, 2012,64:57-72.

[6] Engelund F. Onthe Laminarand Turbulent Flows of Ground Water through Homogeneous Sand[J]. Transactions of the Danish: Academy of Technical Sciences, 1953(3):356-361.

[7] Ergun S. Fluid flow through packed columns[J]. Chemical Engineering Progress, 1952,48:89-94.

[8] Garcia N, Lara J L, Losada I J. 2-D numerical analysis of near-field flow at low-crested permeable breakwaters[J]. Coastal Engineering, 2004,51(10):991-1020.

[9] Guo Z, Zhao T S. Lattice Boltzmann model for incompressible flows through porous media[J]. Physical Review E, 2002,66(3):036304.

[10] Guo Z, Zheng C, Shi B. Discrete lattice effects on the forcing term in the lattice Boltzmann method [J]. Physical Review E, 2002,65(4 Pt 2B): 046308.

[11] He X, Luo L S. Lattice Boltzmann model for the incompressible Navier-Stokes equation[J]. Journal of Statistical Physics, 1997,88(3-4):927-944.

[12] Hieu P D, Tanimoto K. Verification of a VOF-based two-phase flow model for wave breaking and wave-structure interactions[J]. Ocean Engineering, 2006,33(11):1565-1588.

[13] Higuera P, Lara J L, Losada I J. Three-dimensional interaction of waves and porous coastal structures using OpenFOAM®. Part I: Formulation and validation[J]. Coastal Engineering, 2014, 83:243-258.

[14] Higuera P. Application of computational fluid dynamics to wave action on structures [D]. Santander: Universidade de Cantabria, 2015.

[15] Hsiao S C, Liu L F, Chen Y. Nonlinear water waves propagating over a permeable bed [J]. Proceedings of the Royal Society of London. Series A: Mathematical, Physical and Engineering Sciences, 2002,458(2022):1291-1322.

[16] Hu K C, Hsiao S C, Hwung H H, et al. Three-dimensional numerical modeling of the interaction of dam-break waves and porous media[J]. Advances in Water Resources, 2012,47:14-30.

[17] Krafczyk M, Tölke J, Luo L S. Large-eddy simulations with a multiple-relaxation-time LBE model [J]. International Journal of Modern Physics B, 2003,17(1-2):33-39.

[18] Lara J L, Del Jesus M, Losada I J. Three-dimensional interaction of waves and porous coastal structures Part II: Experimental validation[J]. Coastal Engineering, 2012,64:26-46.

[19] Li J Y, Zhang Q H, Lu Y J. Numerical Simulation of Random Wave Overtopping of Rubble Mound Breakwater with Armor Units[J]. China Ocean Engineering, 2021,35(2):176-185.

[20] Lin P. Numerical modeling of breaking waves[D]. Ithaca: Cornell University, 1998.

[21] Liu G, Zhang J, Zhang Q. A high-performance three-dimensional lattice Boltzmann solver for water

waves with free surface capturing[J]. Coastal Engineering, 2021, 165.

[22] Liu P L F, Lin P, Chang K A, et al. Numerical modeling of wave interaction with porous structures [J]. Journal of Waterway, Port, Coastal and Ocean Engineering, 1999, 125(6): 322-330.

[23] Losada I J, Lara J L, Guanche R, et al. Numerical analysis of wave overtopping of rubble mound breakwaters[J]. Coastal Engineering, 2008, 55(1): 47-62.

[24] Nithiarasu P, Seetharamu K N, Sundararajan T. Natural convective heat transfer in a fluid saturated variable porosity medium[J]. International Journal of Heat and Mass Transfer, 1997, 40(16): 3955-3967.

[25] Pearson J, Bruce T, Franco L, et al. Standard tests for roughness factor: Report on additional tests [R]. Edinburgh: University of Edinburgh, 2004.

[26] Ren B, Wen H, Dong P, et al. Improved SPH simulation of wave motions and turbulent flows through porous media[J]. Coastal Engineering, 2016, 107: 14-27.

[27] Thürey N. A Lattice Boltzmann method for single-phase free surface flows in 3D[D]. Erlangen University, 2003.

[28] Van Gent M. Wave Interaction with Permeable Coastal Structures[D]. Delft: Delft University of Technology, 1995.

[29] Wen H, Ren B, Wang G. 3D SPH porous flow model for wave interaction with permeable structures[J]. Applied Ocean Research, 2018, 75: 223-233.

[30] Wu T R. A numerical study of three-dimensional breaking waves and turbulence effects[D]. Ithaca: Cornell University, 2004.

[31] Yong W A, Zhao W, Luo L S. Theory of the Lattice Boltzmann method: Derivation of macroscopic equations via the Maxwell iteration[J]. Physical Review E, 2016, 93(3): 033310.